DIE

ELEMENTARORGANISMEN

UND IHRE

BEZIEHUNGEN ZU DEN ZELLEN.

Von

RICHARD ALTMANN.

ZWEITE, VERMEHRTE AUFLAGE.

MIT NEUN ABBILDUNGEN IM TEXT UND XXXV TAFELN.

LEIPZIG,
VERLAG VON VEIT & COMP.
1894.

Druck von Metzger & Wittig in Leipzig.

HERRN

WILHELM HIS

IN DANKBARER VEREHRUNG

GEWIDMET VOM

VERFASSER.

Vorbemerkung zur zweiten Auflage.

Die Erweiterungen der zweiten Auflage bestehen zunächst in nothwendig gewordenen Aenderungen und Zusätzen im Text, sodann in einer wesentlichen Vermehrung der Tafeln. Die frühere Tafel XX ist ausgefallen und dafür sind die Tafeln XX—XXXIV neu hinzugefügt worden. Die Tafeln XX—XXX sollen dem Zwecke dienen, die im sechsten Capitel über die Secretionserscheinungen beschriebenen Thatsachen genauer zu illustriren. Das Capitel über die Secretion ist dadurch ein abgerundetes Ganzes geworden. Tafel XXXI enthält die wichtigsten von Krehl gefundenen Bilder über die Fettresorption und ist als eines der wichtigen Documente der Granulalehre eingereiht worden. Die Tafeln XXXII—XXXIII zeigen als Ergänzung zu Tafel VI die Structuren des Kernes in Ruhe und Theilung. Zuletzt fügt sich noch das Structurenschema der Tafel XXXIV hinzu.

Leipzig, im August 1893.

R. Altmann.

Inhalt.

I

Die Geschichte der Zellengranula.[1]

Seitdem von DUJARDIN die contraktile Substanz oder Sarkode entdeckt war, hat dieselbe in Bezug auf die Deutung ihres Wesens und ihrer Verbreitung gar mannigfache Wandlungen erfahren. DUJARDIN selbst nahm an, dass sie den niederen Thieren zukomme.

Bald darauf, es sind jetzt gerade 50 Jahre her, fanden SCHLEIDEN und SCHWANN, dass sich der Körper aller Pflanzen und Thiere aus kleinen Territorien aufbaue, welche Zellen genannt wurden; die Substanz der Zellen selbst aber wurde in ihren wesentlichen Eigenschaften bald als übereinstimmend in allen Organismen erkannt und für dieselbe der Ausdruck Protoplasma gefunden.

Was ist Protoplasma? HUGO VON MOHL, welcher diesen Ausdruck aufbrachte, definirt dasselbe als eine zähflüssige mit Körnchen gemengte Substanz; die Körnchen können auch fehlen und es bleibt dann eine gleichförmige durchscheinende Masse übrig.[2] Diese Definition des Protoplasmas hat ihre Geltung im Wesentlichen bis auf den heutigen Tag behalten. So bezeichnete MAX SCHULTZE[3] dasselbe als zähflüssig, zerlegbar in eine glasartig durchsichtige Grundsubstanz und die zahlreich eingebetteten Körnchen; die letzteren können auch fehlen und die homogene Grundsubstanz übrig lassen. BRÜCKE[4], indem er den

---

[1] Vergl. meinen Vortrag: Zur Geschichte der Zelltheorien. Leipzig 1889.

[2] H. VON MOHL, Ueber die Saftbewegung im Innern der Zellen. Botanische Zeitung 1846, S. 74 u. 90.

[3] MAX SCHULTZE, Ueber Muskelkörperchen und das, was man eine Zelle zu nennen habe. Archiv für Anatomie und Physiologie 1861, S. 9.

[4] ERNST BRÜCKE, Die Elementarorganismen. Wiener Sitzungsberichte 1861.

theoretischen Begriff der Zelle abgrenzen will, und weder Kern noch Membran als nothwendige Bestandtheile derselben anerkennt, hält für die einfachste Form der Zelle ein Klümpchen Protoplasma, welches wohl eine molekulare Organisation besitzt, morphologisch aber nicht zerlegt worden und vielleicht überhaupt nicht zerlegbar ist.

Diesen Anschauungen von der Structurlosigkeit des Protoplasmas sind fast alle späteren Autoren, wie KÜHNE, LIEBERKÜHN und Andere, gefolgt, ja dieselben gingen hier insofern zum Theil noch weiter, als sie die lebendige Natur der Körnchen, welche, wenn nicht immer, so doch meist dem Protoplasma sichtbarlich beigemischt sind, mehr oder weniger bestimmt in Abrede stellen. So erklärt STRICKER, dass man nicht berechtigt ist, die Körnchen überhaupt als wesentliche Bestandtheile des Protoplasmas zu betrachten; von den neueren Botanikern, welche sich eingehender mit dem Protoplasma beschäftigt haben, meint BERTHOLD [1] die Körnchen oder, wie sie HANSTEIN [2] nennt, die Mikrosomen mögen in vielen Fällen krystallinische oder amorphe feste Ausscheidungen organischer oder unorganischer Natur sein, in anderen wieder tröpfchenförmige Ausscheidungen unbekannter Gemische, und SCHWARZ [3] erklärt von den Körnchen, dass, soweit sie nicht Gerinnungsprodukte der Reaktion sind, es sich bei ihnen um eine Einlagerung unlöslicher körniger Substanzen in das zähflüssige Cytoplasma handele, welche nur eine metaplasmatische Natur haben. Nur wenige Botaniker haben überhaupt die Möglichkeit einer feineren Structur im Cytoplasma erwähnt; so heisst es in Bezug hierauf in einer der neuesten und objectivsten Erörterungen [4]:

„In jeder beliebigen lebenden Pflanzenzelle, in der das Cytoplasma eine gewisse Mächtigkeit besitzt, beobachtet man an demselben eine gewisse ins Gräuliche spielende Trübung, die dasselbe granulirt erscheinen lässt. Bei der Kleinheit der in Frage

---

[1] G. BERTHOLD, Studien über Protoplasmamechanik. Leipzig 1886. S. 61.

[2] T. VON HANSTEIN, Das Protoplasma. Heidelberg 1880. S. 22.

[3] F. SCHWARZ, Die morphologische und chemische Zusammensetzung des Protoplasmas. Breslau 1887. S. 137 u. 138.

[4] A. ZIMMERMANN, Die Morphologie und Physiologie der Pflanzenzelle. In SCHENK's Lehrbuch der Botanik 1887. S. 10, 12, 13.

kommenden Gebilde muss es jedoch zur Zeit noch zweifelhaft bleiben, ob wir es im Cytoplasma wirklich mit Körnchen von abweichender Lichtbrechung zn thun haben, oder ob die Trübung desselben nicht, wie NAEGELI annimmt, mindestens zum grössten Theil dadurch hervorgebracht wird, dass die gesammte Masse des Cytoplasmas von einer grossen Menge winziger, Wasser oder Zellsaft enthaltender Vacuolen erfüllt ist.

„Durchmustert man in Bezug hierauf die botanische Literatur, so wird man finden, dass die in dieser Richtung angestellten Beobachtungen noch gänzlich unzureichend sind, und dass ein sicheres Urtheil über die feinere Structur des Cytoplasmas zur Zeit noch nicht gefällt werden kann.

„Es soll jedoch mit obigen Worten keineswegs die Möglichkeit einer feineren Structur im Cytoplasma in Abrede gestellt werden; es schien mir nur geboten, darauf hinzuweisen, dass zur Zeit keine mit der nöthigen Kritik angestellten umfassenden Untersuchungen über diesen Gegenstand vorliegen, und dass es jetzt noch nicht möglich ist, in dieser Hinsicht ein irgendwie abschliessendes Urtheil zu fällen.“

So konnte KÖLLIKER, indem er in der neuen Ausgabe seines Handbuches der Gewebelehre (1889) in dieser Frage weniger als Autor denn als Referent aufzutreten bemüht ist, die herrschenden Anschauungen der Botaniker sowohl wie der Zootomen dahin zusammenfassen, dass das Protoplasma (S. 11) eine gleichartige, weiche, zähflüssige Substanz sei, in welcher meistens Körnchen und andere Einschlüsse eingestreut sind; in derselben können im Laufe der Entwickelung Vacuolen in verschiedenen Grössen und in verschiedenen Mengen auftreten (S. 12); sind dieselben klein, so erscheint das Protoplasma schaumig wie spongiös, werden dieselben grösser, so bildet das Protoplasma Netze, in deren Maschen sich Flüssigkeit, oder Fetttropfen, Schleimkugeln, Eiweisskörper etc. finden; indem KÖLLIKER eine eigentlich primäre Netzstructur des Protoplasmas, wie sie von Anderen behauptet ist, nicht anzuerkennen scheint, erklärt er Fasern- und Fibrillenbildungen als wichtige Einzelheiten des protoplasmatischen Baues (S. 13).

Nach diesen herrschenden Anschauungen hat also das Protoplasma seine morphologische Individualisirung in der Form der

Zelle gefunden. Die Zelle ist danach, da das Protoplasma selbst nicht zerlegt werden kann, die morphologische Einheit der lebenden Materie, in deren Raum sich dieselbe, sei es als zusammenhängende Masse, sei es durch Lücken unterbrochen, ausbreitet; die Zelle ist der Elementarorganismus, der von verschiedener Grösse und verschiedenem Inhalt sein kann, aber als wesentliche Substanz das homogene, gleichartige, glasartig durchsichtige, zähflüssige Protoplasma enthält.

Gegenüber diesen herrschenden Anschauungen von der Gleichartigkeit des Protoplasma giebt es eine noch ältere zweite Richtung von Bestrebungen, welche neben der anderen bisher nicht hat zur Geltung kommen können, und welche im Protoplasma noch eine weitere morphologische Zusammensetzung aus körperlichen Elementartheilen sucht, die dann selbst ihre lebendigen Fähigkeiten auf Grund einer molekularen Organisation entfalten mögen. Diese Bestrebungen drücken sich theils in Form von Wünschen und Vermuthungen, theils in Form von bestimmt geäusserten Anschauungen aus.

So sagt BRÜCKE in seiner citirten Abhandlung: „Ich nenne die Zellen Elementarorganismen, wie wir die Körper, welche bis jetzt chemisch nicht zerlegt worden sind. Elemente nennen. So wenig die Unzerlegbarkeit dieser bewiesen ist, so wenig können wir die Möglichkeit in Abrede stellen, dass nicht vielleicht die Zellen selbst noch wiederum aus anderen, noch kleineren Organismen zusammengesetzt sind, welche zu ihnen in einem ähnlichen Verhältniss stehen, wie die Zellen zum Gesammtorganismus, aber wir haben bis jetzt keinen Grund, dieses anzunehmen."

Aehnlich drückt sich KÖLLIKER[1] aus, indem er sagt: „Wenn BICHAT die Histologie durch die Aufstellung einer einheitlichen Grundlage und die scharfe Durchführung derselben mehr im Allgemeinen begründete, so hat SCHWANN durch seine Untersuchungen dieselbe im Einzelnen gesichert und sich so den zweiten Lorbeer in diesem Felde errungen. Was die Wissenschaft seit SCHWANN bis auf unsere Tage noch leistete, war

---

[1] KÖLLIKER, Handbuch der Gewebelehre. 5. Aufl. 1867. S. 2. Gekürztes Citat.

zwar von der grössten Bedeutung für die Physiologie und Medicin und zum Theil auch vom rein wissenschaftlichen Standpunkte aus von hohem Werthe, allein Alles dieses war doch nicht der Art, dass es um einen namhaften Schritt weiter zu einem neuen Abschnitt geführt hätte. Dieser Stand der Gewebelehre wird so lange dauern, als es nicht gelingt, um ein Wesentliches weiter in die Tiefe des Baues der lebenden Wesen zu schauen und auch die Elemente zu erfassen, aus denen das, was wir jetzt noch für einfach halten, zusammengesetzt ist.

„Sollte das aber je möglich werden, dann würde auch für die Histologie eine neue Zeit beginnen, und die Entdeckung des Gesetzes der Zellengenese würde ebenso oder noch mehr Bedeutung gewinnen, als die Lehre von der Zusammensetzung aller thierischen Gewebe aus Zellen.“

Wir stellen die Aeusserungen dieser beiden Autoren hier voran, weil sie in einfachster Weise den Standpunkt charakterisiren, auf welchem bis in unsere Tage die Lehre von den organisirten Formelementen gestanden hat. Es hat weder vor noch nach diesen Aeusserungen an Bemühungen gefehlt, der Frage von den wirklichen Elementarorganismen näher zu treten, aber alle diese Bemühungen haben keinen Erfolg gehabt, weil sie mehr auf hypothetischen Anschauungen, als auf gefundenen Thatsachen beruhten.

Die Lehre von den Elementarorganismen ist in ihrer primitiven Form weit älter als die Zellenlehre selbst; es ist aber für den heutigen Biologen oft schwierig, sich in jene älteren Ideen hineinzudenken, und muss dieses jedenfalls mit Berücksichtigung aller jener Unterschiede geschehen, welche die Hilfsmittel der neueren Zeit vor denen der älteren auszeichnen. Darum thun wir vielleicht gut, folgende Worte VIRCHOW's[1] zu citiren, welcher, indem er selbst den Uebergang zur neueren Zeit mit erlebte und mit begründete, die Anschauungen jener älteren in folgender Weise schildert:

„Noch in den Elementa physiologiae von HALLER findet man an die Spitze des ganzen Werkes, wo von den Elementen des Körpers gehandelt wird, die Faser gestellt. HALLER braucht da-

[1] VIRCHOW, Die Cellularpathologie. 4. Aufl. 1871. S. 22 f.

bei den charakteristischen Ausdruck, dass die Faser für die Physiologen das sei, was die Linie für den Geometer.

„Im Laufe des letzten Jahrzehntes vom vorigen Jahrhundert begann indess schon eine gewisse Reaction gegen diese Faserlehre und in der Schule der Naturphilosophen kam frühzeitig ein anderes Element zu Ehren, das aber in einer viel mehr speculativen Weise begründet wurde, nämlich das Kügelchen. Während die Einen immer noch an der Faser festhielten, so glaubten Andere, wie in der späteren Zeit noch MILNE EDWARDS, so weit gehen zu dürfen, auch die Faser wieder aus linear aufgereihten Kügelchen zusammengesetzt zu denken. Diese Auffassung ist zum Theil hervorgegangen aus optischen Täuschungen bei der mikroskopischen Beobachtung. Die schlechte Methode, welche während des ganzen vorigen Jahrhunderts und eines Theiles des gegenwärtigen bestand, dass man mit mässigen Instrumenten im vollen Sonnenlicht beobachtete, brachte fast in alle mikroskopischen Objecte eine gewisse Dispersion des Lichtes, und der Beobachter bekam den Eindruck, als sähe er weiter nichts als Kügelchen. Andererseits entsprach aber auch diese Anschauung den naturphilosophischen Vorstellungen von der ersten Entstehung alles Geformten.

„Diese Kügelchen (Körnchen, Granula, Moleküle) haben sich sonderbarer Weise bis in die moderne Histologie hinein erhalten und es gab bis vor Kurzem wenige histologische Werke, welche nicht mit den Elementarkörnchen anfingen. Hier und da sind noch vor nicht langer Zeit diese Ansichten von der Kugelnatur der Elementartheilchen so überwiegend gewesen, dass auf sie die Zusammensetzung, sowohl der ersten Gewebe im Embryo, als auch der späteren begründet wurde. Man dachte sich, dass eine Zelle in der Weise entstände, dass die Kügelchen sich sphärisch zur Membran ordneten, innerhalb deren sich andere Kügelchen als Inhalt erhielten. Noch von BAUMGÄRTNER und ARNOLD ist in diesem Sinne gegen die Zellentheorie gekämpft worden.

„In einer gewissen Weise hat diese Auffassung in der Entwickelungsgeschichte eine Stütze gefunden, in der sogenannten Umhüllungstheorie (HENLE). Danach dachte man sich, dass, während ursprünglich eine Menge von Elementarkügelchen zerstreut vorhanden wären, diese sich unter bestimmten Verhältnissen zusammenlagerten, nicht in Form sphärischer Membranen, sondern zu einem compakten Haufen, einer Kugel (Klümpchen), und dass diese Kugel der Ausgangspunkt der weiteren Bildung werde, indem durch Differenzirung der Masse, durch Apposition oder Intussusception, aussen eine Membran, innen ein Kern entstehe.

„Gegenwärtig kann man weder die Faser noch das Kügelchen oder Elementarkörnchen als einen histologischen Ausgangspunkt betrachten.“

Diese älteren Anschauungen nun, wie sie hier von VIRCHOW so trefflich wiedergegeben werden, sind von einzelnen Autoren bis in die neueste Zeit hinein mit grossem Eifer verfochten worden, insbesondere von BÉCHAMP und ESTOR. Beide Autoren, indem sie meist gemeinschaftlich ihre Anschauungen äusserten, stehen ganz auf dem Boden der alten Umhüllungstheorie. Auch nach ihnen soll die Zelle entstehen, indem die Elementarkörnchen, welche sie Mykrozymas nennen, sich zusammenlegen und durch Differenzirung ihrer Masse sich zu Zellen umbilden. HENLE mit seiner Umhüllungstheorie gilt ihnen daher als diejenige Autorität, an deren Aeusserungen sie vorzugsweise gerne anknüpfen, und um so lieber, als sie selbst, wie es scheint, nicht Morphologen sind. Neu ist bei ihnen noch die zweite Idee, welche vorzugsweise ihr persönliches Interesse in Anspruch nimmt, dass dieselben Kügelchen durch Zerfall der Zelle wieder frei werden können und dann Bacterien bilden.

Alle ernsten Bemühungen unserer Zeit haben aber in beiden Fällen zum entgegengesetzten Resultat geführt. Der Lehrsatz VIRCHOW's, *omnis cellula e cellula*, welcher der Umhüllungstheorie gegenübersteht, ist heute mehr denn je anerkannt, nicht auf Grund von Hypothesen, sondern auf Grund jener Thatsachen, wie sie insbesondere durch die Erscheinungen der Karyokinese sichergestellt worden sind, und die Integrität der Abstammung der Spaltpilze, wie sie von den Versuchen PASTEUR's ihren wesentlichen Ausgang genommen hat, ist bis jetzt durch die weiteren Beobachtungen immer mehr begründet, nicht negirt worden; auch die nicht minder verfehlten Bemühungen WIE-

GANDT's[1], welcher von seinem Standpunkte als Botaniker ebenfalls eine Anamorphose des Protoplasmas zu Bacterien behauptet, haben hieran nichts zu ändern vermocht. Die Opposition gegen VIRCHOW und PASTEUR ist aber überall dasjenige Moment, welches in den Auslassungen von BÉCHAMP und ESTOR insbesondere hervortritt. Diese Opposition hätte trotz ihres verfehlten Charakters ihren Nutzen gehabt, wenn es jenen Autoren gelungen wäre, die Elemente der Zelle zu sehen und zu demonstriren. Sie haben aber nicht mehr, vielleicht weniger gesehen, als die anderen Mikroskopiker vor ihnen auch. Es bleibt daher an ihnen nichts Anderes anzuerkennen, als die Begeisterung, mit welcher sie die alten Ideen von den Elementarkörnchen verfochten haben.[2]

Trotzdem scheint es, als wenn die alte Lehre von den Elementarkörnchen ihre Berechtigung hat. Die Zellen sind nicht Elementarorganismen, sondern Colonien von solchen mit eigenartigen Gesetzen der Colonisation;[3] die Zellen entstehen aber nicht durch das Zusammentreten der Kügelchen, sondern sie sind daraus in jenen geschichtlichen Perioden entstanden, die den mikroskopischen Elementen gerade so eigen sind, wie den groben Formen der Lebewesen auch; die Elemen-

---

[1] A. WIEGANDT, Entstehung und Fermentwirkung der Bacterien. Marburg 1881. Das Protoplasma als Fermentorganismus. Marburg 1888.

[2] Vergl. hierüber die zahlreichen Abhandlungen, welche in den Comptes rendues seit etwa 1860 bis heute erschienen sind. Ausserdem A. BÉCHAMP, Les mycrocymas. Paris 1883, und A. Estor, De la constitution élémentaire des tissus. Montpellier 1882.

Um die Mangelhaftigkeit der Beobachtungen jener Autoren zu prüfen, braucht man nur die Abbildungen in dem citirten Werke BÉCHAMP's, die einzigen übrigens, welche jene Autoren geliefert haben, zu betrachten, es erscheint dann klar, dass von vielen anderen Autoren älterer und neuerer Zeit sowohl an der thierischen, wie auch an der Pflanzenzelle bessere und ausgiebigere Beobachtungen gemacht worden sind.

Bei der Unfruchtbarkeit ihrer Opposition gegen PASTEUR und VIRCHOW und bei der Mangelhaftigkeit ihrer thatsächlichen Befunde nimmt es daher nicht Wunder, wenn, wie ESTOR sich bitter beklagt (l. c. S. VIII), selbst die Mitglieder des französischen Instituts ihnen in ihrem eigenen Interesse abgerathen haben, weiter auf dem betretenen Wege vorzugehen.

[3] Vergl. Die Genese der Zelle. Festschrift für CARL LUDWIG, 1887, und das nachfolgende letzte Kapitel.

tarkörnchen der Zellen, welche noch heute ihre analogen Vertreter in den primären Mikroorganismen haben und welche seit jenen Perioden in den Zellen existiren, vermögen nicht mehr selbstständige Lebewesen zu werden.

Beide Richtungen nun, sowohl diejenige, welche die Gleichartigkeit des Protoplasmas betont, als auch diejenige, welche die Elementarkörnchen als die Grundelemente der lebenden Materie betrachtet, haben in der Art, wie sie bisher vertreten worden sind, ihre Fehler aufzuweisen. Im ersten Falle leugnete man Dinge, weil man sie nicht sah, im anderen behauptete man Dinge, obwohl man sie nicht sah, zu Beidem hatte man kein Recht.

Jene Anschauung von der Gleichartigkeit des Protoplasmas stützt sich zum grössten Theil auf Beobachtungen, welche, an bestimmten lebenden Objecten angestellt, seiner Zeit grundlegend für die Betrachtung des Protoplasmas als Ganzes waren, niemals aber für die analytische Betrachtung desselben massgebend sein und bleiben durften. Die sich bewegenden Plasmaströme der Pflanzenzellen, die Bewegungserscheinungen an den Rhizopoden, Myxomyceten, die lebenden Leukocyten des Blutes waren es, von welchen her allgemeine Folgerungen über den Bau des Protoplasmas hergeleitet wurden und besonders von Seiten der Botaniker noch heute hergeleitet werden.

Die lebenden Objecte haben für den Beobachter gewiss etwas ausserordentlich Fesselndes und Niemand wird den Werth solcher Beobachtungen leugnen, oder nur herabzusetzen suchen: will man jedoch den Bau des Protoplasmas sehen, so findet man in ihnen nur selten einen sicheren Anhalt. Man sieht eben, wie dieses v. MOHL, SCHULTZE, KÜHNE[1], LIEBERKÜHN[2] und viele Andere in oft klassischer Weise beschrieben haben, das schöne Spiel der in und mit der hellen Grundsubstanz strömenden Körnchen: man sieht oft die peripheren Theile frei von diesen; bald ist es Vergrösserung, bald Verkleinerung der einzelnen Theile, bald Trennung, bald Verschmelzung derselben, welche uns entgegentreten, und vieles Geistvolle ist darüber zu

[1] W. KÜHNE, Untersuchungen über das Protoplasma. Leipzig 1864.

[2] N. LIEBERKÜHN, Ueber Bewegungserscheinungen der Zellen. Marburg 1870.

sagen und gesagt worden. Warum aber diese selben Objecte, welche nach der einen Seite hin so wunderbare Schönheiten offenbaren, auch anderweitig massgebend sein sollen, das ist nicht einzusehen.

Es scheint, als wenn für das Studium des protoplasmatischen Baues zwei Grundsätze massgebend sein müssen: die Anwendung der künstlichen Methoden, welche uns weiter in die Tiefe jenes Baues hineinzuführen vermögen, als die natürlichen Beobachtungen, und die Wahl geeigneter Objecte, deren Elemente sich durch ihre Deutlichkeit auszeichnen. Wenn man aus unpassenden Objecten mit unpassenden Methoden allgemeine Folgerungen herleiten will, so weiss man eben nicht, was feinere mikroskopische Analyse bedeutet; es ist hier eine der alltäglichsten Erfahrungen, dass Dinge, welche vorhanden sind, wegen ihrer Kleinheit oder aus anderen Gründen nicht gesehen werden, und je weiter die Erfahrungen in der feineren mikroskopischen Analyse reichen, desto mehr kommt man zu der Ansicht, dass das, was wir von den morphologischen Elementen sehen, nur ein Bruchtheil ist von dem, was wir nicht sehen. Der Mikrologe ist selten in der Lage, gegenüber diesen noch nicht gesehenen Dingen mit vorgefasstem Willen einen Erfolg zu erreichen: seine Kunst besteht darin, den Dingen geduldig nachzugehen und ihnen ihre Eigenheiten abzulauschen, wo und wie er sie erreichen kann; wer hier an Andere unberechtigte Forderungen macht, der stellt sich auf den Standpunkt desjenigen, der nicht gelernt hat, sein eigenes Können und das der Anderen abzuwägen.

Die lebenden Objecte haben zunächst den grossen Nachtheil, dass die Sichtbarkeit der Elemente von mancherlei Zufälligkeiten abhängt; es bedarf nur eines annähernden Ausgleichs der Brechungsunterschiede, um selbst solche Elemente unsichtbar zu machen, die wegen ihrer Grösse sonst bequem der Beobachtung zugänglich wären. Die künstlichen Methoden sind von solchen Zufälligkeiten im hohen Grade unabhängig, und es liegt nur in unserem Können, wie intensiv wir die Differenzen der Sichtbarkeit erzeugen. Da die Grösse der hier in Betracht kommenden Elemente oft unterhalb und oft an der Leistungsgrenze der Mikroskope liegt, so müssen wir um so mehr bemüht sein, die Kräfte derselben bis zum Extrem auszunützen; das können wir aber, wie dem Einsichtigen leicht klar sein wird, an den natürlichen Objecten nicht durchführen.

Sowohl für die natürliche, als auch für die künstliche Bearbeitung jedoch werden wir nicht beliebige Objecte wählen, sondern diejenigen bevorzugen, wo die Grösse und Art der Elemente die Beobachtung erleichtert, und je leichter und sicherer diese Beobachtung ist, desto willkommener muss uns ein solches Object sein. Unter den vielen Objecten zeichnen sich die echten Pigmentzellen dadurch aus, dass sie bereits ohne Kunsteingriffe beobachtet werden können; wenn sie uns so direct einen Einblick in ihr Inneres gestatten, so müssen sie uns massgebender sein, als alle farblosen Zellen, die dieses nicht thun. Wenn die Muskelfaser uns bei geringer Mühewaltung den Bau des Protoplasmas in deutlichen Formen darbietet, so wird sie uns das Prototyp des protoplasmatischen Baues sein und nicht die Sarkode, an welcher wir nichts sehen; wir werden, wenn es uns gelingt, in anderen Zellen analoge Verhältnisse aufzudecken, dann mehr Recht haben, aus den Pigmentzellen und Muskelfasern allgemeinere Folgerungen zu ziehen, als Diejenigen, welche dieses von der Sarkode her gethan haben, denn positive Beobachtungen beweisen, nicht negative. Wer dann ein Interesse daran hat, zu wissen, ob die Sarkode eine Structur hat oder nicht, der mag sich doch darum bemühen; will er alsdann behaupten, dass sie structurlos sei, dann hat er es zu beweisen, nicht ein Anderer; ohne diesen Beweis aber allgemeine Folgerungen zu ziehen, ist gewiss verfehlt.

Wenn die Botaniker, welche weder Pigmentzellen noch Muskelfasern haben, bei der alten MOHL'schen Definition noch bis heute stehen geblieben sind, so ist das nicht zu verwundern; dem Zootomen aber müssten jene günstigen Objecte doch wohl der Ausgangspunkt sein, von welchem aus er sich bemühen konnte, weiter zu kommen, statt einfach den Inhalt der Muskelfasern auf eine Ablagerung der quergestreiften Elemente, und den der Pigmentzellen auf eine Absetzung von neuen Stoffen in unlöslicher Form zurückzuführen (KÖLLIKER).[1] Sehen wir von

[1] KÖLLIKER, Handbuch der Gewebelehre. 6. Aufl. 1885. S. 31.

denjenigen Fällen ab, wo es sich um regellose resp. krystallinische Niederschläge pigmentirter Stoffe in den Zellen handelt, so sind mancherlei Gründe vorhanden, sowohl die Körnchen der echten Pigmentzellen, als auch die Elemente der Muskelfasern für organisirte Gebilde zu halten; organisirte Gebilde aber entstehen, soweit unsere Kenntnisse von den natürlichen Dingen reichen, nicht durch Ablagerung oder Absetzung. Es liegt hier nahe anzunehmen, dass die von der Natur gefärbten echten Pigmentkörnchen den durch Kunst färbbaren Granulis der anderen Zellen analog sind; wenigstens hat mich diese Annahme seiner Zeit dazu geführt, solche künstlichen Färbungen zu suchen, welche einen Ersatz für die natürlichen Färbungen der Pigmentzellen bilden sollten.

Auch von Seiten der Botaniker hat es nicht völlig an Bemühungen gefehlt, dem Protoplasma mit künstlichen Methoden näher zu treten. SCHMITZ[1] giebt an, bei Pikrinpräparaten mit Haematoxylin gefärbte Punktirungen des Cytoplasmas erhalten zu haben; die Ungunst der Pflanzenobjekte für künstliche Bearbeitung scheint ihn jedoch abgehalten zu haben, hierin weiter vorzugehen.

So sehr auch die Pflanzenzelle für die Beobachtung vieler lebenden Vorgänge geeignet ist, ihr eigentliches Protoplasma ist um so schwieriger zu erreichen; die Neigung desselben zur Bildung von grossen Vacuolen ist so vorherrschend, dass man, um das Cytoplasma besonders an den für künstliche Bearbeitung nothwendigen dünnen Schnitten erfolgreich untersuchen zu können, auf wenige Jugendformen angewiesen ist; hierzu kommt noch das häufige Vorhandensein von Chlorophyllkörnern, Leukoplasten etc., welche das spärliche Cytoplasma verdecken. Ich habe es in Gemeinschaft mit einem Botaniker versucht, die an der thierischen Zelle erprobten Methoden auf die Pflanzenzelle zu übertragen; hierbei hat sich jedoch die Ungunst der letzteren so evident herausgestellt, dass wohl Analogien zur thierischen Zelle nachweisbar waren, eine wesentliche Förderung der Gra-

[1] F. SCHMITZ, Untersuchungen über die Structur des Protoplasmas und der Zellkerne der Pflanzenzellen. Sitzungsberichte des niederrheinischen Gesellschaft zu Bonn 1880.

nulafrage von der Pflanzenzelle aber schwer zu erwarten ist.[1] Man braucht nur die von OSKAR SCHULTZE[2] an Thieren angestellten Beobachtungen über die vitale Metylenblaureaction der Zellgranula mit den ärmlichen Bildchen und spärlichen Erscheinungen zu vergleichen, welche auf ähnliche Weise gelegentlich an der Pflanzenzelle gewonnen worden sind, um jenen Unterschied genügend zu übersehen. Die Beobachtungen an den Pflanzenzellen werden in vielen Fällen für das Studium der lebenden Vorgänge massgebend bleiben, aber jenes weitere Eindringen in den protoplasmatischen Bau, wie er vermittelst der künstlichen Methoden erreicht werden kann, werden sie kaum gestatten; hierzu eignen sich die thierischen Zellen augenscheinlich in weit höherem Grade. Es dürfte zweckmässig, ja für einen weiteren Fortschritt nothwendig sein, dass sich die Bestrebungen auf diesen beiden Gebieten in harmonischer Weise ergänzen.

An der thierischen Zelle sind auch früher schon an vereinzelten Objecten mit künstlichen Methoden günstige Resultate erzielt worden. So hat EHRLICH die gröberen Granulationen verschiedener Leukocyten gefärbt, VAN BENEDEN spricht von corps bacilliformes, welche er gelegentlich in Zellen gesehen hat, KUPFFER hat im Axencylinder fibrillär angeordnete Granula durch Färbung demonstrirt; dennoch sind diese Beobachtungen sowohl von diesen Autoren selbst, als auch von Anderen nur als Specialitäten und vereinzelte Erscheinungen aufgefasst worden. Seit dem Bekanntwerden meiner Granulauntersuchungen haben sich die Angaben über das Sichtbarsein von Körnerelementen in den Zellen bereits erheblich vermehrt, und man scheint sich bereits daran zu gewöhnen, darauf zu achten, wo sie gelegentlich auch ungefärbt oder als gefärbte Nebenproducte der Beobachtung erkennbar werden, ja Manche halten es heute schon

[1] Herr Dr. A. ZIMMERMANN, Docent der Botanik in Tübingen, hat vor einiger Zeit ein paar Monate bei mir mit den Granulamethoden gearbeitet; er gedachte seine Untersuchungen, die in Bezug auf Specialfragen der Botanik vieles Interessante boten, in Tübingen fortzusetzen und seiner Zeit zu veröffentlichen.

[2] O. SCHULTZE, Die vitale Metylenblaureaction der Zellgranula. Anat. Anzeiger 1887.

für selbstverständlich, dass die Zelle kein Elementarorganismus ist. Es lässt sich hoffen, dass, wenn erst die für die Untersuchung der Granula geeigneten Methoden in Aller Händen sind, dieses Gebiet der Biologie bald durch rüstige Mitarbeiter gefördert werden wird. Das Endziel unserer Bestrebungen aber soll sein, den Satz immer mehr wahrscheinlich zu machen: es giebt keine gleichartige Sarkode, es giebt nur ein polymeres Protoplasma.

Von den allgemeinen Bemühungen, das Prinzip im Bau des Protoplasmas zu finden, kann man, abgesehen von den schon oft gesehenen und beschriebenen Faser- und Fibrillenbildungen, welche, wie oben erwähnt, KÖLLIKER für wichtige Einzelheiten des protoplasmatischen Baues erklärt, und auf deren Bedeutung wir an einem anderen Orte bereits näher eingegangen sind und später noch des Weiteren eingehen werden,[1] noch die Anschauung von der primären Netzstructur des Protoplasmas hervorheben, wie sie insbesondere von HEITZMANN[2] an den thierischen Zellen und von FROMMANN[3] an Pflanzenzellen beobachtet worden ist.

Die Bemühungen beider Autoren bezeichnen in sofern schon einen Fortschritt, als von ihrer Seite bereits eine strengere Auswahl der für Structurstudien geeigneten Objecte stattgefunden hat; indem sie eifrig danach suchten, wo etwa sichtbarliche Formerscheinungen im Protoplasma zu entdecken waren, setzten sie daselbst alle Mühe daran. Während die älteren Autoren durch ihre klassische Beobachtungsgabe das Wesen des Protoplasmas als Ganzes in vielen Punkten klar gelegt haben, finden sich in den Bemühungen von HEITZMANN und FROMMANN die ersten Anfänge dafür, die Elemente zu demonstriren, aus denen sich dasselbe zusammensetzt. Beide kamen sie zu dem Resultat, dass die Substanz des Protoplasmas in äusserst feinen Netzen

---

[1] Vergl. Die Genese der Zelle und das letzte Capitel.

[2] C. HEITZMANN, Untersuchungen über das Protoplasma. Wiener Sitzungsberichte 1873. Mikroskopische Untersuchungen des Thierkörpers. Wien 1883.

[3] C. FROMMANN, Beobachtungen über Structur und Bewegungserscheinungen des Protoplasmas der Pflanzenzellen. Jena 1880.

angeordnet sei, dessen Knotenpunkte den Eindruck von Körnchen machen; hierin sollte das Wesen des protoplasmatischen Baues bestehen.

Was es mit diesen Netzen meist für eine Bewandtniss hat, dafür möchte ich nur ein Beispiel anführen. FROMMANN fand in den Staubfadenhaaren von Tradescantia ein ausgezeichnetes Object, um in den Kernen der dort vorhandenen Zellen ein ausserordentlich regelmässiges feinmaschiges Netzwerk lebend zu demonstriren. Wenn ich dasselbe Object ebenfalls im frischen Zustande untersuche, so finde ich, dass dasselbe ausgezeichnet ist, um die Granulastructur des Kernes im frischen Zustande zu sehen; FROMMANN hält die Intergranularsubstanz für das positive Bild, die Granula aber für Lücken, während ich die Lücken für positive Granula halte, das Netzwerk aber intergranulär. Es gilt der Satz: wo Granula sind, da sind auch intergranuläre Netze, und umgekehrt.

Jedenfalls ist jenes Beispiel charakteristisch dafür, dass gleiche Beobachtungen an lebenden Objecten, deren Sichtbarkeit fast immer nur auf Brechungsdifferenzen beruht, leicht zu entgegengesetzten Folgerungen führen können, besonders da, wo es sich um die feinsten Formelemente handelt. Die Entscheidung kann naturgemäss nur durch künstliche Hülfsmittel gebracht werden; wenn es dadurch gelingt, an Stelle der Lücken des Netzwerkes positive Körper mit specifischer Färbungsreaction nachzuweisen, so ist die Structur granulär, das Netzwerk aber intergranulär. Damit soll nicht gesagt sein, dass nicht auch dem intergranulären Netzwerke noch eine viel feinere Zusammensetzung aus Elementarkörperchen zukommt.

Die Erscheinungen, unter denen sich diese Netze darbieten können, sind sehr verschiedenartig und hängen davon ab, wie man färbt. In Tafel XXXIV finden wir eine Reihe derartiger Netzbilder schematisch dargestellt, die alle auf das Gleiche herauskommen und das Gleiche bedeuten. Die linksseitige Reihe zeigt Granula oder Netze, die rechtsseitige beide Elemente gleichzeitig. Sowohl die eingelagerten Granula, wie auch das intergranuläre Netzwerk können durch Nichtfärbung unsichtbar sein, durch Färbung hervortreten, und es gelingt in einer Reihe von Fällen unschwer, entweder mehrere Bilder der Tafel XXXIV oder gar alle von einem und demselben Paraffinblocke her zu gewinnen, wenn die Färbungen zweckentsprechend variirt werden.

Von besonderer Wichtigkeit ist es hierbei, dass in einer grossen Zahl von Fällen das intergranuläre Netzwerk sich durch weitere Differenzirung der Farbstoffe in kleinere Elemente zerlegen lässt, wie Fig. 5 und 6 Tafel XXXIV andeutet. Diese kleineren Elemente sind entweder isolirt für sich, oder sie stellen zu Fäden aneinandergereihte Granula dar, deren Verlauf mehr geradlinig, oder gewunden oder gar verfilzt sein kann. Einzelne Beispiele hierfür finden sich in Tafel III, XIX, XXIII vor. In anderen Fällen gelingt diese Differenzirung der Netzsubstanz nicht, aber auch da treten oft andere Umstände hervor, welche die Zusammensetzung der Netze aus kleineren Elementen wahrscheinlich machen. (Vgl. die Bilder von der Parotis der Katze auf Tafel XXIV, XXV und XXVI.)

Ein beachtenswerther Punkt liegt ferner darin, dass derartige Netzstructuren unter den verschiedensten Grössenverhältnissen auftreten können, und hängen diese letzteren augenscheinlich von der Grösse der Granula ab, denen sich das Netz anpasst; aber die Reihe der grösseren Dimensionen zu den kleineren und kleinsten ist in den verschiedenen Protoplasmen eine continuirliche und kann auch im selben Protoplasma continuirlich variiren. Wir dürfen ein Netz deshalb noch nicht für primär halten, weil es sehr klein ist; denn die Grösse ist in der Mikrologie nur ein Nebenumstand. FROMMANN und HEITZMANN haben sich durch die Kleinheit der von ihnen beobachteten Netzbilder verführen lassen, in ihnen das letzte Formelement des Protoplasmas zu sehen.

Derartige Erfahrungen lehren, dass wir uns bei der Beurtheilung der Netzstructuren jedenfalls von der Einzelerscheinung unabhängig machen müssen, und dass eine Beurtheilung des wirklichen Werthes dieser Structuren nur durch Vergleichung möglich ist.

Durch die Untersuchungen, wie ich sie in diesem Gebiete in Gemeinschaft mit meinen Mitarbeitern durchgeführt habe, ist ferner vielseitig der Nachweis erbracht worden, dass die in den Maschen des Netzwerkes liegenden grösseren Granula ihren Ursprung von kleineren Formen nehmen, die in der Substanz des Netzes selbst eingelagert sind und hier selbst aus noch kleineren Formen entstehen dürften, welche vielleicht wegen ihrer Kleinheit und wegen anderer Reaction noch nicht sichtbar gemacht werden konnten. Indem die kleinen Granula durch vitale Assimilation Eiweisskörper, Fette, Kohlenhydrate erzeugen und in sich aufhäufen, wachsen sie an Grösse, verdünnen hierdurch ihre eigene vitale Substanz und verlieren hierbei ihre specifischen Farbenreactionen. Sie vermitteln bei der Resorption hierdurch den Transport der Nahrung, bei der Secretion werden sie als Secretionskörner ausgestossen um den wesentlichen Bestandtheil der Secrete zu bilden, beim intermediären Stoffumsatz bilden sie oft die Reserveablagerungen, wie wir dieses am prägnantesten an den Fettzellen und am Nahrungsdotter der Eier sehen, in weniger extremem Grade aber fast in allen Zellengattungen beobachten können.

Die Netzwerke der Zellenkörper haben, wie dieses auch in den Bildern der Tafel XXXIV angedeutet ist, mit ihrer Substanz meist Anhäufungen um den Kern herum; Netzsubstanz und Anhäufungen bilden zusammen das, was man als embryonalen Protoplasmarest, als intactes Protoplasma der Zelle bezeichnet hat, und dieses intacte Protoplasma ist augenscheinlich der wichtigste Bestandtheil des Zellenkörpers, selbst wenn, wie häufig, dasselbe an Volumen sehr zurückstehen sollte.

Es fragt sich nun, ob wir berechtigt sind, die in dem Zellenkörper und Zellenkerne so verbreiteten Netzstructuren als Grundstructuren des Protoplasmas zu betrachten. Diese Frage muss durchaus verneint werden. Denn zunächst finden wir, wie wir gesehen haben, diese Netze vielfach zerlegbar in kleinere Elemente, und was morphologisch zerlegbar ist, kann keine Grundstructur sein. Dann sind diese Netze, wenn auch sehr verbreitet, so doch keineswegs überall vertreten, und fehlen besonders da, wo es nicht zur Ausbildung regelmässig gelagerter Granula kommt.

Endlich giebt es noch einen dritten Grund, der gegen die Auffassung der Netze als Grundstructuren spricht, und der darin liegt, dass diese Netze sowohl im Zellenkörper wie im Zellenkern nicht stabil, sondern acut veränderlich sind. Hier bietet zunächst der Kern ein gutes Beispiel. Mit beginnender Theilung sehen wir statt des Netzes der Ruhe (vergl. Tafel XXXII) jene feinen Knäuel auftreten, die sich augenscheinlich durch weitere Umlagerung ihrer Elemente vergröbern und schliesslich zur Bildung der Aequatorialplatte führen.

Auch im Zellenkörper sind ähnliche acute Veränderungen der Netze nachweisbar. Die Parotis der Katze bietet im ruhenden Zustande ganz das Aussehen der Fig. 1 Tafel XXXIV. Giebt man dem Thiere eine Dosis Pilocarpin, so sind, wie wir im Nach-

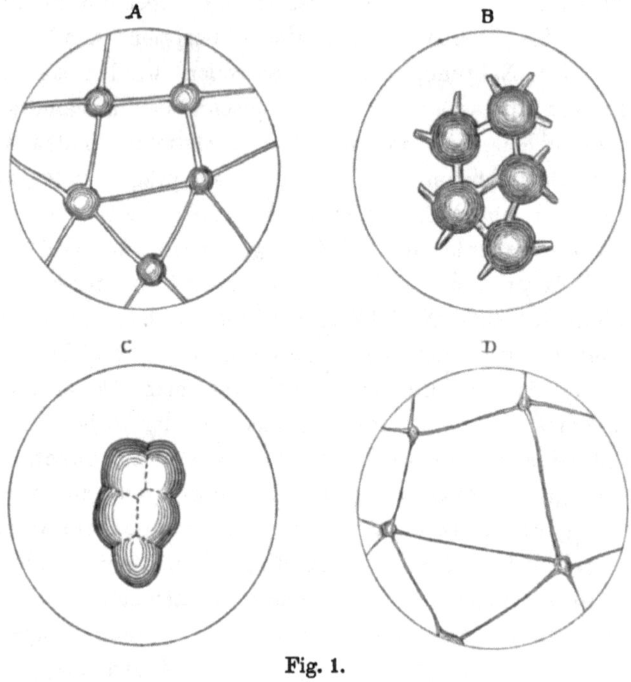

Fig. 1.

folgenden (Cap. VI) noch genauer schildern werden, nach einer Stunde Netze und Secretionskörner fort, an ihrer Stelle aber sind fuchsinophile Granula und Fädchen getreten von verschiedener Grösse. Ganz ähnlich verhalten sich die Eileiterdrüsen des Frosches kurz vor und nach der Eiablage und andere Drüsen mehr.

Aus allen diesen Gründen können wir der Netzstructur des Protoplasmas weder im Zellenkörper noch im Zellenkern den Werth einer Grundstructur beimessen; sie ist nichts weiter als der topographische Ausdruck für die Einlagerung isolirt liegender Granula; sie kann kommen und gehen, und die Substanz der Netze selbst ist nichts anderes als ein Compositum kleinerer und kleinster Elementartheile.

Bei Pflanzenzellen und niederen Protoplasmen kommen, wie es scheint, netzartige Bildungen auch aus anderen Ursachen zu Stande, nämlich durch Vacuolenbildung, die dann bekanntlich zu mehr oder weniger weitgehender Rarefication des Protoplasmas führen kann. Auch hier werden wir naturgemäss nicht an dem Begriff einer Grundstructur festhalten können, selbst wenn es sich um die feinsten Anfänge der Vacuolenbildung handelt.

Es erschien nothwendig, diese verschiedenen Ursachen der Netzstructur auf ihren wahren morphologischen Werth zurückzuführen, um jenen Anschauungen zu begegnen, wie sie früher von FROMMANN und HEITZMANN, neuerdings aber besonders durch BÜTSCHLI[1] vertreten worden sind, die in der Netzform des Protoplasmas die Grundstructur desselben gefunden zu haben glauben.

Von diesen Anschauungen ist die Hypothese von HEITZMANN, wie derselbe sie durch beistehende Fig. 1 *A*, *B*, *C*, *D* ausgedrückt hat, nicht ohne Interesse. Hiernach soll das Protoplasma aus Körnchen bestehen, die durch Fäden verbunden sind. *A* bezeichnet den Ruhezustand, *B* die Contraction, *C* den Tetanus, *D* die Dehnung.

Durch die Granulamethode sind bisher einzeln liegende monoblastische und zu Fäden verbundene nematoblastische Granula nachgewiesen (vergl. das letzte Capitel); es würde durchaus sympathisch sein, daneben noch solche zu Netzen verbundene R e t e b l a s t e n, wie sie HEITZMANN hier annimmt, zu acceptiren, schon im Interesse der Erklärung mancher Contractilitätserscheinungen des Protoplasmas; giebt es Reteblasten, so würde hier die netzartige Verbindung der Granula ein Analogon der fibrillären sein können, doch ist der Nachweis von der Existenz derselben noch nicht erbracht.

Wir finden vielfach intergranuläre Netze und in der Substanz derselben Granula; ob aber diese letzteren durch die Netzsubstanz in ähnlich organisirter Weise zur Netzform verbunden sind, wie die Disdiaklasten der Muskelfibrille zur Fädenform, ist ungewiss.

[1] Vgl. O. BÜTSCHLI, Untersuchungen über mikroskopische Schäume und das Protoplasma. Leipzig 1892. Die Zeichnungen und Photographien, welche BÜTSCHLI hier zum Beweis für seine Ansichten über Grundstructuren beibringt, sind im Gegensatz zu den feinen älteren Beobachtungen von FROMMANN und HEITZMANN meist so grober Natur, dass überhaupt ihre Verwendung für jene Beweisführung einigermassen in Erstaunen setzt.

Wir erwähnten vorher, dass lebende Objecte nicht nur selten einen sicheren Anhalt für die Beobachtung der Structur des Protoplasmas geben, sie führen auch da, wo sie dieses thun, leicht zu Täuschungen. Da weder HEITZMANN noch FROMMANN künstliche Methoden angewendet haben, so ist es auch ihnen nicht gelungen, das Prinzip im Bau des Protoplasmas aufzudecken, obwohl ihre Beobachtungen zu den besten gehören, welche über die Structur desselben angestellt worden sind.

Es scheint daher für das Studium des Protoplasmas der richtige Weg zu sein, vorzugsweise mit Hilfe der zuverlässigeren und weiter eindringenden künstlichen Methoden und im Anschluss an so prägnante Objecte, wie sie die Pigmentzellen und die Muskelfasern des thierischen Organismus darbieten, analoge Verhältnisse auch in anderen Fällen zu suchen; finden wir solche Analogien, so werden wir mehr Recht haben, allgemeine Folgerungen daraus zu ziehen, als diejenigen, welche ihre Anschauungen von der Gleichartigkeit des Protoplasmas auf die negativen Befunde an der Sarkode begründen.

Haben die Vertreter dieser Anschauungen Recht, dann hat die Morphologie bereits ihre Grenze erreicht und es bleibt nur die Lehre von der molekularen Organisation übrig, welche für grübelnde Leute gewiss viel Reizvolles hat, aber doch selbst erst der richtigen morphologischen Unterlagen bedarf, um eine Berechtigung ihrer Existenz zu besitzen.

Noch haben wir diese Grenze der Morphologie nicht erreicht. Mag jener genetische Plan, wie wir ihn oben in wenigen Worten zusammengedrängt haben, auch ein Unbekanntes sein, das bewiesen werden muss, vielleicht kann er uns doch den Weg zeigen, wie wir zu einem Verständniss des Bekannten und Erreichbaren gelangen. Wenn wir Schritt für Schritt durch immer feinere Methoden das Gebiet des Sichtbaren erweitern, so gelingt es vielleicht doch allmählich, Vieles von dem zu sehen, was scheinbar nicht vorhanden ist. Der Boden ist noch jungfräulich und fast jeder Spatenstich muss hier Neues zu Tage fördern, besonders dann, wenn es einmal ermöglicht sein wird, die Hilfsmittel der Mikrologie für ihren Zweck zu organisiren.[1] Das, was

[1] Der extreme Kampf, den die Mikrologie mit der Materie zu führen hat, das stete Ringen an der Grenze des Erreichbaren bedarf weiterer Mittel

in dieser Beziehung schon erreicht wurde, lässt die Hoffnung auf weitere Fortschritte als möglich erscheinen. Es mag hierin vielleicht eine schwere Aufgabe liegen, aber es lohnt der Mühe wohl, hier seine Kräfte heranzusetzen und so unserem Wissen eine neue Welt zu erobern.

---

und Exaktheiten, als sie sonst in der Technik üblich sind, besonders wenn es sich nicht nur darum handelt, das schon Vorhandene auszunutzen, sondern weiter vorzudringen. Es lässt sich vermuthen, dass mit der Zeit die Mikrologie, das heisst die Lehre von den Einheiten der lebenden Substanz, auch die einheitliche und nothwendige Grundlage unseres biologischen Wissens bilden wird, und die Frage, ob die Mikrologie wie bisher ein Bestandtheil sämmtlicher makrologischer Disciplinen bleiben soll, oder für sich zu centralisiren ist, scheint mir in letzterem Sinne entschieden werden zu müssen. Der Mikrologe kann keine von den biologischen Richtungen entbehren, wenn der wahre Fortschritt gesichert sein soll, aus allen hat er seine Materialien zu schöpfen. Er hat Formen und Functionen gleichzeitig zu berücksichtigen, er bedarf ebenso der Chemie wie der Physik, normale und pathologische Processe sind ihm gleich werthvoll, der fertige Körper und seine Entwickelung, Thiere und Pflanzen, Makro- und Mikroorganismen, sie alle liegen im Bereiche seiner Bestrebungen; aus Allem hat er das zu extrahiren, was dem Gedanken der Mikrologie dienen kann. Wenn diese Centralisation auch nur in bescheidenen Grenzen möglich ist, so muss sie doch so weit wie möglich erstrebt werden, und kann nur sie allein dem Mikrologen die Klarheit der Idee und die Führung zum Fortschritt geben. Dem Makrologen andrerseits wird Niemand das Mikroskop aus der Hand nehmen, aber den Aufgaben der Mikrologie gerecht zu werden, das verbietet ihm einfach die ideelle und materielle Arbeitslast, die jeder makrologischen Disciplin aufliegt. Die Zeiten sind vorüber, wo Männer mit ihrer Wissenschaft entstehend, aufwachsend und alt werdend zu einer Souverainität des Wissens kommen konnten; wir von der Nachzucht müssen uns dem gesteigerten Material gegenüber bereits mit einem beschränkteren Kreise begnügen, wenn wir leistungsfähig und ehrlich bleiben wollen. Im Auslande ist man mit der Errichtung mikrologischer Laboratorien schon überall energisch vorgegangen, nur in Deutschland, dem Vaterlande Schwann's, hat man sich bisher in dieser Beziehung noch zurückhaltend gezeigt.

II

Die Methoden der Granulauntersuchung.

Für die Untersuchung der Zellengranula werden keine anderen Methoden zur Anwendung kommen, als sie auch sonst in der Gewebelehre üblich sind; sie werden sich von diesen letzteren nur dadurch unterscheiden, dass sie eine Verfeinerung derselben bilden, da ihre Ziele weiter gehen.

Unterscheidet man bei den mikroskopischen Untersuchungen diejenigen, welche die Gruppirungen der Zellen zu einander sichtbar machen, von denen, bei welchen der Inhalt der Zellen selbst erkannt und differenzirt werden soll, so ist es klar, dass für den ersteren Zweck einfachere Massnahmen ausreichen. Kernfärbungen und Andeutungen der Intercellulargrenzen genügen vollauf, um die gegenseitige Lagerung, Form und Grösse der einzelnen Zellen und Zellengruppen zu kennzeichnen. Dabei ist es für diese Gattung von Bildern charakteristisch, dass besonders mittlere Trockensysteme die Eleganz und Klarheit derselben am besten hervortreten lassen, während sie bei Betrachtung mit den besten Vergrösserungen leer und nüchtern erscheinen, da von dem Inhalt der Zellen selbst wenig zu sehen ist, und das, was etwa sichtbar sein sollte, in seiner Deutung meist unzuverlässig erscheint. Anders ist dieses mit den Detailbildern des Zelleninhaltes selbst. Bei mittleren Trockensystemen erscheinen sie oft unklar und verworren und für die Gruppirungen der Zellen sind sie oft gar nicht zu verwerthen; erst wenn man mit den besten Vergrösserungen an sie herantritt, zeigen sie die Fülle ihres Inhaltes.

Der Raum, den die einzelnen Zellen darbieten, ist meist sehr klein, und wenn man den gewöhnlichen Erfahrungen folgt, welche sich aus der Untersuchung der Zellgruppirungen ergeben, so hält man es kaum für denkbar, dass es gelingen könnte, innerhalb dieses kleinen Raumes eine grössere Summe von Einzelerscheinungen zu beobachten. Dennoch ist dieses möglich; der Beweis hierfür soll durch die vorliegenden Untersuchungen geliefert werden, und wird der Zweck dieser Untersuchungen schon dadurch erreicht sein, wenn sie dazu dienen, die Furcht vor der Kleinheit der Zelle zu überwinden und tüchtige Kräfte für den Inhalt derselben zu interessiren. Man vergesse hierbei nicht, dass gerade unsere Tage durch erhebliche Fortschritte der optischen Leistungen des Mikroskopes ausgezeichnet sind, und dass wir in den künstlichen Differenzirungen der Farbstoffe ein ausgezeichnetes Mittel haben, diese Leistungen bis zum Extrem auszunutzen.

Als ein günstiger Umstand muss es angesehen werden, dass die verschiedenen Arten der Elementarkörperchen, wie sie augenscheinlich den Inhalt der Zellen ausmachen, in Bezug auf die künstliche Differenzirung oft verschiedene Reactionsfähigkeiten haben. Bei einer einzelnen Reaction wird daher nur ein Theil dieser Körperchen sichtbar sein, aber um so klarer und deutlicher, da dieselben von den benachbarten Elementen nicht verdeckt werden.

Wenn auch der Raum einer Zelle gewöhnlich nur klein ist, so ist er andererseits doch meist zu gross, als dass wir Alles in ihm auf einmal übersehen können. Als erste Bedingung für eine erfolgreiche Untersuchung muss es daher hier gelten, die Zellen selbst wieder in dünne Schichten zu zerlegen, die uns den nothwendigen Einblick gestatten.

Die Erzeugung dünner Schnitte ist deshalb das erste Erforderniss, welches zum Studium des Zelleninhaltes gehört, und ist hier die Paraffinmethode augenblicklich die einzige, welche zweckentsprechend erscheint. Eine Schnittdicke von 2—1 μ ist etwa diejenige, welche erforderlich ist, um solche Präparate zu erhalten, wie sie in den beigefügten Abbildungen wiedergegeben sind, nur beim Kern und seiner Untersuchung bin ich zum Theil genöthigt gewesen, auf $\frac{1}{2}\mu$ herunterzugehen.

Wenn auch in Bezug auf die Paraffinmethode ein Jeder seinen eigenen Erfahrungen zu folgen pflegt, so mögen doch hier einige Bemerkungen darüber gestattet sein. Die beste Schnittfähigkeit scheint im Paraffin bei einem Schmelzpunkt von 58—60° zu liegen, doch muss auch hierbei unter den Sorten von gleichem Schmelzpunkte ausgewählt und eventuell durch Zusätze nachgeholfen werden. Solche Zusätze, welche günstig wirken können, sind käufliches Stearin (Stearinsäure), gebleichtes Wachs, durch Eindampfen gelb gefärbtes Paraffin und andere mehr, welche in nicht zu grosser Quantität hinzugeschmolzen werden können, und hängt die Art und der Procentsatz des Zusatzes von den Eigenschaften des betreffenden Paraffins ab. Ob Zusätze, wie eine Combination des Colloidin mit dem Paraffin nützlich sind, darüber habe ich bis jetzt noch keine Erfahrung. Für jetzt sind gar zu dünne Schnitte meistens nicht einmal nützlich, weil dadurch die Prägnanz der Bilder leidet. Nimmt man allerdings Schnitte, welche über 2 μ dick sind, so werden die Bilder wegen der übergrossen Anhäufung der Elemente bald undeutlich.

Bei der Einbettung in das Paraffin ist es gut, die Objecte nur durch Alkohol und Xylol gehen zu lassen. Als Uebergang zwischen beiden Flüssigkeiten ist eine Mischung von 3 Theilen Xylol und 1 Theil Alkohol zweckmässig; zwischen Xylol und Paraffin kommt dann die übliche Mischung dieser Substanzen. Nelkenöl und andere Aufhellungsmittel werden besser vermieden, weil dieselben sowohl die Reactionsfähigkeit der Elemente leicht schädigen, als auch sonstige Schädlichkeiten zur Folge haben können.

Da die Schnitte auf dem Objectträger gefärbt werden sollen, so pflege ich zum Festkleben derselben in folgender Weise vorzugehen. Zunächst werden die Objectträger mit einer dünnen Schicht von Kautschuk überzogen. Hierzu kann man das jetzt in den Apotheken käufliche sogenannte Traumaticin benutzen. Dasselbe ist eine ziemlich concentrirte Lösung von Kautschuk oder Guttapercha in Chloroform; es wird für den Gebrauch mit dem 25fachen Volumen Chloroform verdünnt, die verdünnte Lösung über den Objectträger gegossen, abgetropft, und der Objectträger nach dem Verdunsten des Chloroforms über der Gasflamme stark erhitzt. Auf solche vorräthig gehaltene Objectträger kommen die

Paraffinschnitte und werden hier mit einer Lösung von Schiessbaumwolle in Aceton und Alkohol angepinselt. Zur Herstellung dieser Lösung werden zunächst 2 Gramm Schiessbaumwolle in 50 Cbctm. Aceton gelöst und hiervon 5 Cbctm. mit 20 Cbctm. Alkohol verdünnt. Es ist nothwendig, die Schnitte nach dem Anpinseln mit Fliesspapier stark an den Objectträger anzudrücken und dann nach dem Trocknen anzuschmelzen. Solche Schnitte können dann ohne Gefahr mit verschiedenen Lösungs- und Färbungsmitteln behandelt werden.

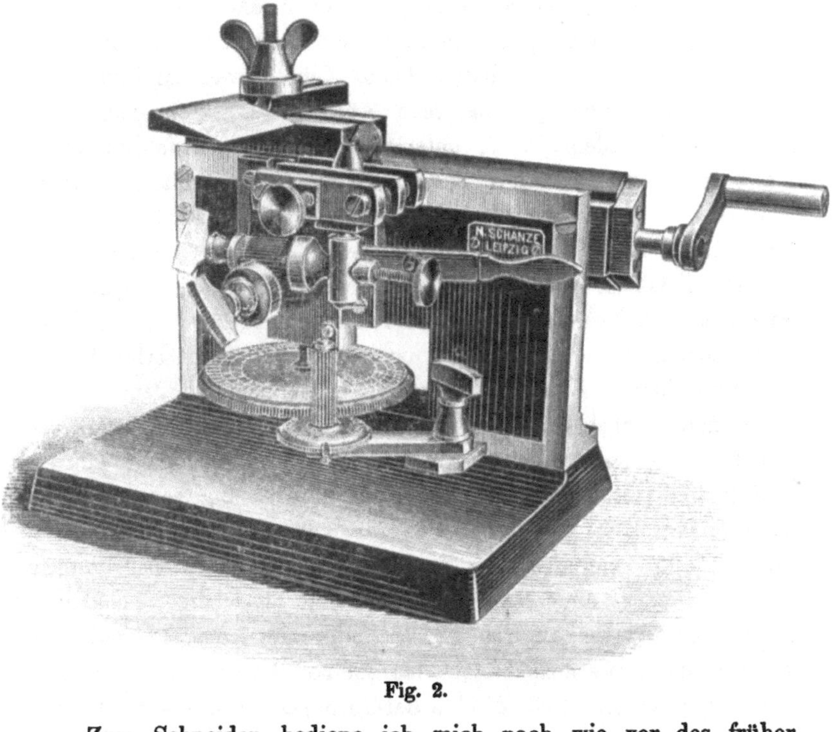

Fig. 2.

Zum Schneiden bediene ich mich nach wie vor des früher von mir beschriebenen Support-Mikrotoms.[1] Dasselbe muss natürlich, wie jedes mechanische Instrument, gut gearbeitet sein und gut in Ordnung gehalten werden. Man hat von verschiedenen Seiten her die Leistungsfähigkeit dieser Construction in Abrede

[1] Vergl. Einige Bemerkungen über histologische Technik. Arch. f. Anat. u. Phys. 1881. Vergleiche die beistehende Figur des Instrumentes. Dasselbe kann von den Firmen M. SCHANZE in Leipzig u. E. LEITZ in Wetzlar bezogen werden.

stellen wollen, wie mir scheint ohne Grund. Der Support ist diejenige Führung, welche in jeder mechanischen Werkstätte anzutreffen ist und hier zu den gröbsten wie zu den feinsten Arbeiten benutzt wird. Wenn von Seiten einzelner Mikroskopiker geklagt wird, dass die Schraube leicht schlottert, so beweist dieses nur, dass die Fabrikanten zuweilen Instrumente für wissenschaftliche Zwecke in den Handel bringen, welche sie einem einfachen Metallarbeiter nicht anzubieten wagen würden. Es scheint auch für den Mikroskopiker nicht ganz unnütz, dass er ein wenig weiss, worauf es bei mechanischer Präcision ankommt, und dass er im Nothfall sein Instrument selbst beurtheilen und in Ordnung halten kann. Die Schraubenführung hat jedenfalls den Vorzug, dass man während des Schneidens die Bewegung in jedem Punkt unterbrechen und weiterführen kann. Hätte man es immer mit reinem Paraffin oder mit so zarten Objecten zu thun, wie etwa Embryonen, so würde die Herstellung der Schnitte wenig Schwierigkeiten machen; sobald aber an einem Object die Theile verschiedene Resistenz zeigen, ist eine sichere Beherrschung des Mikrotoms sehr erwünscht, und diese Beherrschung habe ich bis jetzt nur mit dem Support erlangt.

Eine kleine Verbesserung habe ich seitdem an dem Instrument noch angebracht, indem neben der grossen Mikrometerscheibe eine zweite kleinere hinzugefügt wurde, welche durch Zahntheilung eingreift und eine direkte Ablesung von 1 μ und Theilen desselben gestattet, ohne die frühere Beweglichkeit der grossen Mikrometerscheibe zu beeinträchtigen. Es ist bei dünnen Schnitten sehr angenehm, der früheren unsicheren Schätzung so kleiner Werthe an der grossen Mikrometerscheibe überhoben zu sein und ausserdem bietet jene kleine Mikrometerscheibe den Vortheil, dass dabei eine direkte Berührung der Mikrometerschraube vermieden wird.

Was die Vorbereitung der Präparate zur Darstellung der Granula betrifft, so ist hier vor Allem ein Punkt im Auge zu behalten, dass die Fixirung der Objecte und die nachfolgende Färbung derselben in direkter Abhängigkeit zu einander stehen und nur Theile eines und desselben Processes sind. Diese Abhängigkeit ist bei den bisher besonders üblichen Kernfärbungen meist keine sehr weitgehende, denn für dieselben konnte man sehr zahlreiche und verschiedene Fixirungsmittel, wie Alkohol, Sublimat, Salpetersäure, Picrinsäure, Chromsäure und andere mehr anwenden. Dieses ist bei der Darstellung der Zellengranula nicht der Fall, sondern ich habe bis jetzt nur wenige specifische Fixirungsmittel finden können, welche die nachfolgende specifische Färbung derselben in allgemeinerer und umfassenderer Weise gestatteten. Das Verhältniss ist hier so, dass wir es merkwürdig zu finden pflegen, wenn irgend ein Fixirungsmittel die nachfolgende Kernfärbung herabsetzt oder gar aufhebt, während wir es merkwürdig finden müssen, wenn eines derselben die Granulafärbung gestattet. Die genannten gebräuchlichsten Mittel gestatten z. B. eine nachfolgende Granulafärbung nicht oder nur in seltenen Fällen, einestheils weil sie, wie es scheint, die Substanz derselben zerstören, anderntheils weil sie, wo dieselbe etwa erhalten sein sollte, das Färbungsvermögen derselben aufheben.

Beim Experimentiren in dieser Richtung war es sehr wünschenswerth, eine Methode zu haben, welche es erlaubte, die verschiedenen Fixirungen und Färbungen an den Paraffinschnitten desselben Objectstückchens versuchen zu können und so eine Hilfsmethode zu haben, welche das Auffinden der definitiven Methoden erleichterte. Wenn man tagelang warten muss, bis ein fixirtes Objectstückchen in Paraffin eingebettet ist, um sich dann erst zu überzeugen, dass eine einzelne angewendete Fixirung nicht zweckentsprechend war, so verliert man sehr viel Zeit und man wird alt, bevor man die Anfänge überwunden hat. Jene Abkürzung des Verfahrens gelang mir auf folgende Weise.

Lässt man frische Organstückchen gefrieren und trocknet dieselben im gefrorenen Zustande bei einer Temperatur von unter —20° C. über Schwefelsäure im Vacuum vollständig aus, so erhält man in ihrem Volumen unveränderte Präparate, welche sich von dem frischen Zustande nur durch die Abwesenheit des Wassers unterscheiden, im Uebrigen aber sowohl in Bezug auf die Formen, wie in Bezug auf die Reactionen der Elemente den frischen Zustand bewahrt haben.

Wenn man solche ausgefrorenen Organstückchen mit geschmolzenem Paraffin im Vacuum direkt durchtränkt, so kann man an den Schnitten nach dem Auswaschen des Paraffins mit

Xylol und nach dem Verdunsten des letzteren sowohl Fixirungen, wie auch Färbungen nacheinander versuchen und auf diese Weise eine grosse Zahl von Experimenten in kürzester Zeit anstellen. Ich habe nur wenige Organstückchen auf diese Weise glücklich zum Ausfrieren gebracht, aber dieselben haben durch die grosse Zahl von Schnitten, welche sie hergaben, mir das Auffinden der Granulamethoden in mancher Hinsicht wesentlich erleichtert.

Wendet man bei diesem Trocknen höhere Temperaturen an, vielleicht solche von —10° bis —15° C., so tritt der beschriebene Effect nicht ein; die Objecte backen nach einiger Zeit zu spröden, geschrumpften Stückchen so zusammen, wie dieses ja auch beim Trocknen bei gewöhnlicher Temperatur geschieht. Die Ursache hierfür ist jedenfalls die, dass, wenn durch Verdunsten des Wassers im Object die in diesem vorhandenen Lösungen allmählich concentrirter werden, auch der Schmelzpunkt derselben sinkt, so dass schliesslich die Präparate, bevor sie trocken sind, aufweichen und bei dem weiteren Wasserverlust schrumpfen und zusammenbacken, während wir unter —20° C. diejenige kritische Temperatur haben, bei welcher auch z. B. concentrirte Kochsalzlösungen fest werden und bleiben.

Dieses Austrocknen unterhalb der kritischen Temperatur hat nur den einen Nachtheil, dass bei der Behandlung der Objecte mit geschmolzenem Paraffin und Xylol die in diesen Flüssigkeiten löslichen Substanzen verloren gehen: die übrigen Theile dürften dagegen wenig alterirt werden, denn wir wissen es auch von anderweitigen Erfahrungen her, dass selbst trockene Fermente und Eiweisskörper durch höhere Temperatur, wie sie dem geschmolzenen Paraffin eigen sind, nicht geschädigt werden.

Man hat dem Gefrieren der frischen Gewebe den Vorwurf gemacht, dass es durch Krystallbildung Zerreissungen in denselben hervorrufe; ich habe darüber bei irgend eiweissreichen Organen nicht zu klagen gehabt, wenngleich viele Pflanzenobjecte für diese Behandlung allerdings wenig geeignet sein dürften. Wenn man vor dem Durchtränken der trockenen Organstückchen mit geschmolzenem Paraffin dieselben verschieden hohen Lufttemperaturen aussetzt, so scheint hierin selbst eine sehr variable Reihe von Fixirungen zu liegen, welche alle bekannten Fixirungsmittel an Feinheit bei Weitem übertreffen dürften; ich habe jedoch hiervon bis jetzt einen weiteren Gebrauch noch wenig gemacht, sondern mich damit begnügt, an den Paraffinschnitten der ausgetrockneten Objecte feuchte Fixirungen und Färbungen in kurzer Aufeinanderfolge durchzuversuchen und die auf diese Weise gewonnenen Erfahrungen an frischen Organstückchen direkt zu verwerthen. Die beigegebenen Abbildungen sind mit Ausnahme von Fig. 3 und 4 Taf. VI sämmtlich nach Präparaten gezeichnet, welche mit feuchtem Verfahren direkt behandelt waren.

Leider ist die Anwendung jenes Austrocknens keineswegs leicht. Es handelt sich dabei darum, so tiefe Temperaturen, die man der Sicherheit wegen am besten bis an —30° C. heran wählt, längere Zeit constant zu erhalten. Denn wenn man zum Trocknen auch sehr kleine Organstückchen nimmt, so dauert es doch ein paar Tage, ehe alles Wasser verdunstet ist, da die Spannungen des Wasserdampfes bei so niederer Temperatur sehr gering sind. Ich habe die wenigen Objecte, die mir bisher gelungen waren, mit Hilfe von Kältemischungen erhalten. Die Besorgung derselben für so lange Zeit, innerhalb welcher nicht eine einzige Schwankung der Temperatur vorkommen darf, ist aber so aufreibend, dass hier zweckmässigere Einrichtungen augenscheinlich den Vorzug verdienen; erst mit Hilfe der letzteren wird es gelingen, die Methode zum Arbeiten verwerthbar zu machen. Leider habe ich die Durchführung meiner Pläne aus äusseren Gründen noch nicht bewerkstelligen können. Dennoch glaube ich, dass die Methode es vollauf verdient, selbst bei einigen Opfern in's Werk gesetzt zu werden, ja es scheint mir, als wenn zum Theil die Zukunft der Zellenlehre an dieser Methode hängt; man muss die Mühseligkeiten einer langjährigen Experimentirarbeit hinter sich haben, um zu wissen, welche Schwierigkeiten die Analyse des Zelleninhaltes bereitet, wenn die Methoden erst gefunden werden müssen, und welcher Werth in der vorher beschriebenen Abkürzung der Zeit liegt, auch abgesehen von den Vortheilen, welche darin bestehen, dass die Fixirungsflüssigkeiten hier nicht auf Stücke, sondern auf Schnitte zu wirken haben.

Es ist zur Genüge bekannt, dass alle Fixirungsflüssigkeiten ihre Fehler haben und dass gerade die besten dadurch mangelhaft werden, dass sie bei der Einwirkung auch selbst auf kleine Organstückchen beim Eindringen in dieselben eine Zahl von

Schichten zu passiren haben. Schon MAX SCHULTZE hat hierauf aufmerksam gemacht, und heute weiss wohl ein Jeder, der sich mit feineren mikroskopischen Untersuchungen befasst, diesen Mangel zu beurtheilen. Bei dem Ausfrieren unterhalb der kritischen Temperatur fällt dieser Mangel fort, und alle Unklarheiten, welche durch die reine Empirie in der Anwendung der fixirenden Reagentien bedingt sind, werden hier durch klare physikalische Vorgänge ersetzt. Während sonst bei der Fixirung durch das Hinzutreten bestimmter chemischer Stoffe und durch die Bildung bestimmter chemischer Verbindungen in den Geweben die spätere Reactionsfähigheit der Elemente auf einen mehr oder weniger engen Kreis beschränkt wird, besitzen wir in dem Ausfrieren der Gewebe eine Methode, welche diese Reactionsfähigkeit in ihrem natürlichen Zustande conservirt und daher einen durchaus universellen Charakter hat; hierzu kommt noch, dass die Erhaltung selbst der subtilsten Formen nach meiner Erfahrung auf andere Weise nicht so vollkommen erreicht wird, wie hier.

Wie weit das Ausfrieren der Gewebe unterhalb der kritischen Temperatur auch sonst für mikroskopische Zwecke anwendbar ist, das mag noch an einem Beispiel erörtert werden. Man hat von verschiedenen Seiten her angefangen, die Reactionen lebender Elemente auf intra vitam in den Organismus eingeführte Farbstoffe zu prüfen und sei hier besonders an die schönen Beobachtungen, welche OSCAR SCHULTZE über die vitale Metylenblaureaction der Zellgranula[1] angestellt hat, erinnert. Es ist aber weder Anderen, noch mir selbst bisher gelungen, die so imprägnirten Organe in einen Zustand zu bringen, dass man von ihnen dünne Schnitte in Balsam untersuchen könnte, sodass man auf frische Zupfpräparate und kurze Beobachtung angewiesen ist, und gerade diejenigen Theile, in denen die Reaction am intensivsten auftritt, sich der Beobachtung überhaupt entziehen. Einestheils wird der Farbstoff bei dem Absterben der Organe leicht zu Leukoprodukten verändert, anderntheils wird derselbe sowohl durch wässerige Einschlussmittel, wie auch durch diejenigen Flüssigkeiten, welche als Vorbereitung für den

[1] l. c.

Balsam das Wasser entfernen sollen, extrahirt. Wird jedoch das lebende Organ durch das Gefrieren sofort fixirt, so tritt beim Trocknen desselben unterhalb der kritischen Temperatur eine Veränderung der vitalen Farbstoffreaction nicht ein, und ist das Gewebe erst trocken, so kann es ohne Nachtheil für die Farbstoffverbindungen mit Paraffin durchtränkt, geschnitten, mit Xylol gewaschen und in Balsam eingeschlossen werden; man erhält so Dauerpräparate, welche den besten Vergrösserungen zugänglich sind.

Auch abgesehen von seiner Verwendung für morphologische Zwecke dürfte das Ausfrieren unterhalb der kritischen Temperatur nützlich sein. Indem wir z. B. ein lebendes Organ, statt es absterben zu lassen, acut gefrieren machen, gewinnen wir durch jede Methode die Möglichkeit, eine Substanz in trockner Pulverform vor uns zu haben, die wir in einem Zustande direkt angreifen können, welcher sich von dem des Lebens nur durch die Abwesenheit des Wassers unterscheidet. Was wir aus den durch das Absterben veränderten wasserhaltigen Organen extrahiren, mag als Zersetzungsprodukte der lebenden Substanz gewiss von Werth sein; vielleicht ist es aber durch jene Methode zu erreichen, nicht nur chemisch, sondern biochemisch vorzugehen, abgesehen von den Vorzügen, welche auch sonst in der späteren Handlichkeit und Sauberkeit des Verfahrens liegen.[1]

Unter den Fixirungsmitteln nun, welche für die Darstellung

---

[1] Ich muss es lebhaft bedauern, dass es mir aus äusseren Gründen bisher noch nicht möglich gewesen ist, die Methoden des Ausfrierens unterhalb der kritischen Temperatur wenigstens im Kleinen für morphologische Zwecke mit Hilfe besserer Einrichtungen des Weitern auszunutzen, obwohl mir die Vortheile der Methode mit Hilfe der Kältemischungen schon seit Jahren bekannt geworden sind. Es liegt hierin auch der Grund, weshalb die Granulamethoden von mir überhaupt so spät veröffentlicht werden, da ich nicht gerne etwas Unvollendetes aus der Hand geben wollte und der Ueberzeugung war, mit Hilfe jener Methode der Granulalehre eine noch festere Gestaltung geben zu können, als es mir jetzt ohne dieselbe möglich ist.

Eine Bestätigung meiner Angaben in Bezug auf die Conservirung der vitalen Metylenblaureaction durch das Ausfrieren hat APÁTHY gegeben in: Nachträge zu meinem Artikel über Methylenblaufärbung, Zeitschr. f. w. Mikroskopie Bd. IX S. 466; eine dem Ausfrieren vorangehende Fixirung durch Ammoniumpicrat-Ammoniak dürfte wohl entbehrlich sein.

der Zellengranula von Wirkung sind, muss man diejenigen unterscheiden, welche nur in vereinzelten Fällen Resultate aufweisen, von denjenigen, die dieses allgemein thun. Von den ersteren habe ich eine ganze Anzahl gefunden; so kann man z. B. gelegentlich auch mit Hilfe von concentrirter Sublimatlösung ein Granulabild erhalten, auch Jodkaliumquecksilberbijodid und Bromkaliumquecksilberbibromid, Tanninlösungen und andere Stoffe mehr geben gelegentlich ein Resultat. Es schien jedoch zweckmässig, zunächst besonders diejenigen Fixirungen zu bevorzugen, welche allgemein in den verschiedenen Zellengattungen der verschiedenen Thierklassen Granulabilder ergaben. Unter diesen hat sich insbesondere eine Mischung bewährt, welche durch Zusammengiessen gleicher Volumina einer 5 procentigen Lösung von Kaliumbichromat und einer 2 procentigen Lösung der Ueberosmiumsäure erhalten wird. Diese Mischung dringt leichter in die Organstückchen hinein, als reine Ueberosmiumsäure, sie conservirt die feinen Formelemente vortrefflich, und wenn sie auch die nachfolgenden Farbstoffreactionen wie alle Osmiumlösungen ein wenig erschwert, so gelingen dieselben bei einiger Gewandtheit in der Färbung und bei recht dünnen Schnitten doch zur vollen Zufriedenheit. Die Mehrzahl der beigegebenen Abbildungen stammen von Präparaten her, welche mit Hilfe jener Mischung fixirt sind.

Die dem eben getödteten Thiere entnommenen sehr kleinen Organstückchen werden in die Mischung gebracht, 24 Stunden darin belassen, dann in fliessendem Wasser mehrere Stunden gewaschen und nachdem sie einige Zeit nacheinander in Alkohol von 75 %, 90 %, 100 % gelegen haben, mit Hilfe des Xylols in der oben beschriebenen Weise in Paraffin eingebettet. Die Schnitte selbst werden, nachdem sie rite auf dem Objectträger angeklebt und angeschmolzen sind, zunächst durch Xylol vom Paraffin befreit und mit Alkohol gewaschen. Nachdem man den Ueberschuss des Alkohols entfernt hat, kommt direkt die Farbstofflösung auf das Präparat.

Zur Färbung der Granula wird, wie schon früher von mir beschrieben ist,[1] Säurefuchsin benutzt, welches durch Picrin-

[1] Studien über die Zelle. Leipzig 1886.

säure differenzirt wird. Die Farbstofflösung, welche ich früher benutzt und empfohlen habe, bestand aus einer 10 procentigen Lösung des Säurefuchsins in $^1/_3$ Alkohol. Einen anderen Farbstoff, der das Säurefuchsin hätte ersetzen können, habe ich trotz aller Bemühungen noch nicht gefunden, abgesehen von vereinzelten Fällen, in denen auch einmal eine andere Färbung sich als wirksam erweist. An Stelle der früheren Lösung benutze ich jedoch jetzt eine andere, weil die ältere nicht ausreicht, um den Widerstand der Osmiumfixirung zu überwinden. Für die aus der Osmiummischung hervorgegangenen Präparate ist es nöthig, in folgender Weise zu verfahren. Zunächst wird eine kalt gesättigte filtrirte Lösung von Anilin in Wasser hergestellt und in 100 Cbctm. derselben 20 Gramm Säurefuchsin gelöst. Von dieser Lösung bringt man eine Quantität auf den Objectträger und erwärmt denselben über freier Flamme, bis sich seine Unterfläche empfindlich heiss anfühlt und die Farbstofflösung dampft. Dann lässt man abkühlen und spült den Farbstoff mit einer Picrinsäurelösung ab, welche durch Vermischen eines Volumens concentrirter Picrinlösung in absolutem Alkohol mit 2 Volumina Wasser hergestellt ist. Dann giesst man eine neue Portion der Picrinsäurelösung auf den Objectträger und erwärmt denselben.

Dieses letztere Erwärmen ist der schwierigste Theil des Färbungsverfahrens, weil eine zu geringe Erwärmung die Differenzirung nicht genügend bewirkt, während eine Uebersteigung der Wärmegrenze das Präparat völlig abblassen macht. Ich benutze hierzu die Metallfläche meines in constanter Temperatur befindlichen Paraffinofens und lasse die Objectträger mit der Picrinlösung 30—60 Secunden darauf liegen, um dann ohne Zeitverlust das Picrin mit Alkohol abzuspülen, mit Xylol nachzugehen und in Xylol-Dammar einzuschliessen. Es wird die Sache der persönlichen Erfahrung und Erprobung eines jeden Einzelnen sein, diese Erwärmung so constant und sicher als möglich zu machen, um zu guten Resultaten zu kommen.

Der Grad und die Dauer der Erwärmung der Picrinlösung variirt etwas, je nachdem die Farbstofflösung vorher mehr oder weniger stark und lange erhitzt worden ist und je nach der Natur der Präparate, sodass auf eine stärkere Färbung naturgemäss eine stärkere Differenzirung zu folgen hat. Sollte, was leicht vorkommen kann, die erste Erwärmung noch nicht genügend gewirkt haben, so muss man nochmals mit Picrinlösung in gleicher Weise behandeln. Für diesen Zweck ist es gut, dass, wenn man noch nicht soviel Erfahrung besitzt, um aus der äusseren Erscheinung des Präparates den Grad der Differenzirung genau beurtheilen zu können, das Präparat zunächst in Xylol untersucht wird, damit es gegebenen Falls nochmals mit Alkohol abgespült und mit Picrin von Neuem behandelt werden kann.

Das Endresultat soll, wie dieses aus den beigegebenen Abbildungen ersichtlich ist, so sein, dass diejenigen Granula, welche überhaupt mit dieser Methode erreichbar sind, scharf gefärbt hervortreten, das Uebrige dagegen keinen oder nur einen graugelblichen Farbenton zeigt, wie er theils von der Osmiumsäure, besonders aber von der Picrinlösung herrührt. Hat man die Proceduren öfters durchgeführt, so kommt man bald dahin, ohne grosse Mühe gelungene Präparate zu erhalten. Es ist mir wenigstens stets gelungen, Laboranten und Studirende in wenigen Tagen auf die Methode einzuüben.

Wie die Erhitzung des Farbstoffes und die Erwärmung der Picrinlösung je nach der Natur der Objekte zu variiren ist, so gilt dieses auch von der Schnittdicke. Bei manchen Zellengattungen, welche sehr kleine und dichte Granula haben, muss diese Dicke bis auf 1 μ herabgedrückt werden, in anderen Fällen kommt man mit 2 μ aus, und sind dieses die Extreme, welche mir für die meisten Fälle genügt haben.

Es mag noch bemerkt werden, dass jene Säurefuchsinlösung in Anilinwasser in ihren Wirkungen weniger von der Qualität des Farbstoffes abhängt, wie dieses bei der früheren neutralen Lösung in $^1/_3$ Alkohol der Fall war. Bei dem Osmiumgemisch ist darauf zu achten, dass die Osmiumlösung nicht durch längeres Stehen an Gehalt verloren hat und dass das Kaliumbichromat nicht etwa mit freier Chromsäure verunreinigt ist; diese sowohl, als auch Zusätze von andern freien Säuren, wie Essigsäure etc., sind durchaus schädlich und vermindern die Feinheit des Bildes oder heben die Reaction auf. Diese Reaction ist durchaus specifischer Natur und es bedarf des Zusammenwirkens aller der beschriebenen Agentien, um sie sicher eintreten zu lassen.

Wenn man die beschriebenen Vorsichtsmassregeln einhält, so gelingt es einigermassen sicher, in allen Zellengattungen der verschiedenen Thierklassen diejenigen Granula zur Anschauung zu bekommen, welche überhaupt dem Säurefuchsin zugänglich sind. Bei Pflanzenobjecten ist dieses anders; hier leistet das Osmiumgemisch sehr wenig, und haben sich dort andere Fixirungsmittel als zweckmässiger gezeigt; doch sind auch mit diesen die Resultate aus den im vorigen Capitel angegebenen Gründen wenig befriedigend, sodass ich selbst vorläufig darauf verzichtet habe, die Pflanzenzelle in den Bereich meiner Studien zu ziehen.

Von den sonstigen Fixirungsmitteln, welche sich für die allgemeinere Darstellung der Zellengranula als geeignet erwiesen haben, möchte ich noch das salpetersaure Quecksilberoxyd hervorheben. Es war dieses das erste Mittel, mit welchem mir eine allgemeinere Demonstration der Granula gelang und sind alle Präparate, welche den „Studien über die Zelle“ auf Glimmerplättchen beigegeben waren, mit diesem Mittel fixiert. Auch von den hier beigegebenen Abbildungen sind einige den damit behandelten Präparaten entnommen. Zur Herstellung der Fixirungsflüssigkeit wird zunächst rothes, trockenes Quecksilberoxyd in Salpetersäure von 1,185 p. s. durch Verreiben in der Reibschale bis zur Sättigung gelöst und von dieser vorräthig gehaltenen Lösung für den jedesmaligen Gebrauch 1 Volumen mit 3 Volumina Wasser und 1 Volumen Ameisensäure 1,12 p. s. vermischt. Die frischen Organstückchen werden sofort nach der Vermischung in die Flüssigkeit hineingelegt und mehrere Stunden darin belassen. Die Flüssigkeit selbst hält sich nur kurze Zeit klar, alsbald sieht man einen Niederschlag auftreten, der sie trübt, sich zu Boden setzt und sich auf der Oberfläche der Organstückchen ablagert. Im Innern derselben habe ich Quecksilberniederschläge nicht gefunden. Doch konnte immerhin der Verdacht rege werden, dass hier dieselben vorhanden sind und das Bild der Granula künstlich vortäuschen. Auch in dieser Beziehung erscheint das Osmiumgemisch zuverlässiger, und es dürfte kaum eine Fixirungsflüssigkeit geben, welcher wir ein grösseres Vertrauen entgegenzubringen berechtigt sind, besonders wenn die Abwesenheit von Verunreinigung mit freien Säuren constatirt ist; die Conservirung auch der feinsten Formenelemente ist deshalb hier auch eine vorzügliche und dürfte wohl nur noch durch das Ausfrieren unterhalb der kritischen Temperatur übertroffen werden. Bei dem salpetersauren Quecksilberoxyd ist zwar der Umstand angenehm, dass die nachträgliche Färbung brillanter gelingt und etwas dickere Schnitte verwerthet werden können, die eigentliche Conservirung ist dagegen roher.

Was die weitere Behandlung der Quecksilberpräparate betrifft, so werden dieselben aus der Fixirungsflüssigkeit direkt in absoluten Alkohol übertragen und von hier aus in Paraffin eingebettet. Da Quecksilbersalze die Farbenreactionen nicht erschweren, wie die Osmiumsäure, so kann man hier mit jener neutralen Säurefuchsinlösung prachtvolle Färbungen erhalten, wie dieses bereits in den „Studien über die Zelle“ genauer beschrieben ist. Im Allgemeinen thut man gut, das Osmiumgemisch vorzuziehen; nur in einigen Fällen ist das Quecksilberverfahren zur Ergänzung desselben nützlich.

Es verdient noch hervorgehoben zu werden, dass, während z. B. fast sämmtliche Organe des Frosches mit dem Quecksilberverfahren gute Bilder geben, man bei Säugethieren mit demselben Schwierigkeiten hat, und sehr vorsichtig manipuliren muss, um mit Hilfe jener Mischung in einzelnen Fällen gute Resultate zu erhalten. Auch in dieser Beziehung steht das Osmiumgemisch weit voran, indem hier die verschiedenen Thierklassen meist gleich gute Bilder geben.

In manchen Fällen ist es nützlich, dem Quecksilbergemisch statt der Ameisensäure dasselbe Volumen Eisessig zuzusetzen; diese Mischung ist haltbar und kann vorräthig aufgehoben werden; beim Gebrauch treten darin keine Niederschläge auf. Statt der Lösung des Quecksilberoxydes in Salpetersäure kann auch eine solche in Picrinsäure angewendet werden, doch ist dieselbe sehr empfindlich, sodass ihre Anwendung ziemlich schwierig ist; in manchen besonderen Fällen, wie z. B. bei Embryonen, hat sie mir Vortheile gebracht.

Es erscheint nicht zweckmässig, hier auf die zahlreichen Versuche einzugehen, welche mir gelegentlich in einzelnen Fällen gute Resultate gegeben haben; es würde dieses zu weit führen und eine Verständigung in dieser Beziehung schwierig sein.

Alle diese Versuche werden erst dann ihre Bedeutung gewinnen, wenn die vorbereitende Methode des Ausfrierens unterhalb der kritischen Temperatur allgemeiner zur Anwendung gekommen sein wird; es wird dann gelingen, grössere Gruppen von methodischen Variationen anzuwenden und dieselben nach bestimmten Gesichtspunkten zu ordnen. Ich habe mich deshalb in den vorliegenden Untersuchungen auch damit begnügt, fast nur solche Resultate herbeizuziehen, welche mit dem Osmiumgemisch und allenfalls mit der Quecksilberlösung gewonnen worden sind, indem ich die Durcharbeitung der Details, wie sie mit anderen methodischen Variationen möglich ist, von der Ausfriermethode und der Zukunft erhoffe. Vor allen Dingen hoffe ich hier auch mit anderen Farbstoffen endlich zu Resultaten zu kommen; bisher mussten sich alle meine Bemühungen dahin zuspitzen, die Fixirung möglichst für das Säurefuchsin einzurichten; die dem Säurefuchsin nicht zugänglichen Granulaarten, die vielleicht zahlreicher sind, als die bisher dadurch sichtbaren, dürften doch nur durch andere Farbstoffe aufgedeckt werden.

In Bezug auf die Anwendung des Osmiumgemisches mag noch erwähnt werden, dass es unschwer gelingt, das in den Geweben haftende reducirte Osmiummetall oder dessen niedere Oxyde durch Oxydation zu Ueberosmiumsäure nachträglich zu entfernen. Hierzu kann man das von FLEMMING empfohlene ozonisirte Terpentinöl benutzen; auch HEIDENHAIN scheint dieses mit Hilfe von Chromsalzen gelungen zu sein.[1] In eleganter und sicherer Weise gelingt diese Oxydation durch Goldchlorid und seine Doppelsalze. Im Allgemeinen habe ich von dieser Wegschaffung des Osmiums aus dem Gewebe wenig Nutzen gesehen; der Wiederstand gegen Farbenreactionen wird wohl gemildert, aber in anderer Beziehung unsicherer, und die feineren Elemente verlieren an Präcision der Formen, welche ihnen augenscheinlich das reducirte Osmium verleiht. Nur am Kern habe ich durch die Oxydation mit Goldchlorid das Resultat erreicht, dass danach die Kerngranula[2] mit Cyanin färbbar wurden.

---

[1] R. HEIDENHAIN, Beiträge zur Histologie und Physiologie der Dünndarmschleimhaut. Arch. f. d. gesammte Physiologie 1888, Supplement S. 86.

[2] Die Structur des Zellkerns. Arch. f. Anat. u. Phys. 1889.

Andererseits gehört es nicht minder zu den Vorzügen des Osmiumgemisches, dass durch dasselbe das Fett und zwar sowohl Neutralfett wie Fettsäure selbst geschwärzt werden[1], und bildet in dieser Beziehung die Anwendung des Gemisches eine Ergänzung derjenigen Wirkungen, welche wir bei der Methode des Ausfrierens haben, denn gerade' Fettsäurederivate sind es, welche bei der letzteren durch die Einwirkung des geschmolzenen Paraffins und des Xylols verloren gehen können.

Dasjenige, was sich von Osmiumschwärzungen auch trotz der zur Einbettung verwendeten Flüssigkeiten erhält, ist später beim Einlegen der Schnitte unter dem Deckglas immer noch der Gefahr der Extraction ausgesetzt, indem Xylol-Balsam, oder auch Xylol-Dammar bei manchen Objecten leicht Entfärbungen verursachen. Will man dieser Gefahr entgegen, so muß man die Schnitte in Paraffinum liquidum unterbringen. Dieses bricht das Licht zwar etwas schwächer, doch kommt dieser Umstand nicht gerade wesentlich zur Erscheinung, wenn der volle Beleuchtungskegel angewendet wird, da dieser wie bekannt im Stande ist, die Brechungsunterschiede, die ja im Balsam auch nicht ganz fehlen, auszugleichen. Andererseits kann man bei Anwendung der engeren Beleuchtungskegel aus der geringeren Brechung des Paraffinum liquidum Vortheile ziehen. Diese Flüssigkeit conservirt auch die empfindlichsten Osmiumschwärzungen, soweit sie nach der Einbettung sich noch in den Schnitten finden, auf das Beste. Will man andererseits die Osmiumschwärzung aus den Fettsäurederivaten entfernen, so genügt bei manchen Objecten ein Einlegen der Schnitte in Xylol-Balsam und das mehr oder weniger lange Erwärmen des Objectträgers auf dem Wärmeofen. In den schwierigen Fällen kann die Entfärbung, wie oben erwähnt, durch mehr oder weniger intensive Einwirkung von Goldlösungen herbeigeführt werden. Die verschiedenen mit Fettsäurederivaten versehenen Formelemente der Zellen zeigen in Bezug auf den Widerstand gegen die verschiedenen Extractionen eine weitgehende Stufenfolge von Differenzen.

Die Ursachen bei der Extraction der Osmiumschwärzungen

---

[1] Vergl. das Genauere hierüber in dem Capitel über die Secretionserscheinungen.

sind jedenfalls in zwei verschiedenen Momenten zu suchen: zunächst in der Löslichkeit derjenigen Substanz, an welcher das reducirte Osmiummetall oder seine niederen Oxyde anhaftet, dann in der Oxydation der Osmiumniederschläge selbst. Wenn z. B. eine Osmiumschwärzung durch Einlegen der Stücke in Xylol oder Chloroform verloren geht, dann haben wir keinen Grund, oxydirende Wirkungen der letzteren anzunehmen; wir werden uns vorstellen müssen, dass hier die Verbindung, welche die in Xylol und Chloroform lösliche Substanz nit dem Osmium einging, so locker ist, dass sie durch diese Flüssigkeiten wieder zerstört wird; in diesen Fällen sieht man auch jene in das Xylol oder Chloroform eingelegten Stücke sich mit einem schwarzen Hof umgeben, als Zeichen, dass hier eine Oxydation des reducirten Osmiums nicht stattgefunden hat. Legen wir dagegen solche mit Osmium geschwärzten Organstücke in eine wässerige Lösung des Goldchlorids, so vermag diese Neutralfette etc. wegen ihrer Unlöslichkeit in Wasser nicht aufzunehmen; dennoch sehen wir das Organstück farblos werden und zwar ohne dass sich ein schwärzlicher Hof um dasselbe bildet. Bei ozonisirtem Terpentinöl werden beide Momente gleichzeitig wirken können.

Die Verbindung des Neutralfettes mit dem reducirten Osmium scheint von allen Fettsäurederivaten die festeste zu sein; wenn die Osmiumsäure kräftig und lange genug gewirkt hat, dann gelingt es nicht, jene Verbindung durch kaltes Xylol oder Chloroform zu zerstören.

Auch die Wirkungen des Xylol-Balsams auf die schon unter dem Deckglas befindlichen Schnitte dürften sich in jener doppelten Weisse äussern, nämlich in der lösenden Kraft des Xylols und in der oxydirenden Kraft des Balsamharzes. Auch das Nelkenöl wird nach beiden Richtungen wirksam sein; es ist nicht nur ein gutes Lösungsmittel für die Fettsäurederivate, sondern besitzt auch energisch oxydirende Wirkungen, die sich gegenüber den Präparaten auch sonst besonders bei den Anilinfarbstoffen deutlich zeigen.

Während also Xylol und Chloroform, sowie ähnliche Mittel nur durch ihre lösenden Eigenschaften wirken, thun dieses Xylol-Balsam und ozonisirtes Terpentinöl ausserdem noch durch ihre oxydirenden; bei dem Goldchlorid kommen in erster Linie die letzteren in Betracht, die ersteren nur dann, wenn es sich um Fettsäurederivate handelt, welche durch Wasser löslich oder leicht angreifbar sind. Es verdient hervorgehoben zu werden, dass eine zweiprocentige Lösung von Goldchlorid in allen Fällen zum Ziele führt, wenn die Einwirkung lange genug dauert; auch Neutralfett, welches mit dem reducirten Osmium augenscheinlich die festeste Verbindung eingeht, wird dadurch entfärbt.

Alle diese Wirkungen, mögen sie auf den lösenden oder oxydirenden Eigenschaften der Reagentien beruhen, werden naturgemäss durch die Wärme erhöht. Ob ausser Fettsäurederivaten noch andere Substanzen in den Geweben vorkommen, welche die Osmiumsäure energisch bis zur Schwärzung reduciren, ist noch in keinem Falle sichergestellt, doch muss die Möglichkeit hier zugegeben werden. Dagegen ist es bekannt, dass fast alle organischen Gewebstheile diese reducirenden Eigenschaften bis zur Gelbfärbung zeigen.

In Bezug auf die Beobachtung der Granulabilder lässt sich nur im Allgemeinen sagen, dass die volle Ausnutzung der heute uns zur Verfügung stehenden optischen Hilfsmittel nöthig ist, um die Details deutlich zu übersehen. Mir sind gelegentlich Fälle vorgekommen, wo der Zellenleib trotz sorgfältiger Differenzirung mit Picrin gleichmässig roth blieb und bei übermässiger Differenzirung gleichmässig farblos wurde; es war demnach nicht zu entscheiden, ob es sich hier um eine gleichartige Substanz oder um so kleine und dichte Granula handelte, dass dieselben mit den heutigen Objectiven nicht mehr aufgelöst werden können. Die Uebergänge aber hierzu finden sich vielfach und man braucht nur die beigegebenen Abbildungen zu durchmustern, um eine Stufenfolge von gröberen, kleineren und kleinsten Granulis zu finden, sodass es nur noch eines weiteren Schrittes der Verfeinerung bedarf, um das homogene Bild trotz einer scharfen Differenzirung zu erzeugen.

Weil aber die Granula der Zelle in Bezug auf ihre Grösse und Dichtigkeit oft die Grenze des Mikroskopes berühren und wahrscheinlich auch überschreiten, darum ist die volle Ausnutzung der Kräfte desselben dringend nothwendig und die heutigen Apochromaten, welche wegen ihrer vollkommenen Correction in ihrer ganzen Oeffnung nutzbar sind, bilden einen willkommenen Fortschritt, der uns hier wesentlich zu Gute kommt. Will man die Kräfte derselben völlig ausnutzen, so thut man gut, selbst an seinem Objectiv den Correctionszustand desselben genau zu bestimmen und danach sowohl die Brechkraft des Immersionsöles, als auch diejenige Tubuslänge auszusuchen, die diesem Correctionszustand am besten entspricht.

Mit Hilfe der Ausnutzung aller Kräfte des heutigen Mikroskopes gelingt es, trotz der Kleinheit der Zellen, ziemlich weit in das Innere derselben hineinzudringen. Ob später vielleicht besondere optische Massnahmen uns noch weiter führen werden, das lässt sich für jetzt nicht voraussagen; theoretisch ist die Grenze des Mikroskopes mit den heutigen Constructionen noch nicht abgeschlossen.[1]

Gegenüber den Bemühungen, die Elementartheile der lebenden Substanz durch künstliche Differenzen sichtbar zu machen, stehen die direkten natürlichen Beobachtungen in ihrer Wirkung weit zurück.

Man hat den Werth dieser Beobachtungen vielfach in den Vordergrund gestellt, indem man ihre Zuverlässigkeit rühmte, während man gleichzeitig darauf hinwies, dass künstlich erzeugte Bilder gar leicht Kunstprodukte sein können, die mit der Natur nichts gemein haben. Noch heute scheint die Ansicht weit verbreitet zu sein, dass, wenn man an einem frischen oder lebenden Object Theile desselben durch stärkere Lichtbrechung hervortreten sieht, dieses Bild zugleich die Structur des Objectes bedeuten müsse, dass dagegen, was etwa durch künstliche Behandlung sichtbar wird, nur dann einen Werth erhält, wenn es sich durch die Beobachtung des natürlichen Zustandes bestätigen lässt.

Es liegt hierin mancherlei Wahres, aber auch mancherlei Falsches. Vor Allem ist es ein grosser Mangel der natürlichen Objecte, dass man an ihnen überhaupt nur relativ wenig sieht, dass man dazu auf eine kleine Zahl günstiger Objecte ange-

---

[1] Vergl. Ueber die Verbesserungsfähigkeit des Mikroskopes. I. und II. Mittheilung Arch. f. Anat. u. Phys. 1886 u. 1888.

wiesen ist, und dass das Wenige, was man an diesen wenigen Objecten erkennt, oft sehr zart und unbestimmt in Erscheinung tritt, besonders wenn es sich um die kleinsten Formelemente handelt. Der Werth und die Wichtigkeit solcher Beobachtungen kann nicht in Abrede gestellt werden, aber sie haben bisher nicht hingereicht, um das Wesen des protoplasmatischen Baues aufzudecken, ja dort, wo man aus diesen Beobachtungen principielle Folgerungen hergeleitet hat, sind diese in irrthümliche Wege gegangen, wie das oben erwähnte Beispiel von der durch HEITZMANN und FROMMANN angenommenen primären Netzstructur des Protoplasmas zeigt, und wie die noch heute allgemein verbreitete Anschauung von der doch nur scheinbaren Gleichartigkeit und Homogenität der Sarkode beweist.

Nachdem einmal die Mittel und Wege gefunden waren, diese Homogenität wenigstens bis zu einer gewissen Grenze hin in ihre Elemente aufzulösen, war es relativ leicht, mit Hülfe der angegebenen Methoden den Nachweis dieser Elemente innerhalb des Zellkörpers überall zu führen. So haben in MAGGI's Laboratorium die Brüder

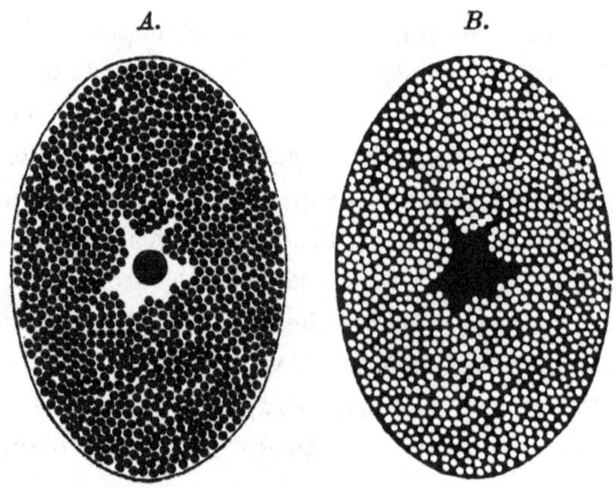

Fig. 3.

ZOJA[1], indem sie die gleichen Methoden bei den Wirbellosen zur Anwendung brachten, ein reiches Material für den Nachweis der

[1] L. E. R. ZOJA: Intorno al Plastiduli fuscinofili (Bioblasti dell' ALTMANN) Denkschriften des Lombardischen Instituts Vol. XVI 1891; dieselben: Ueber die fuchsinophilen Plastidulen (ALTMANN's Bioblasten) Arch. f. Anat. u. Phys. 1891 Anat. Abth.

Granula innerhalb dieser grossen von mir nur wenig berücksichtigten Thierklasse beigebracht, und Andere haben andere zahlreiche Bestätigungen gegeben. Die beschriebenen Methoden sind am Zellkörper präcis in ihrer Wirkung, daher leicht in ihrer Anwendung.

Anders war dieses am Zellkern. Hier boten sich von vornherein aussergewöhnliche Schwierigkeiten, die auf einen ganz anderen Chemismus des Kerninhaltes gegenüber dem Zellkörper hindeuteten. Chemische und morphologische Erfahrungen scheinen darauf hinzuweisen, dass die Ursache hierfür auf einer Armuth des Kernes an Eiweisskörpern beruht, ja dass der ruhende Kern wahrscheinlich frei von Eiweiss ist, während der Zellkörper in diesem Stoffe sein Hauptsubstrat besitzen dürfte. Es musste daher eine ganz neue Technik geschaffen werden, um dieser Abnormität zu begegnen. Die Resultate dieser Technik, soweit sie bisher vorgelegen haben, finden sich in dem beistehenden Kernschema der vorangehenden Seite und in Tafel VI, XXXII und XXXIII ausgedrückt. Ein näheres Eingehen auf diese soll für jetzt vermieden werden, bis die Methode soweit gefördert ist, dass ein jeder dieselbe mit Sicherheit zur Anwendung bringen kann; dann werde ich nicht verfehlen, die Morphologie und Technik des Zellkernes in ausführlicher Weise zu schildern[1].

Schon die älteren Erfahrungen haben gezeigt, dass die Substanz des Kernes eigenthümliche Empfindlichkeiten besitzt. Man hatte beobachtet, dass in vielen Zellen, wenn sie lebend sind, der Kern kaum gesehen werden kann, und dass er hier erst nach dem Absterben der Zellen deutlicher in Erscheinung tritt. So gab es sogar eine Zeit lang einen Streit darüber, ob der Kern überhaupt ein präformirtes Gebilde oder ein beim Absterben der Zelle erst entstehendes Abscheidungsprodukt ist.

Auch die neueren Beobachtungen haben jene Empfindlichkeit bestätigt; es entstand eine Fixirungsflüssigkeit nach der andern,

---

[1] Was darüber bisher von mir mitgetheilt worden ist, findet sich in folgenden Publikationen: Die Structur des Zellkerns. Arch. f. Anat. u. Phys. Anat. Abth. Ein Beitrag zur Granulalehre. Verhandlungen der anatom. Gesellschaft. (Wien) 1892. Ueber Kernstructur und Netzstructuren. Arch. f. Anat. u. Phys. 1892 Anat. Abth. Ueber Kernstructur und Kerntechnik. Verhandlungen der anatom. Gesellschaft (Göttingen) 1893. Die auf den Tafeln gegebenen Kernbilder sind nach einander auf den Anatomenversammlungen zu Berlin, Wien und Göttingen demonstrirt wurden.

und jede sollte die frühere an Feinheit der Formenerhaltung übertreffen. Dennoch blieben viele Unklarheiten über diese Formen übrig.

Vergleicht man die zahlreichen Kernbilder, welche von den verschiedenen Autoren an den verschiedenen Zellarten besonders in der Ruhe des Kernes gewonnen worden sind, so ist zunächst der Umstand auffallend, dass nirgends eine Constanz, nirgends ein Gesetz der Erscheinung sichtbar ist. Vorherrschend blieb allerdings das Auftreten eines gröberen, in seinen Contouren völlig variablen Balkennetzes, dessen Maschenräume den sogenannten Kernsaft enthalten sollten; das Verhältniss von Balkennetz und indifferentem Kernsaft war meist ein solches, dass die positive Substanz des ersteren gegenüber diesem meist nur wenige Procent des Gesammtvolumens des Kernes ausmachen konnte.

Mit den ersten Stadien der Theilung änderte sich dieses Verhältniss; man erhielt präcise Gleichmässigkeit und Dichtigkeit der zunächst netzartigen Chromatinformen, die dann im weiteren Verlauf der Theilung in ihre strangartigen Segmente übergehn. Beide Umstände, jene gesetzlose Regellosigkeit und Leerheit des Ruhekernes und der schroffe durch nichts motivirte Uebergang in die dichteren präcisen Formen der beginnenden Theilung deuteten schon allein darauf hin, dass unsere Kenntnisse insbesondere am ruhenden Kern durchaus lückenhafte waren.

Beweise für die Unzulänglichkeit der bisherigen Kernbilder liessen sich leicht beibringen, indem die Ursachen gesucht wurden, welche die Inconstanz derselben bedingten. Massgebend in dieser Beziehung war insbesondere der Vergleich der Wirkungen, welche neutrale und saure Fixirungen am Kerne hervorrufen, und das Studium der Abstufungen des Säuregrades zwischen den Extremen. Es war eine bereits bekannte, aber bisher durchaus nicht gewürdigte Thatsache, dass neutrale Fixirungsmittel, wie z. B. die Ueberosmiumsäure den Kern leicht homogen erscheinen lassen, während die sauren jene groben Balkennetze erzeugen; jene Abstufungen des Säuregrades liessen nun unter günstigen Bedingungen auch Abstufungen der groben Balkennetze zu feineren Netzen bis zur Homogenität erkennen.

Zu den stark sauren Fixirungsmitteln sind nicht nur die eigentlichen Säuren zu rechnen, wie sie z. B. in der FLEMMING'schen

Mischung und anderswo vertreten sind, sondern auch Salze, wie Sublimat, Platinchlorid, Goldchlorid etc. gehören zu denselben. Als Hauptrepräsentant der neutralen Fixirungsmittel kann die Ueberosmiumsäure gelten, dann neutrale und Pyrosalze, wie das doppeltchromsaure Kali, das molybdensaure Ammoniak etc. Im weiteren Verlauf der Erfahrungen zeigte es sich, dass manchen Kerngattungen gegenüber geringe Säurezusätze geboten sind, aber wie es scheint nur soweit, als hinreichen dürfte, die wohl wechselnde Alkalescenz der Gewebstheile zu neutralisiren; Alkalescenzen müssen bei allen Fixirungen unter allen Umständen vermieden werden. Wer an derartige Beobachtungen gewöhnt ist, kann aus den morphologischen Erscheinungen bereits den Säuregrad der angewendeten Fixirung ablesen, und unter Anderem erkennen, ob ein Salz, dessen chemische Constitution bisher vielleicht nicht genau festgestellt war, sauer ist oder nicht. Auch die Säuren sind unter sich in ihren Wirkungen nicht gleich; so nähert sich die Chromsäure besonders in Gegenwart von Osmium in ihrer Wirkung mehr den Anhydriden, wie sie durch die Ueberosmiumsäure selbst repräsentirt werden, während z. B. Essigsäure wie alle echten Wasserstoffsäuren die eclatantesten Wirkungen zeigen.

Weder die Homogenität der neutralen, noch die groben Balkennetze der sauren Fixirung entsprechen der wirklichen Structur des Kernes. Die Homogenität aber ist nur scheinbar, sie enthält gerade die wirklichen Structuren des Kernes, wie sie in Taf. VI, XXXII und XXXIII wiedergegeben sind, nur müssen dieselben durch die nachfolgende Behandlung herausgearbeitet und zum Ausdruck gebracht werden. Wenn früher den Autoren diese Homogenitäten gelegentlich begegneten, so legten sie die Bilder als unbrauchbar bei Seite und hielten sich lieber an die groben Structuren der sauren Fixirung, da sie Anderes nicht im Kern zu sehen vermochten.

Dieses Princip der neutralen Fixirung, zu dem ich seit lange übergegangen bin, hatte vorher schon seine Probe auch am Zellkörper bestanden. Auch dort bilden erhebliche Säuerungen die Ursache von allerhand scharfen Structurerscheinungen, die wohl topographischen Werth haben können, aber nicht Anspruch erheben dürfen, wirkliche Structuren der lebenden Substanz darzustellen, und jene neutrale Mischung von Ueberosmiumsäure und Kaliumbichromat, wie sie am Zellkörper so zahlreiche Thatsachen zu Tage gefördert hat, dürfte wohl die vielseitigste und zuverlässigste Wirkung haben, die man von einer Fixirung erwarten kann.

Am deutlichsten allerdings zeigen sich die Fehler der sauren Fixirungen am ruhenden Kern. Hier sind es wahre Gifte, die nichts anders zu Tage fördern, als Producte der Zerstörung. Am sich theilenden Kern erhalten sie wenigstens die äussere Form der Chromatinsegmente, ohne jedoch eine Analyse der inneren Structur derselben, wie sie Tafel XXXIII wenigstens theilweise zum Ausdruck bringt, zuzulassen.

III

Körner und Fäden der Zellen.

In den beigegebenen Abbildungen findet sich eine gröſsere Zahl von Beispielen derjenigen Bilder, welche durch die im vorigen Capitel beschriebenen Methoden in den Zellen sichtbar gemacht werden können. Naturgemäss sind diese Bilder nur eine Auswahl der mannigfachen Variationen, unter denen die Granulastructuren in den Zellen auftreten, andererseits ist jedoch diese Auswahl so reichlich bemessen, dass sie hinreichen dürfte, um eine Uebersicht des durch jene Methoden Erreichbaren zu geben. Wir haben bereits oben hervorgehoben, dass diese Methoden augenscheinlich nur einen Theil der die Zellen zusammensetzenden Elementarkörperchen sichtbar machen und dass erst weitergehende Versuche die Aussicht eröffnen, hierin zu grösserer Vollständigkeit zu gelangen.

Indem Pigmentzellen und Muskelfasern als Vorbilder der Zellenstructuren überhaupt aufgefasst werden zu können scheinen, ist es vielleicht nützlich, unsere weiteren Erörterungen zunächst an diese beiden Zellengattungen anzuknüpfen.

Um die Zellengranula zu beobachten, bedarf es bei den Pigmentzellen keiner künstlichen Methoden. Scheidet man diejenigen von ihnen aus, in denen das Pigment aus gesetzlos geformten Ablagerungen verschiedenartiger pigmentirter Stoffe besteht, so findet man in den echten Pigmentzellen die durch die Natur gefärbten Körnchen meist von einer wunderbaren Schönheit und Regelmässigkeit vor. In Tafel I ist hierfür ein Beispiel gegeben. Das Bild stellt eine Pigmentzelle aus der Haut einer Salamanderlarve dar. Es kann ohne weitere Kunsthilfe gewonnen werden, indem man einfach dem Thierchen die frische Haut abzieht und in Kochsalzlösung untersucht. Da aber gefärbte Objekte in Balsam klarer werden, so wurde das Thierchen lebend in das oben beschriebene Osmiumgemisch geworfen, die Haut desselben an der Rückenlinie der Länge nach gespalten, der den Rumpf bedeckende Teil ringsum abgezogen und nach bekannten Regeln mit der innern Seite nach oben in Balsam gebettet. Man sieht dann die Rückentheile stark pigmentirt, den Bauchtheil farblos, die Uebergangszone zwischen beiden im Mittel gefärbt. An dieser Uebergangszone findet man dann vielfach solche einzeln liegende, reich verästelte, flächenhaft ausgebreitete Pigmentzellen vor, wie sie die Abbildung der Tafel I darstellt. Es ist zweckmässig, hierbei schon etwas grössere Larven zu nehmen, als sie dem Mutterleibe zu entschlüpfen pflegen.

Das Bild bietet wohl nichts, was nicht schon bekannt und beobachtet worden wäre. Dennoch habe ich dasselbe gewissermassen als Titelbild den anderen vorangestellt, weil solche Pigmentzellen es waren, die seiner Zeit mich veranlassten, die Granula der Zelle überhaupt zu suchen. Es gab hier zwei Möglichkeiten: entweder waren ähnliche bestimmte Körperelemente in den anderen Zellen nicht vorhanden, oder sie waren vorhanden, aber in einem farblosen und daher unsichtbaren Zustande. Diese zweite Möglichkeit, dass pigmentirte und farblose Zellen dieselbe Structur haben, nur in gefärbtem und ungefärbtem Zustande, hat sich durch die Thatsachen bestätigen lassen.

Bisher galt es als feststehend, dass die Pigmentzellen wohl mit gleichem Protoplasma begabt sind, wie die anderen Zellen auch, aber als Eigenthümlichkeit vor diesen die Einlagerung zahlreicher gefärbter Körnchen voraus haben, welche durch Absetzung neuer Stoffe in unlöslicher Form entstehen sollten. Als allgemeine Quelle der Körperpigmente war man geneigt, den Blutfarbstoff anzunehmen, und insbesondere waren die zahlreichen Beobachtungen, welche man über Pigmentbildung bei pathologischen Zuständen angestellt hat, zum Theil geeignet, diese Ansicht zu stützen. Hierzu kam noch, dass man in den Körperpigmenten vielfach einen Eisengehalt fand, sei es durch mikrochemische Reaction mit Ferrocyankalium (PERLS[1]), sei es

[1] VIRCHOW, Arch. Bd. 39. 1887. Journal f. prakt. Chemie. Bd. XXI. 1868.

wie an den Chorioidealpigmenten und den melanotischen Geschwülsten durch makrochemische Untersuchung. Seitdem VIRCHOW[1] die Umwandlungen beschrieben hat, welche der Blutfarbstoff bei Störungen des Kreislaufes und beim Austritt aus den Gefässen erfährt, und welche zu mannigfachen Ablagerungen gefärbter Stoffe führen, ist man auch vielfach bemüht gewesen, die genuinen Pigmente in gleicher Weise abzuleiten. So hat GUSSENBAUER[2] versucht, die Pigmente der melanotischen Geschwülste vom Blutfarbstoff herzuleiten, ROUGET[3] glaubte, dass die gelegentlich die Blutgefässe verlassenden Blutkörperchen von Leukocyten aufgenommen würden, und dass diese sich dann zu den Pigmentzellen umwandelten. HOPPE-SEYLER nahm auf Grund von Beobachtungen am Froschlarvenschwanz sogar an, dass pigmentlose Zellen, indem sie sich durch einen Ausläufer mit der Wandung eines Capillargefässes in Communikation setzen, aus diesem direct Blut aufnehmen und in Pigment verwandeln, und LIST[4] hat neuerdings in ähnlicher Weise direct die Umwandlung von Blut in Pigment zu beobachten geglaubt.

Es scheint nun doch, als wenn man in Bezug auf die Art und die Entstehung der Pigmente des Körpers durchgreifende Unterschiede aufstellen muss. Schon PERLS (l. c.) wies darauf hin, dass alle Pigmente von nachweislich hämatogenem Ursprung jene von ihm beschriebene mikrochemische Eisenreaction gaben. Während auch, abgesehen von den pathologischen Fällen, z. B. in der Froschleber, die je nach der Jahreszeit und dem Ernährungszustande variablen bekannten Pigmenthäufchen jene schöne blaue Reaction und Ferrocyankalium zeigen und so ihren hämatogenen Ursprung verrathen, und Aehnliches auch in der Placenta und an andern Orten beobachtet werden kann, sind das normale Chorioidealpigment und andere genuine Pigmente zwar wie behauptet wird auch eisenhaltig, geben aber nicht jene Reaction.

Es dürfte wohl zweckmässig sein, die hämatogenen Pigmentirungen, selbst wenn sie an manchen Orten auf Grund von

[1] Die pathol. Pigmente. VIRCHOW, Arch. Bd. I. 1847.
[2] VIRCHOW, Arch. Bd. 63. 1875.
[3] Arch. de physiol. norm. et pathol. 1874.
[4] LIST, Anat. Anzeiger. 1889. Nr. 19.

dort constant vorkommenden Circulationsstörungen auch constant zu finden sind, von den genuinen Pigmenten zu unterscheiden, wie wir sie in den echten Pigmentzellen vorfinden. Dass der Blutfarbstoff bei diesen letzteren entbehrlich ist, geht daraus hervor, dass auch Thiere ohne gefärbtes Blut echte Pigmente erzeugen. Dann ist es gerade nach neueren Untersuchungen zweifelhaft geworden, dass die genuinen Pigmente eisenhaltig sind. Was für den Morphologen jedoch ebenfalls wichtig sein dürfte, das ist der Umstand, dass die Körnchen der echten Pigmentzellen meist von sehr regelmässiger Form, Grösse und Lagerung zu sein pflegen und schon hierdurch sich von anderen, z. B. haematogenen Pigmenten auszeichnen; man beobachtet dieses nicht nur an so günstig ausgebreiteten Pigmentzellen, wie die unserer Tafel I, sondern mit Hilfe von dünnen Schnitten nach guter Conservirung an vielen Orten. Wenn man einen dünnen Querschnitt durch eine Froschretina mit guter Vergrösserung betrachtet und dort sieht, wie die länglichen Körnchen zierlich zu Schnüren geordnet zwischen den Stäbchen sich hinziehen, so wird man einen Vergleich dieser Körnchen mit den Conglomeraten haematogener Pigmentirungen wohl zurückweisen.

Bleiben wir also bei unserer Pigmentzelle der Tafel I stehen, so haben wir hier durch die von der Natur gebotenen Färbungsverhältnisse dreierlei Dinge zu unterscheiden: die gefärbten Pigmentkörnchen, die farblosen Zwischenräume und den ungefärbten, daher leer erscheinenden Raum des Kernes.

Dass der Inhalt des Zellenkernes keine gefärbten Pigmentkörner aufweist, deutet auf durchgehende Verschiedenheiten zwischen diesem Inhalt und dem des Zellenleibes hin. Solche Verschiedenheiten begegnen uns auch bei den künstlichen Färbungen. Alle unsere Bilder, welche innerhalb des Zellenleibes die mit Säurefuchsin gefärbten Granula zeigen, haben daneben den Kern in ungefärbtem Zustande. Nur in Fig. 3 der Tafel VI finden sich sowohl die Granula des Kernes wie die des Zellenleibes gleichzeitig mit Cyanin gefärbt, sonst sind auch hier in den Abbildungen dieser Tafel, wo die Granula des Kernes sichtbar werden, dafür die Granula des Zellenleibes farblos geblieben.

Von besonderem Interesse erscheint die Frage, was wir von

der zwischen den Pigmentkörnern befindlichen farblosen Substanz zu halten haben. Diese Frage ist auch auf alle anderen nicht pigmentirten Zellengattungen ausdehnbar; überall ist der Gegensatz von Granula und Intergranularsubstanz der leitende Gesichtspunkt, auf welchen wir Rücksicht nehmen müssen.

Nach den Auffassungen derjenigen, welche die Ansicht von der Gleichartigkeit des Protoplasmas vertreten, würde die Intergranularsubstanz in ihrer Homogenität der eigentliche Träger der lebendigen Eigenschaften sein; die Granula wären danach nur Einschlüsse von secundärer Bedeutung. Nehmen wir noch die beiden anderen Auffassungen hinzu, welche hier möglich sind, so könnte umgekehrt die Granula lebendig, die Intergranularsubstanz aber todt sein, und drittens wäre die Möglichkeit gegeben, dass beide lebendige Fähigkeiten besitzen.

Dass die Granula lebendig sind, das werden wir in dem Nachfolgenden bei Beobachtung des Stoffumsatzes in ausgiebigster Weise zu sehen Gelegenheit haben; dass die Intergranularsubstanz lebt, ist ebenso gewiss, aber doch nur auf Grund der schon erwähnten und in dem Nachfolgenden vielfach gezeigten Thatsache, dass sie aus kleinsten Elementen zusammengesetzt die Matrix für die heranwachsenden grösseren Elemente der Zelle darstellt. Wenn wir innerhalb dieser Intergranularsubstanz selbst bis zu den letzten Formelementen gelangt sind, und sei es auch nur in der Idee, dann bleibt immer noch zwischen diesen letzten Elementen ein Raum übrig, den wir als intergranulär bezeichnen müssen; dass auch dieser Raum etwa noch einen lebendigen und homogenen Inhalt besitzt, ist nirgends bewiesen. Bewiesen ist bis jetzt nur, dass geformte Elemente lebende Eigenschaften haben und es wäre ein Widerspruch gegen die einheitliche Auffassung der Natur, wenn wir daneben noch ungeformte homogene Substanz als lebendig annehmen wollten.

Für die Entstehung jener ersten, fast allgemein verbreiteten Auffassung von der Homogenität des Protoplasmas dürften insbesondere die an den lebenden Protoplasmen zu beobachtenden Bewegungen massgebend gewesen sein. Indem man an Pflanzenzellen, Rhizopoden, Myxomyceten etc. die merkwürdigen und bekannten Bewegungsphänomene beobachtete, glaubte man annehmen zu müssen, dass die Körnchen dieser sich bewegenden

Massen hierbei doch nur eine passive Rolle spielen könnten, indem sie von der contractilen Intergranularsubstanz fortgetragen und mitgeschleppt würden. Diese Schlussfolgerung wird von den Beobachtern jener Bewegungen als unabweisbar hingestellt und daraufhin die lebendige Contractilität der Intergranularsubstanz, sowie die todte Passivität der Granula angenommen.

So ganz unabweisbar ist nun allerdings eine derartige Schlussfolgerung nicht, und wir wollen zunächst nur an einem Beispiel erörtern, dass Ursachen und Wirkungen in solchen Bewegungen auch anders sich verhalten können.

Von der Zoogloea wissen wir mit Bestimmtheit, dass nur die corpusculären Elemente derselben lebendig sind, welche als Coccen oder Bacterien unsern Granulis entsprechen mögen; dass hier die zwischenliegende Kittsubstanz todt ist, darüber herrscht kein Zweifel; jene Unklarheit also, die uns bei dem Protoplasma begegnet, fällt hier fort. Dennoch sehen wir die Zoogloeen, wenigstens in einzelnen Fällen als solche Bewegungen ausführen, deren Ursachen zweifellos in den Eigenschaften der einzelnen Individuen zu suchen sind, nicht in denen der Kittsubstanz.

Diese Bewegungen, wie sie HAUSER[1] insbesondere an seinem Proteus vulgaris beobachtet und geschildert hat, erscheinen für uns von hervorragendem Interesse. Es ist wohl zu hoffen, dass ein näheres Studium solcher Bewegungen vom Standpunkte der Protoplasmalehre aus einiges Licht auf die Dunkelheiten mancher Protoplasmabewegungen selbst wird werfen können.

Gegenüber den üblichen Anschauungen, dass die Contractilität der gleichartigen Sarkode die Ursache der Protoplasmabewegungen sei, würde eine solche Analogie dazu führen, in solchen Fällen doch in den das Protoplasma zusammensetzenden Elementarkörperchen das Agens der Bewegungen zu suchen.

Rechnen wir noch hinzu, dass, wie schon oben erwähnt, die Hypothese HEITZMANN's von der Existenz der Reteblasten neben den Monoblasten und Nematoden möglicherweise richtig ist, so sind hier ebenfalls Bedingungen gegeben, welche zahlreiche Contractilitätserscheinungen erklären könnten, auch abgesehen von dem Vorhandensein von Fibrillen, die gerade neuerdings auch in schein-

[1] G. HAUSER, Ueber Fäulnissbacterien. Leipzig 1885.

bar homogenen Protoplasmen nachgewiesen sind; es könnte ja die reteblastische Continuität der Granula gerade so der Contractilität dienen, wie die fibrilläre.

Noch von einer anderen Seite her hat man sich bemüht, jene Contractilität der Sarkode als entbehrlich für die Erklärung der Protoplasmabewegungen hinzustellen. Es ist dieses von Seiten G. BERTHOLD's in seinen schon citirten „Studien über Protoplasmamechanik“ geschehen. Schon E. H. WEBER[1] hatte auf die mögliche Bedeutung der physikalischen Emulsionsbewegungen für die Erklärung mancher vitaler Bewegungen hingewiesen, indem er sagt: vielleicht gelingt es in der Folge, den ursächlichen Zusammenhang der beschriebenen (Emulsions-)Erscheinungen aufzuklären und dadurch die physikalischen Ursachen mancher vor der Hand unerklärlicher Bewegungen im Körper der Thiere und Pflanzen zu entdecken. Dahin gehört die Circulation des Saftes in den Zellen der Chara und in manchen Elementarzellen vieler anderer Pflanzen, wo der rotirende Saft nicht in häutigen Canälen eingeschlossen ist, sondern sich an den Wänden frei zu bewegen scheint.

BERTHOLD ist dieser WEBER'schen Idee mit grosser Sachkenntniss und Gründlichkeit nachgegangen und hat in consequenter Weise die physikalischen Gesichtspunkte durchgearbeitet, welche sowohl die amoeboiden Bewegungen, als auch die Innenströmungen des Protoplasmas erklärlich machen könnten; die Körnchen des Protoplasmas hält BERTHOLD, wie schon erwähnt, für todte Einlagerungen; durch direkte Beobachtungen konnte er sich von der Analogie der Bewegung lebloser Emulsionen und lebender Plasmen überzeugen.

Als Pendant zu diesen Bemühungen BERTHOLD's können wir die neuesten Versuche BÜTSCHLI's[2] betrachten, der das Protoplasma ebenfalls für eine Emulsion hält, aber im Anschluss an HEITZMANN und FROMMANN im Sinne eines Seifenschaumes, bei welchem das Plasma das wabige Gerüstwerk bildet, während die rundlichen Lücken von indifferenter Flüssigkeit gefüllt würden.

---

[1] Ber. d. sächs. Ges. d. Wissensch. zu Leipzig, math.-phys. Klasse 1854, II.

[2] BÜTSCHLI, Biologisches Centralblatt 1888, S. 161. Derselbe, Ueber die Structur des Protoplasmas. Aus d. Verhandl. des nat. Vereins zu Heidelberg 1889.

Wie BERTHOLD, so hat auch BÜTSCHLI in Anlehnung an die Versuche von G. QUINCKE[1] Bewegungen an diesen leblosen Emulsionen beobachtet, welche den Protoplasmabewegungen ähnlich sein sollen, ja sogar die Wirkung der Temperatur und der Elektricität daran nicht ganz vermisst.

Solche Bemühungen, an Stelle der unklaren vitalen Ursachen physikalische Erklärungen zu schaffen, sind immer dankbar aufzunehmen, selbst wenn sie wie meistens so auch hier nicht ganz hinreichend sein sollten, die Unklarheiten der Vitalität aufzuhellen.

Wie bis jetzt der Sachverhalt liegt, glaube ich, dass man in Zukunft die Beobachtungen solcher vitalen Bewegungen, wie sie an HAUSER's Zoogloeen von Proteus vulgaris gesehen werden können, mit jenen physikalischen Emulsionsbewegungen wird combiniren müssen, um zu einem allmählichen Verständniss der Protoplasmabewegungen zu gelangen. Zunächst wird man sich natürlich über die Grundlagen einigen müssen, dass das Protoplasma kein wabiges Gerüstwerk einer homogenen Substanz bildet, sondern eine Colonie positiver Elementarkörperchen vorstellt, und dass die letzteren lebendig sind. Ist einmal diese Einigung erzielt, dann können wir auch mit vereinten Kräften gegen die sogenannte Contractilität der gleichartigen Sarkode zu Felde ziehen.

Ueber diejenigen Bewegungen der Protoplasmen, in welchen die Elementarkörperchen unabhängig nebeneinander angehäuft sind, wissen wir also bis jetzt nicht viel Positives, und die Strömungen in den Pflanzenzellen, wie die Bewegungen der Rhizopoden und Amoeben dürften immer noch die alten Räthsel enthalten. Wenn wir nicht nur den Begriff der Emulsionen, sondern den der lebenden Emulsionen einführen und die lebenden Fähigkeiten des einzelnen Elementarkörperchens zu den physikalischen Fähigkeiten der gesammten Colonie addiren, dann werden wir vielleicht einmal weiter kommen; die HAUSER'schen Zoogloeen des Proteus scheinen nur hier ein wichtiges Objekt werden zu wollen, weil sie einestheils über dem Meinungsstreit vom Bau des Protoplasmas stehen, anderntheils sowohl die Bewegungen des einzelnen Elementarkörperchens, wie die der ganzen Colonieen

---

[1] G. QUINCKE, Ueber period. Ausbreitung etc. Annalen d. Ph. u. Ch. 1888.

zu beobachten gestatten. Ich glaube fast, dass von diesen Zoogloeen her wichtige Gesichtspunkte für das Zusammenleben der Elementarorganismen im Protoplasma werden gewonnen werden können. Dieses Zusammenleben scheint neue merkwürdige Abhängigkeiten zu erzeugen, die neben den lebenden Fähigkeiten des Einzelindividuums und neben den physikalischen Fähigkeiten der Colonieen sich geltend machen.

Wenn es sich darum handelt, die Bewegungen einzelner Elementarkörperchen zu erklären, oder solcher Verbände, wie sie zu den Fäden der Pilze, den Fibrillen der Muskelfaser etc. sich verknüpfen, dann sind wir bald damit fertig; mögen nun Cilien dabei thätig sein oder nicht, mögen die Bewegungen in Drehungen und Schlängelungen oder in wirklichen Verkürzungen bestehen, immer werden wir nur sagen können, dass hier molekulare Ursachen vorliegen, die zu ergründen für jetzt ausserhalb der morphologischen Aufgaben liegt.

Wenn man neuerdings geglaubt hat, alle Bewegungen der lebenden Substanzen aus aprioristischen Gründen auf fibrilläre Structuren zurückführen zu müssen, so liegt eine zwingende Nothwendigkeit für diese Annahme, wie die Hauser'schen Zoogloeen und die frei beweglichen Protoplasmen zeigen, nicht vor. Da aber, wo Fibrillen vorhanden sind, haben wir es, wie in dem Nachfolgenden gezeigt werden wird, mit aneinander gereihten Granulis zu thun. Die primäre Aktion liegt also auch hier im Granulum, und wird höchstens durch die Art des Verbandes modificirt.

Es wäre ein unnützes Unternehmen, wenn wir es versuchen wollten, allen Möglichkeiten und Hypothesen gerecht zu werden, welche über das Protoplasma und seine Bewegungen in Betracht genommen sind oder werden könnten. Nur soviel sollte hier hervorgehoben werden, dass keine Thatsachen bekannt sind, welche uns zur Annahme einer contractilen, formlosen Sarkode nöthigen.

Auch die Bewegungen, welche man von einzelnen Arten der Pigmentzellen kennt und welche dieselben intra vitam auf Grund des Lichtreizes ausführen, sind nicht der Art, dass sie die eigene Bewegung der Pigmentkörnchen ausschliessen, die Contractilität der Intergranularsubstanz aber zu erweisen vermögen. Die Beobachtungen BRÜCKES[1] an der Haut des Chamäleons, diejenigen v. WITTICH's[2] an der Haut von Rana esculenta und diejenigen BOLL's[3] an der Retina des Frosches zeigen, dass auf Grund von Lichtreizen oder deren Ausschluss die Pigmentkörnchen sich am Kern ansammeln, die Ausläufer der Zellen aber davon frei werden können. Es ist das gewiss ein sehr merkwürdiges Phänomen, das noch durch die von BRÜCKE gezeigte Abhängigkeit dieser Lokomotionen vom Nervensystem an Interesse zunimmt; aber irgend einen Anhalt dafür, dass diese Lokomotionen durch die etwaige Contractilität der Intergranularsubstanz hervorgerufen würden, finden wir in diesen Beobachtungen nicht vor. Nur soviel scheint daraus hervorzugehen, dass die Substanz der Pigmentkörnchen in irgend einer Abhängigkeit zum Zellenkern steht, indem dieselben sich ja nach dem letzteren hin ansammeln oder von ihm entfernen.

Welche Ursachen hier wirksam sind, ist unbekannt, doch wissen wir auch von den Mikroorganismen her, dass sie merkwürdige Richtungen für ihre Bewegung zeigen; so hat man Lichtwirkungen auf die Bewegungen von Schwärmsporen sich äussern sehen, so konnte ENGELMANN ein Ansammeln von Mikroorganismen nach der Sauerstoffquelle hin constatiren und PFEFFER sah dieselben gegen den Diffusionsstrom hin dem Orte zuwandern, wo bestimmte Nährstoffe vorhanden waren. So können wir auch unseren Pigmentkörnchen schon einige Beweglichkeit zutrauen, besonders wenn wir sie für lebendig halten.

Für das Verständniss der Organisation der Zelle als Ganzes ist jene Abhängigkeit des Zellenkörpers vom Zellkerne augenscheinlich der wichtigste, aber auch zugleich der schwierigste Punkt, und wir werden doch nur von allgemeineren Gesichtspunkten aus, wie sie im letzten Kapitel entwickelt werden, zu einer allgemeineren Auffassung gelangen. Hier mögen zunächst nur ein paar naheliegende Momente berücksichtigt werden.

---

[1] E. BRÜCKE, Untersuchungen über den Farbenwechsel des afrikanischen Chamäleons. Denkschriften der Wiener Akademie 1852.

[2] v. WITTICH, Die grüne Farbe der Haut unserer Frösche. Arch. f. Anat. u. Phys. 1854.

[3] FR. BOLL, Zur Anatomie und Physiologie der Retina. Arch. f. Anat. u. Phys. 1877.

Es scheint zunächst nützlich zu sein, unter den Bestandtheilen der Zellkörper diejenigen, welche deutlich sichtbare Beziehungen zum Zellenkern erkennen lassen, von denen zu scheiden, bei welchen solche Beziehungen nicht zu erkennen sind.

Bei der Beobachtung der verschiedenartigen Zellstructuren drängt sich eine derartige Unterscheidung oft geradezu auf und können wir für die Charakteristik derselben mancherlei Beispiele einander gegenüberstellen.

So ist es lange bekannt, dass viele Eizellen radiäre Strahlungen des Zellkörpers zeigen, welche als Sammelort den Kern haben. Dass diese auffallende Anordnung des Zellinhaltes nicht eine zufällige ist, liegt auf der Hand; sie gewinnt hier um so mehr Bedeutung, weil die Eizellen als die Mutterelemente ganzer Organismen eine besondere Werthigkeit für sich in Anspruch nehmen und gewissermassen als Grundtypen der Zellenformen betrachtet werden können.

Solche Erscheinungen sind jedoch nicht nur auf die Eizellen beschränkt, sondern finden sich, wenn auch vielleicht in mehr weniger verdeckter Form, so zahlreich unter den verschiedenen Zellengattungen, dass wir nicht anzustehen brauchen, einen solchen Zusammenhang zwischen dem Inhalt des Kernes und des Körpers der Zelle als ein weit verbreitetes Vorkommniss anzunehmen.

In vielen anderen Zellen dagegen zeigt sich der Inhalt des Zellleibes deutlich unabhängig vom Kern und es bleibt oft nur ein mehr oder weniger kleiner Theil übrig, dem man überhaupt Beziehungen zum Kerninhalt zumuthen könnte.

Als prägnantes Beispiel hierfür kann uns der Inhalt der gestreiften Muskelfaser dienen. Die Fibrillen derselben sind augenscheinlich unabhängig vom Kern; sie gehen der Längsrichtung der Faser parallel, ohne sich um die Gegenwart der Kerne zu kümmern, höchstens dass sie auf ihrem sonst gradlinigen Wege etwas ausweichen, um derselben und der ihn umschliessenden spärlichen Substanz einigen Raum zu gönnen.

Da die Fibrillen als lebende Bestandtheile nicht anders entstanden sein können, als aus schon vorhandenen lebenden Elementen, die in der ursprünglichen Eizelle ihre Vertreter gehabt haben dürften, so hat demnach eine Decentralisation des Protoplasmas stattgefunden, deren Endresultat die Fibrillen selbst präsentiren.

Dieser Begriff der Decentralisation des Protoplasmas innerhalb der verschiedenen Zellkörper erscheint fast nothwendig, wenn es sich darum handelt, einige Ordnung in das Verständniss der verschiedenartigen Zellstructuren zu bringen. Es dürfte nur wenige Zellengattungen geben, welche von dieser Decentralisation ganz verschont bleiben; bei den meisten Zellen beobachten wir, dass sie von ihrem Jugendzustande her zu der fertigen, ihren Functionen entsprechenden Gestaltung Veränderungen eingehen, welche im Wesentlichen darin bestehen, dass eine mehr oder weniger grosse Menge von Elementen ihres Inhaltes durch Wachsthum und charakteristische Formen sich auszeichnen und hierdurch sowie durch ihre oft sehr bestimmten unabhängigen Lagerungsverhältnisse zu erkennen geben, dass sie wohl den Zellenraum als ihren Mutterboden betrachten, der sie erzeugt hat, im Uebrigen aber ihre Functionen relativ unabhängig von demselben erfüllen. Wie in der Muskelfaser, so erledigen sich solche Vorgänge auch in vielen anderen Zellen, wenn auch in feinerer und anderer Form; in jedem Falle scheint die Function der Zelle maassgebend für das Endresultat dieser Decentralisation zu sein, so dass die Zelle sei es ihren animalen, sei es ihren vegetativen Leistungen gerecht werden kann.

Bleiben wir zunächst bei den Muskelfasern stehen und betrachten wir die in den beigegebenen Tafeln vorhandenen Muskelbilder, so stellt zunächst Fig. 1 der Tafel X einen Längsschnitt aus den Flügelmuskeln des Dytiscus marginalis vor. Für die Präparation wurde der Käfer zunächst für ein paar Minuten lebend in siedendes Wasser geworfen, da ohne dieses Hilfsmittel eine tadellose Isolation der Flügelmuskeln schwer durchführbar ist, und weil das Kochen abgeschlossener Gewebstheile nicht immer die späteren Granulareactionen schädigt; dann wurden die Muskeln in das Osmiumgemisch gebracht und nach den beschriebenen Vorschriften weiter behandelt. Wir sehen in der Abbildung die bekannten Fibrillen mit ihren Disdiaklasten in dem graugelblichen Farbenton, wie er nach der Behandlung mit Osmium und Fuchsin-Picrin gerne zurückbleibt; und zwischen den Fibrillen die specifisch roth gefärbten Granula liegen, welche in regelmässiger Lagerung neben der KRAUSE'schen Membran in besonderer Beziehung zu dieser zu stehen scheinen. Ausser den roth gefärbten Granulis finden wir auch solche mit schwarzer Osmiumfärbung vor, welche diese Färbung augenscheinlich der Anwesenheit von Fettsubstanz verdanken und nach anderweitigen Erfahrungen zu schliessen aus fettlosen Granulis hervorgegangen sind.

Die erste Frage, welche uns bei diesem Bilde interessirt, ist die, ob wir denn an dieser Stelle Alles sehen, was lebendig ist, oder ob sich noch ein Quantum lebender Substanz hier unsichtbar verbirgt.

Nach dem Bilde zu schliessen scheint es, als wenn ausser den sichtbaren geformten Elementen kaum noch andere wesentliche Bestandtheile hier vorhanden sein könnten. Nur muss man hier einigermassen vorsichtig sein. Wir wissen, dass die Continuität der Nervenerregung es verlangt, dass vielleicht eine jede Muskelfibrille ihre Zuleitung hat; vielleicht dass die eigenthümliche Nebeneinanderlagerung der KRAUSE'schen Membranen mit den als Verbindung zwischengelagerten rothen Granulis dieser Forderung genügt, doch muss auch die Möglichkeit in Betracht gezogen werden, dass noch unbekannte Formbestandtheile zwischen den Fibrillen vorhanden sein und dieser Nervenleitung dienen könnten. Dann wissen wir, dass, wie dieses schon von MAX SCHULTZE in seinem berühmten Aufsatze über Muskelkörperchen etc.[1] so vortrefflich discutirt ist, in nächster Umgebung der Kerne Reste von embryonalem Protoplasma übrig bleiben, welches vom Kern aus, auf dem Querschnitt der Faser gesehen, sich oft baumförmig zwischen den contractilen Fibrillen verbreitet, um in der Zwischensubstanz der COHNHEIM'schen Felder zu endigen. Diese Reste treten ihrer Masse nach in der fertigen Muskelfaser sehr zurück, und wenn ihnen trotzdem jedenfalls eine erhebliche physiologische Bedeutung zukommt, so hindert uns dieses nicht, dieselben ebenfalls aus vielen vielleicht sehr kleinen Elementarkörperchen uns zusammengesetzt zu denken; die nachweisbare Gegenwart der interfibrillären gröberen Granula (vergl. ausser Taf. X noch Taf. IX), sowie die Erfahrung an anderen Zellengattungen deutet schon in bestimmter Weise darauf hin.

[1] Arch. f. Anat., Phys. u. wissensch. Med. 1861.

Unser Muskelbild zeigt jedenfalls, dass wenigstens die Hauptmenge der hier vorhandenen lebenden Substanz geformt ist.

Eine zweite wichtige Frage ist dann die, wie sollen wir morphologisch die Muskelfibrille auffassen. Es scheint mir nach meinen Erfahrungen nicht anders möglich zu sein, als dass wir sie als Multiplum von Granulis betrachten; auch die Entwicklung der Muskelfibrille spricht dafür. Noch neuerdings ist es mir gelungen, die Genese des Muskelfibrille aus sich aneinander reihenden Granulis am sich entwickelnden Herzmuskel junger Petromyzoeten zur Anschauung zu bringen (vergl. beistehende Figur 4). Ich verdanke die kostbaren Objecte Hrn. Geheim-

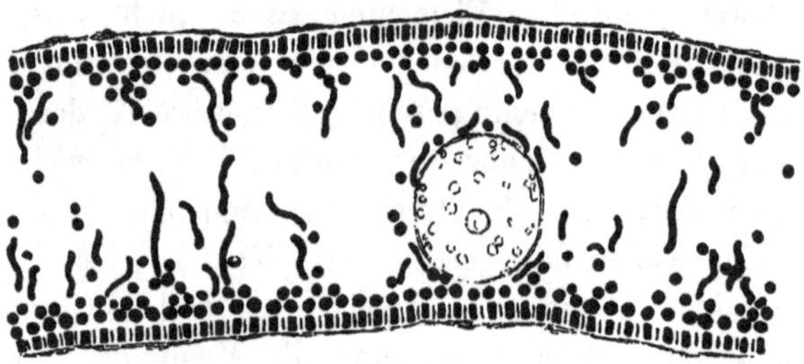

Fig. 4.

rath HIS. Bei den anderen Fibrillenarten der verschiedenen Zellengattungen ist die Aneinanderreihung der Granula zu Fibrillen auch sonst oft direct sichtbar. Es musste in unserer Fig. zunächst daran gedacht werden, dass die sich bildenden Granulareihen vielleicht später die interfibrillären Körner darstellen; doch treten die letzteren erfahrungsgemäss erst in Erscheinung, wenn die Fibrillen in der Faser bereits erheblich zur Ausbildung gelangt sind (vergl. Taf. IX). Wir haben es also hier in unserer Fig. mit den echten Bildnern der Disdiaklasten zu thun. Die auf Tafel IX gegebenen Abbildungen von drei verschiedenen Entwickelungsstufen der Muskelfaser des Frosches zeigen nur, dass in den jüngeren Stadien da, wo noch keine Fibrillen vorhanden sind, Granula existieren; ob dieselben hier Beziehungen zur Bildung der Fibrillen haben, das lässt sich aus diesen Bildern nicht schliessen.

Wir werden jedoch Gelegenheit haben, an anderen Zellengattungen die Entstehung und Zusammensetzung der Zellfibrillen aus Granulis zu beobachten.

Erwähnenswerth ist es vielleicht, dass VAN BENDDEN contractile Fibrillen bei den Gregariniden gesehen hat, welche sich aus Körnern aufgereiht zeigten, und ähnliches haben SCHNEIDER und BÜTSCHLI beobachtet.

Solche Bilder, wie Fig. 1 Tafel IV oder Fig. 1 Tafel XII, vom Epithel der Harnkanälchen und der Darmschleimhaut, sowie die Bilder auf Tafel XXVIII, XXIX etc., zeigen nicht minder deutlich, dass hintereinander aufgereihte Granula an Stelle der Fäden- und Stäbchenstructuren zu setzen sind, wie sie bisher die Autoren, insbesondere PFLÜGER, HEIDENHAIN und Andere, aus weniger deutlichen Bildern hergeleitet haben, und die Bilder der Tafel XIV zeigen in typischer Weise, wie Fibrillen sich aus specifischen Granulis zierlich zusammenreihen.

Wenn aneinandergereihte Granula Fäden bilden, so thun sie es entweder so, dass man an diesen Fäden einzelne Elemente nicht mehr unterscheiden kann, eine Einheitlichkeit, welche allerdings nur scheinbar zu sein braucht, wie wir es z. B. an den Fäden der Esculentenleber und an anderen sehen werden, oder die Theilstücke sind so aneinandergefügt, dass sie durch Querlinien getrennt werden, wie in der Muskelfibrille, oder die Aneinanderreihung der Körner bleibt sichtbarlich erhalten, so dass man einigermassen im Zweifel darüber bleibt, wie die Continuität dieser Fibrillen in sich hergestellt ist.

Beim Vergleich der verschiedenen längsgerichteten Elemente der Zellen ergeben sich doch wesentliche Unterschiede zwischen denselben, welche dazu führen, zwei Hauptgruppen zu unterscheiden, nämlich animale Fibrillen und vegetative Fäden. Zu den ersteren gehören vor Allem die Muskel- und Nervenfibrillen. Ob ausser diesen noch in anderen Zellen Fibrillen vorkommen, welche ebenfalls contractil sind oder nervös functioniren, ist nicht bewiesen, aber nicht unwahrscheinlich, und giebt für die Contractilität die contractile Faserzelle den erwünschten Uebergang zwischen der quergestreiften Muskelfaser und den anderen Zellengattungen. Die echten animalen Fibrillen entstehen zu einer bestimmten Periode der Entwickelung des Organismus und bleiben während des Lebens stationär. Im Gegensatz hierzu finden wir in zahlreichen Zellengattungen, welche insbesondere vegetativen Zwecken dienen, Fäden vor, welche sporadisch auftreten und verschwinden können, und zwar im Zusammenhang mit den Thätigkeiten der Zelle. Sie scheinen aus einzelnen Granulis herauswachsen zu können, zeigen zuweilen Homogenität, oft Multiplicität ihrer Zusammensetzung, und dürfte dieses in manchen Fällen von der Art der angewendeten Technik abhängen. Fädchen, die sporadisch auftreten und völlig verschwinden können, finden sich unter Anderem in der Leber von Rana esculanta (Taf. II, III), Parotis der Katze (Taf. XXIV, XXV, XXVI), Submaxillaris der Katze (Taf. XXVIII, XXIX), Milchdrüse des Meerschweinchens (Taf. XVII und die Tafeln in der Abhandlung von STEINHAUS: Die Morphologie der Milchabsonderung im Arch. f. Anat. und Phys. 1892). Auch im Pancreas (Taf. VII, VIII, XXX) sind die Fädchen augenscheinlich vegetativ, wenngleich sie hier auch bei den verschiedenen Zuständen des Organes sehr constant in ihrem Auftreten sind. Auch im Darmepithel und in anderen Organen kann man vegetative Fädchen beobachten, so dass ihre Verbreitung eine sehr weitgehende ist.[1] Ihre Hauptaufgabe scheint die schnelle Vermehrung der Granula bei starkem Verbrauch derselben zu sein, indem sie aus einem einzelnen primären Granulum herauswachsen und in eine grössere Zahl von Granulis zerfallen; bei der Secretion z. B. ist das Bedürfniss nach neuen Granulis, wenn die Ausstossung derselben lebhaft ist, ein sehr bedeutendes. Für den gleichen Zweck dienen sie augenscheinlich bei der Entwickelung der Muskelfibrille, wie die umstehende Figur 4 zeigt, indem sie auch hier die vegetative Function der Vermehrung erfüllen.

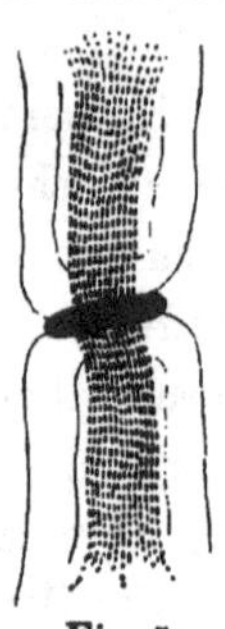

Fig. 5.

Die nervösen Fibrillen gehören, wie das beistehende mit Hilfe von Silbernitrat gewonnene Bild (Fig. 5) von einem Froschnerven zeigt, auch morphologisch, zur gleichen Gattung, wie die Muskelfibrillen. Die KUPFFER'schen Körnchenreihen[2] dürften dem gegenüber ebenso interfibrillär liegen, wie die Muskelkörner der Tafel IX. Bei Bildern, wie sie Tafel XI Fig. 3 a, b, c von den PURKINJE'schen Zellen der Katze und Tafel X Fig. 4 von der Muskelwand des

[1] Vergl. ausser den Tafeln auch die zugehörigen Capitel.

[2] C. v. KUPFFER, Ueber den Axencylinder markhaltiger Nervenfasern. Sitzungsberichte d. k. bayer. Acad. d. Wissensch. 1883.

Froschdarms entnommen sind, kann man zweifelhaft bleiben, ob man es mit fibrillären oder interfibrillären Elementen zu thun hat.

Schon sicherer zu entscheiden ist dieses bei den eben erwähnten Bildern, wie ich sie vom Gehirn und Rückenmark des Katzenembryo erhalten habe, und wie sie Fig. 1 und 2 Tafel XIV darstellt. Der Katzenembryo befand sich auf jener Entwicklungsstufe, in welcher die vorderen Wurzeln gerade deutlich angelegt waren; die Hirnwand (Fig. 1) bietet daher noch ein relativ einfaches Gefüge. Nach der Fixirung mit dem Osmiumgemisch und differenzirter Färbung mit Säurefuchsin — Picrinsäure blieben von den Bestandtheilen der Zellen nur vereinzelte Fäden gefärbt, die von der Höhlung zum Mesoderm ziemlich gradlinig verlaufend in der Nähe des letzteren Umbiegungen zeigen. Viel reicher entwickelt zeigen sich diese Fibrillen bereits in der Gegend der vorderen Wurzeln selbst, überall aber sind dieselben deutlich aus hintereinander aufgereihten Granulis zusammengesetzt; der isolirte Verlauf aber, wie er besonders deutlich an der Hirnwand der Fig. 1 hervortritt, deutet darauf hin, dass wir es hier nicht mit interfibrillären, sondern mit fibrillären Granulis zu thun haben.

Zur Ergänzung der von den Purkinje'schen Zellen der erwachsenen Katze gegebenen Bilder mögen noch die Figuren 1 und 2 der Tafel XIII dienen. In Fig. 2 ist ein Durchschnitt durch die Rinde des Kleinhirns gezeichnet, in welchem einzelne dickere Ausläuferstücke der Purkinje'schen Zellen sichtbar sind, der meiste Raum aber wird von den theils längs, theils quer getroffenen feinsten Ausläufern derselben Zellen eingenommen. Da der Schnitt sehr dünn ist, so bekommt man auf diese Weise eine Vorstellung von dem dichten Filzwerk, welches diese Ausläufer bilden müssen. In Fig. 1 ist ein Durchschnitt durch die Körnerschicht des Kleinhirns dargestellt; das Auftreten der aus runden Körnern bestehenden Haufen deutet nach anderen Erfahrungen darauf hin, dass wir es hier mit lebhafteren Stoffumsetzungen zu thun haben.

Kehren wir noch einmal zu den Muskeln zurück, und vergleichen wir die Bilder der gestreiften Faser mit den Erscheinungen, welche die glatte Muskelzelle darbietet, so sehen wir in Fig. 4 der Tafel X einen parallel der Zellenrichtung gehenden

Schnitt durch die Muskelwand des Froschdarms. Das Bild ist durch die Quecksilbermethode gewonnen und haben wir gerade hier Gelegenheit, einmal die ausserordentliche Kleinheit mancher Arten von Zellgranula zu beobachten, welche hier in Reihen angeordnet ebenfalls eine fibrilläre Structur des Zellkörpers annehmen lassen.

Schon frühzeitig hat man Analogien zwischen den quergestreiften und den glatten Muskelfasern gesucht und gefunden und besonders an Querschnitten der letzteren feine Punktirungen gesehen, aus denen man auf eine fibrilläre Structur schloss.

Wir lernen besonders aus diesem Bilde, dass es thatsächlich zuweilen nur eines weiteren Schrittes der Verfeinerung der Elemente bedarf, um überhaupt die Unterscheidung derselben für unsere Mikroskope unmöglich zu machen und jene Fälle eintreten zu lassen, die wir im vorigen Kapitel erwähnten, wo Protoplasmen trotz sorgfältiger Differenzirung gleichmässig roth bleiben und bei übermässiger Differenzirung mit Picrin gleichmässig abblassen, Fälle, die dann das Bild der gleichmässigen Sarkode sehr wohl vortäuschen können. Im Uebrigen dürften die aneinander aufgereihten Granula der glatten Muskelzelle wohl ebenso interfibrillär sein, wie die rothen Körnerreihen der quergestreiften Faser.

Wir sind von der Vorstellung ausgegangen, dass die ursprüngliche Zelle eine direkte Abhängigkeit der Bestandtheile des Zellkörpers von dem Inhalt des Zellenkernes zeige und dass erst durch die functionelle Aufgabe der Zelle die Bestandtheile des Zellenkörpers sich durch Decentralisation unabhängig vom Kerne machen. Für die animalen Leistungen war das nothwendige Endprodukt dieser Decentralisation die Fibrille, für die vegetativen Leistungen dagegen beobachten wir die den betreffenden Functionen entsprechenden Umwandlungen an dem einzelnen Elementarkörperchen. Schon an den Eizellen sehen wir die merkwürdigsten Verwandlungen an den Bestandtheilen des Zellkörpers auftreten, wenn es sich darum handelt, einen Vorrath von Nahrungsdotter zu schaffen; die Umsetzungen des Stoffwechsels werden wir an den Granulis sich abspielen sehen und dieses am deutlichsten für den Stoffwechsel des Fettes verfolgen können; ebenso werden uns die Secretionen der Drüsenzellen reichlich Gelegenheit geben, die weitgehenden Umwandlungen der Granula für den Zweck der Bildung der Secrete zu beobachten. Hier wird auch ausser dem Fett die Umsetzung und Assimilation des Eiweisses morphologisch deutlich in Erscheinung treten, während wir für die Umsetzungen der Kohlehydrate wohl kein klassischeres Beispiel wünschen können, als die Erscheinungen an den Chlorophyllkörnern der Pflanzenzellen. Im erwachsenen Organismus, wo alle Zellengruppen ihre bestimmten Functionen zu erfüllen haben, werden jene Decentralisationen des Zelleninhaltes weit verbreitet sein; nicht immer werden sich so extreme Formen darbieten, wie in den genannten Fällen, indem den mehr constant ablaufenden Prozessen auch eine mittlere Constanz der Formenerscheinungen am besten entsprechen wird.

Die reine lebende Substanz, wie sie im primären Granulum repräsentirt wird, vermag also durch Wachsthum und Assimilation die verschiedensten Umwandlungen zu erfahren. In dem einen Falle wandelt sie sich zum Disdiaklasten um, im anderen sehen wir sie sich mit Pigment, Eiweiss, Fett, Kohlehydrat und vielen anderen Stoffen beladen. Es ist hierbei charakteristisch, dass bei diesem Wachsthum des primären Granulums für animale Zwecke eine Erhöhung der Vitalität oder wenigstens eine grössere Prägnanz derselben eintritt, während die vegetative Assimilation zu mehr oder weniger weitgehender Abschwächung der Vitalität führt. Wir kennen die reine lebende Substanz noch nicht; wir kennen sie nur in ihren Umformungen und den Endprodukten derselben. Die Fähigkeit zu diesen Umformungen aber bedingt zunächst für uns das Wesen der lebenden Substanz und setzt Kräfte voraus, die wir an diesen Umformungen selbst zu studiren haben und deren Summe sich mit dem Begriff der Vitalität zu decken hat.

IV

Die Leber von Rana esculenta.

FLEMMING, welcher zu den Anhängern des geformten Protoplasmas gehört, sagt in seinem Werke über Zellsubstanz, Kern und Zelltheilung (S. 11), indem er die Summe seiner Anschauungen zusammenfassen will, dass der morphologische Bau des Zellkörpers aus zwei differenten Substanzen bestehe, nicht aus Körnchen und homogener Einbettungsmasse, sondern aus Fäden und Zwischensubstanz. Er stellt diesen Satz insbesondere im Anschluss an diejenigen Auseinandersetzungen auf, welche KUPFFER[1] auf Grund seiner Beobachtungen an den Leberzellen des Frosches gegeben hatte, und im Gegensatz zu den herrschenden Anschauungen, welche seit HUGO VON MOHL und MAX SCHULTZE das Protoplasma als eine homogene Substanz definiren, die meist zahlreiche Körnchen oder andere Einschlüsse eingestreut enthalte.

Indem FLEMMING darauf hinweist, dass schon BRÜCKE auf Grund der Lebenserscheinungen der Zelle einen complicirten Bau derselben vorausgesagt habe, zählt er die Fälle auf, in denen schon früher eine morphologische Zusammensetzung des Protoplasmas beobachtet worden sei, welche eine andere als homogene Beschaffenheit der Zellsubstanz zeige und diese für alle Fälle als möglich erscheinen lasse. Es gehören hierher die Darstellungen BRÜCKE's vom Bau der rothen Blutkörperchen; die Streifungen der centralen Nervenzelle, die MAX SCHULTZE näher beschrieb; die Längsstreifen der Flimmerzellen, wie sie von vielen Autoren und besonders genau von ENGELMANN studirt seien; die Streifen und Stäbchen, welche von PFLÜGER an

[1] C. KUPFFER, Ueber die Differenzierung des Protoplasmas in den Zellen thierischer Gewebe. Schriften des naturw. Ver. f. Schlesw.-Holstein. 1875.

den Fusstheilen der Epithelien in den Ausführungsgängen der Speicheldrüsen und von HEIDENHAIN in den Drüsenzellen der gewundenen Nierenkanälchen und des Pankreas entdeckt seien. Auch die längst bekannten Längsstreifungen der glatten Muskelfasern, nicht minder die Bauverhältnisse der animalen Muskelfasern gehören zu solchen „Protoplasmastructuren". Man habe aber diese Fälle als physiologische Annahmen hingenommen und die meisten Zellenarten als gültige Regel an dem „homogenen Protoplasma" festgehalten.

Der erste Forscher, welcher nicht nur Dinge in den Zellen gesehen und beschrieben, sondern sie auch als allgemein gültig hingestellt habe, war FROMMANN und nach und mit ihm HEITZMANN, welche beide das Protoplasma aus sehr feinen Netzen bestehen liessen, deren Knotenpunkte den Eindruck von Körnchen machen sollen. Diesen Autoren habe sich KLEIN[1] angeschlossen, indem er ein intracelular network in verschiedenen Zellengattungen beschrieb.

Besonders wichtig aber seien, abgesehen von einigen späteren Autoren, welche Zellfäden beobachtet und beschrieben haben, die Auseinandersetzungen KUPFFER's gewesen, welcher besonders an der Leberzelle des Frosches ausser dem Kern zwei deutlich unterscheidbare Substanzen fand, eine hyaline der Masse nach überwiegende Substanz, die der eigentlich formbedingende Theil ist, und eine spärlichere feinkörnig fibrilläre, die in die erstere eingebettet sei. KUPFFER nennt die erstere das Paraplasma der Zelle und stellt sie mit dem Zellsaft der Pflanzenzelle in Parallele; an Osmiumschnitten bleibt dieselbe pellucid und zeigt sich hierbei nur schwach gefärbt. Darin eingebettet findet sich die zweite etwas tiefer gefärbte fibrilläre Substanz, das Protoplasma KUPFFER's, welche ein netzförmig angeordnetes Fadenwerk bildet, den lebenden Bestandtheil des Zellkörpers vorstellt und als solcher mit den circulirenden Plasmasträngen der Pflanzenzellen vergleichbar sei. Aehnliche Verhältnisse dürften auch in den anderen Zellengattungen statthaben.

Diesen Deductionen KUPFFER's schliesst sich FLEMMING im

---

[1] E. KLEIN, Observations on the Structure of Cells and Nuclei. Anat. Journal of micr. Science 1878 u. 79.

Allgemeinen an. Nachdem er seine eigenen an verschiedenen Zellengattungen angestellten Beobachtungen geschildert hat, fasst er die Resultate derselben dahin zusammen, dass im Zellenleibe ausser dem Kern und etwaigen besonderen Körnereinschlüssen sich zwei verschiedene Substanzen unterscheiden lassen, von denen die eine etwas stärker lichtbrechend und in Form von Fadenwerken angeordnet sei, die andere den bleibenden Raum ausfüllt; im Gegensatz zu den anderen Autoren und auch zu KUPFFER glaubt FLEMMING, dass man kein Recht habe, diese Fadenwerke ohne Weiteres netzförmig zu nennen, doch liege hier die Entscheidung auch für die besten Linsen der Gegegenwart noch an der Grenze des Sichtbaren.

FLEMMING bereichnet die Fadenwerke des Zellkörpers als Filarsubstanz; das dazwischen Liegende als Interfilarmasse, und stimmt mit KUPFFER darin überein, dass er die erstere, als den lebenden Bestandtheil, die letzte als etwas Indifferentes auffasst, obwohl er den Vergleich KUPFFER's mit den Plasmasträngen und den Zellsafträumen der Pflanzenzelle als nicht ganz zutreffend erachtet.

In Bezug auf die Leberzellen des Frosches findet auch FLEMMING an mit Osmium behandelten Schnitten (Fig. 5 u. 6 seiner Tafel I l. c.), dass wie es KUPFFER beschreibt, die Fäden der Zellen sich zum Gallenröhrchen hin zusammendrängen; die Anhäufungen der Fäden dagegen, welche KUPFFER um den Zellkern herum sich gruppiren lässt, vermag er nicht zuzugeben; hier sei ein von Zellfäden fast freier Raum. An Präparaten aus Alkohol, Chromsäure und chromsaurem Kali bekam dagegen FLEMMING diese eigenthümliche Vertheilung der Fäden innerhalb der Zellen nicht, sondern er findet sie hier den Raum der Zellen gleichmässig durchziehend (vergl. Fig. 8 u. 9 seiner Tafel I); er kommt auf Grund dessen zu dem merkwürdigen Schluss, dass jene Vertheilung der Zellfäden in der Froschleber nach der einen Seite hin eine im Moment des Absterbens durch das Osmium hervorgerufene Contractionserscheinung sei.

Eine Kritik dieser Angaben wird uns erst gelingen, wenn wir die durch unsere Methoden erreichbaren Bilder betrachtet haben werden. Voraus mag bemerkt sein, dass von den verschiedenen Froscharten die Leber von Rana esculenta die Neigung zur Bildung von Fäden innerhalb der Zellen besonders ausgeprägt zeigt. Die Leber von Rana temporaria (Fig. 2, Tafel II) hat diese Neigung weniger und schliesst sich in dieser Beziehung an die Lebern von Salamandra maculosa (Fig. 2, Tafel II A) und der Tritonen an; bei Säugethieren (Fig. 1, Tafel II A) und Warmblütern überhaupt habe ich Fäden in den Leberzellen noch nicht gesehen.

Um so interessanter erscheint dadurch die Esculentenleber, doch zeigen sowohl die Zellfäden derselben, wie die Gesammtstructur der Leberzellen während der verschiedenen Jahreszeiten einen durchaus verschiedenen Charakter,[1] ein Umstand, der sowohl Kupffer wie auch Flemming entgangen zu sein scheint, der für uns aber durch die Möglichkeit der Beobachtung von variablen Bildern von hervorragendem Interesse sein muss.

Als das wichtigste Ergebniss der Beobachtung dieser Variationen hat es sich herausgestellt, dass die Zellfäden der Esculentenleber aus Granulis hervorgehen. Dieses Ergebniss ist von principiell hoher Bedeutung. Denn einestheils gelingt es an anderen Objekten nicht so leicht, die Art der Entstehung der Zellfäden zu verfolgen; selbst die gestreifte Muskelfaser, welche ihre innere Structur doch sonst so gröblich und deutlich dem Auge darbietet, macht uns, wie wir schon oben gesehen haben, in Bezug auf die Genese der Zellfibrillen Schwierigkeiten. Anderntheils liefert diese Beobachtung von dem Hervorgehen der Zellfäden aus Granulis den Nachweis, dass jene nicht, wie Kupffer, Flemming und Andere es wollen, die Grundelemente des Protoplasmas sein können, da sie nur Derivate von solchen Grundelementen sind.

In Fig. 1 Tafel II und Fig. 3 Tafel III finden wir nun annähernd die Extreme vor, welche die Leberzellen der Esculenta bei gleicher Behandlung mit unserem Osmiumgemisch und differenzirter Färbung mit Säurefuchsin in den verschiedenen Jahreszeiten zeigen. Wir wollen diese extremen Stadien als Hunger- und Fütterungsleber bezeichnen, da solche weitgehende Differenzen besonders von der Nahrungsaufnahme des Thieres ab-

[1] Auf ein verschiedenes Verhalten der Lebern von Fröschen während der verschiedenen Jahreszeiten haben bereits Langley und für Rana temporaria Alice Leonhard aufmerksam gemacht.

hängen dürften. Wenigstens findet man die Fütterungsleber dann vor, wenn die Fresszeit der Thiere vorausgegangen ist und kann man den ähnlichen Effekt auch durch künstliche acute Fütterungen unabhängig von der Jahreszeit erzeugen.[1]

Die verschiedenen Stadien des Zustandes der Leberzellen kann man schon makroskopisch nach dem Eröffnen der Bauchhöhle des Thieres annähernd erkennen. Die Hungerleber charakterisirt sich durch ihre Kleinheit, ihr schwärzliches Aussehen und ihre schlaffe Consistenz, die maximale Fütterungsleber dagegen ist oft auffallend gross, gelblich gefärbt und prall.

Bei der mikroskopischen Untersuchung findet man dementsprechend so weitgehende Unterschiede vor, wie sie durch die erwähnten Abbildungen illustrirt werden. Die extreme Hungerleber (Fig. 1 Tafel II) zeigt die Zellen klein; dieselben sind, abgesehen von dem Kerne, fast in ihrem ganzen Raume mit gleichmässig geformten und gelagerten Granulis gefüllt, welche entweder rund oder, wie in der beigegebenen Abbildung etwas länglich erscheinen.

Ganz anders zeigt sich die maximale Fütterungsleber (Fig. 3 Tafel III). Die Zellen sind stark vergrössert; an Stelle der gleichförmigen Granula sieht man ein Fadenwerk von gleicher specifischer Farbenreaction, welches im Allgemeinen die von FLEMMING gezeichnete Vertheilung innerhalb der Zellen aufweist. Die Richtung der Fäden geht von der Gallencapillare, die als kleine Oeffnung sichtbar ist, nach der Peripherie des Drüsentubulus, von welchem die Zeichnung einen Querschnitt darstellt. Die grösste Anhäufung des Fadenwerkes findet sich rings um die Gallencapillare, während die peripheren Theile und die Gegend der Kerne nur spärlich damit versehen sind. Diese sehr ausgedehnte peripherische Region ist dagegen mit reichlichen schwarzgefärbten Körnern versehen.

Sehen wir einmal zunächst von diesen letzteren ab und

[1] Diese Beobachtungen und Versuche habe ich bereits vor etwa 10 Jahren angestellt, wo mir die Granulamethoden noch nicht so zur Verfügung standen; ich erkannte damals die Fütterungsleber an solchen Bildern, wie sie der Fig. 5 und 6 der FLEMMING'schen Tafel I entsprechen; die Lebern waren mit einer fünfprozentigen Lösung von Kaliumbichromat unter Zusatz von etwas Essigsäure und bei mässiger Temperaturerhöhung fixirt.

bleiben wir bei den durch Säurefuchsin specifisch gefärbten Elementen stehen, so können wir Fig. 4 Tafel III noch zu Hilfe nehmen. Die Figur ist demselben Leberstückchen entnommen, von welchem auch Fig. 3 stammt, nur dass die schwarze Osmiumfärbung der Körner durch Extraction entfernt ist. Während die Schnitte der Fig. 3 in Paraffinum liquidum eingelegt waren (vergl. Kap. II), waren die der Fig. 4 in Xylol-Balsam untergebracht und der Objektträger dann längere Zeit auf dem Paraffinofen erwärmt worden. Das Fadenwerk zeigt sich auch hier als aus längeren und kürzeren Fäden bestehend, dazwischen erscheinen runde Kügelchen, und ist es wohl wahrscheinlich, dass diese Kügelchen ebenso wie die kürzeren Fäden wenigstens zum Theil den schräg oder quer getroffenen längeren Fäden ihr Dasein verdanken.

Es kommen Fälle vor, wo dieses Fadenwerk eine noch mächtigere Entwickelung in den Fütterungslebern zeigt, wo dann zuweilen der Verlauf der Fäden dicht parallel mit chagrinartiger Gesammtanordnung stattfindet. Beziehungen des Fadenwerkes zum Kern lassen sich nur insofern erkennen, als die nächste Umgebung desselben einzelne Theile davon zu enthalten pflegt, obwohl die weitaus grössere Anhäufung sich, wie auch die FLEMMING'schen Abbildungen zeigen, stets an der Gallencapillare vorfindet. Eine Beziehung der Fäden zu der letzteren liess sich nicht eruiren, was hervorgehoben zu werden verdient, weil KUPFFER ein Einsenken der Fädchen in die cuticulare Wand der Gallencapillaren anzunehmen geneigt ist, und hierauf hin, sowie wegen des ausstrahlenden Verlaufes der Fäden von den Gallencapillaren nach der das Blutgefäss berührenden Peripherie der Zellen besondere Beziehungen der Fäden für den Stofftransport annehmen möchte.[1] Bei Untersuchung der ver-

[1] Die Fortsetzung der interessanten Versuche KUPFFER's mit farbigen Injectionen von den Gallen- oder Blutwegen her wird hier vielleicht einen weitern Einblick gestatten. Doch klagt auch KUPFFER, dass die Methode, Farbstoffe in die Blut- und Lymphbahn einzuführen, um sich danach ein Urtheil über die secretorische Thätigkeit der Drüse zu verschaffen, leider an einem Uebelstande leide; es sei nämlich das Fixationsverfahren zur Verhütung einer postmortalen Diffusion des Farbstoffes wenig geeignet, Verhältnisse an den Zellen, wie sie zuletzt während des Lebens bestanden, zu conserviren. Wie oben (Kap. II) für die vitalen Reactionen der Zellgranula gegen-

schiedenen Stadien der Hunger- und Fütterungslebern findet man nun nicht nur die Extreme vor, wie wir sie soeben einander gegenübergestellt haben, sondern auch die Uebergänge, und zwar sind diese fast zu allen Jahreszeiten am häufigsten. Jene maximalen Extreme sind doch relativ selten, und man muss schon eine grössere Zahl von Thieren tödten, um auf sie öfters zu stossen. Es ist daher wohl anzunehmen, dass der grössere Theil der Froschindividuen in seinen Lebern jene Maxima gar nicht erreicht, sondern nur Schwankungen durchführt, welche sich je nach der Jahreszeit mehr der Hungerleber oder mehr der Fütterungsleber in geringerem oder höherem Grade nähern.

Diese Uebergangsbilder sind in ihren Erscheinungen so reichhaltig, dass eine erschöpfende Beschreibung derselben uns hier zu weit führen würde und deshalb einer besonderen Bearbeitung vorbehalten bleiben muss. Sie zeigen jedoch in ihrer Gesammtheit unzweideutig, dass die echten Granula der Hungerleber (Fig. 1 Tafel II) und die echten Fila der Fütterungsleber (Fig. 3 Tafel III) nur verschiedene Formen derselben Elemente sind und aus einander hervorgehen. Ein Beispiel mag hierfür in Fig. 5 Tafel III betrachtet werden. Wir sehen darin um den Gallengang gruppirt die durch ihre specifische Fuchsinfärbung sich auszeichnenden Granula in einer Lagerung, welche zwar eine radiäre Vertheilung andeutet, aber doch so, dass nicht ein einziger Faden vorhanden ist. Bei Fig. 3 derselben Tafel konnte man annehmen, dass ausser den langen Fäden die kürzeren durch Schrägrichtung des Schnittes entstanden sind; hier in Fig. 5 giebt es überhaupt keine Fäden, sondern nur Granula, die stellenweise eine lineare Anordnung zeigen.

über dem Methylenblau, so kann man auch in diesem Falle das Ausfrieren unterhalb der kritischen Temperatur als zuverlässig in Empfehlung bringen; ich habe das Verfahren gerade an der Esculentenleber wenn auch ohne die KUPFFER'schen Injectionen mit Hilfe der Kältemischungen angewendet und kann versichern, dass hierbei auch nicht ein Fädchen von seinem Platze rückt. Dass sämmtliche Farbstoffe, soweit sie nicht in Xylol und geschmolzenem Paraffin löslich sind, hierbei in den während des Lebens angenommenen Formen erhalten werden würden, daran ist wohl nach dem Gang des Verfahrens nicht zu zweifeln.

Nach dem Vergleich mit anderen Lebern möchte ich glauben, dass wir es hier mit einem Stadium zu thun haben, welches der maximalen Fütterungsleber vorausgeht. Für die letztere scheint es innerhalb der Jahresperiode zwei Maxima zu geben, eines im Sommer, welches dann eintreten kann, wenn ein Froschindividuum zufällig eine sehr reichliche Nahrungsaufnahme gehabt hat, und eines im Winter, wenn die durch den Winterschlaf zur Unthätigkeit gezwungenen Muskeln ihren Stoffüberfluss an den Organismus wieder abgeben; der Transport scheint dann durch die Leber zu gehen und hier das Bild der Fütterungsleber zu erzeugen. Durch dieses doppelte Maximum sowohl, wie auch durch die individuellen Schwankungen der einzelnen Thiere wird die Jahresgeschichte der Froschleber eine recht complicirte. Augenscheinlich haben wir es hier mit ähnlichen Vorgängen zu thun, wie sie MIESCHER für den Stofftransport im Körper des Rheinlachses beschrieben hat. Es wird beim Frosch einer erneuten mit Hilfe der Granulamethoden durchgeführten Untersuchungsreihe bedürfen, um jene Jahresgeschichte in ihren Grundzügen klar zu legen. Hier wird dann auch ein genaueres Eingehen auf die mannigfachen Nüancirungen der Uebergänge zwischen den echten Granulis der Hungerleber und den Fäden der Fütterungsleber am Platze sein.

Es mag noch auf Fig. 6 der Tafel III hingewiesen werden. Das Bild entstammt dem Beginn des Frühjahres und dürfte wohl der regressiven Periode angehören, welche der Hungerleber vorausgeht. Die reiche Füllung von durch Osmium sich schwärzenden Körnern ist geschwunden und die mit Fuchsin sich färbenden Filamente schicken sich augenscheinlich dazu an, wieder in den granulären Zustand der Hungerleber zurückzukehren.

Zur Ergänzung der in Fig. 3 und 4 Tafel III gegebenen Bilder der Fütterungsleber sollen noch die Figuren 1 und 2 derselben Tafel dienen. Auch diese stammen ebenso wie die ersteren von demselben Leberstückchen, so dass alle vier Bilder ihr verschiedenes Aussehen nur der verschiedenen Behandlung der Schnitte verdanken. Fig. 1 ist ein einfaches Osmiumbild, welches dadurch erhalten wurde, dass der Paraffinschnitt mit Xylol ausgewaschen und in Paraffinum liquidum eingelegt wurde (vergl. Kap. II). Fig. 2 dagegen ist zunächst mit Säurefuchsin diffus gefärbt worden, dann, ohne mit Picrinsäure differenzirt zu werden, in Xylol-Balsam eingelegt und durch längeres Erwärmen des Objektträgers auf dem Paraffinofen von der Osmiumschwärzung befreit worden.

Besonders Fig. 2 ist dadurch interessant, dass sie in grober und deutlicher Form zeigt, wie eine Netzstructur des Zellkörpers entstehen kann, ohne dass wir berechtigt sind, ihr einen anderen als topographischen Werth für die Vertheilung der eigentlichen Structurelemente beizulegen. Aus Fig. 1, 3 und 4 ersehen wir, dass die eigentlichen constituirenden Elemente des Zellkörpers mit jenem Netz der Fig. 2 nichts zu thun haben, und dass die Gegenwart von Körnern irgend welcher Gattung genügt, um als negatives Bild ein regelmässiges Netz zu erzeugen, dessen Grössenverhältnisse ja innerhalb beliebiger Grenzen schwanken können. Auf solche negativen, an sich wenig bedeutenden Bilder möchte ich, wie dieses schon oben für den Kern erwähnt ist, einen grossen Theil der Beobachtungen zurückführen, wie sie von FROMMANN und HEITZMANN u. A. geschildert sind. Besonders klar tritt dieses auch bei dem von KLEIN (l. c. 1879) geschilderten intracellular network hervor; derselbe bildet auf seiner Tafel VII Fig. 20 unter Anderem Zellen der Säugethierleber ab, welche ein sehr regelmässiges feines Netzwerk des Zellkörpers darbieten; ein Vergleich mit unserer Fig. 1 der Tafel II A von der Mäuseleber lehrt, dass die negative Erscheinung der hier vorhandenen Granula wohl im Stande ist, ein solches Bild zu erzeugen.

Dabei soll nicht gesagt sein, dass, wie schon oben erwähnt, nicht diesem intergranulären Netzwerk auch noch eine feinere Structur und Zusammensetzung aus Elementartheilen zukommen könne; in der Esculentenleber haben wir ja darin die aus Granulis sich entwickelnden Fäden gefunden, wie Fig. 3 und 4 Tafel III zeigen, oder gar Granula selbst, wie in Fig. 5 derselben Tafel. In anderen Fällen wird sich dieser Nachweis noch in weitergehender Weise führen lassen. Dass hierbei in den Leberzellen der Esculenta nicht nur die mit Säurefuchsin sich specifisch färbenden Granula und Fäden, sondern auch die mit Osmium sich schwärzenden Körner lebende Elemente sind, werden wir alsbald wahrscheinlich zu machen suchen.

Unsere Schilderungen und Bilder von den Fäden der Fütterungsleber der Esculenta stimmen also mit den von FLEMMING gegebenen Zeichnungen Fig. 3 und 6 Tafel I l. c. annähernd überein, soweit sich eine Uebereinstimmung zwischen ungefärbten und gefärbten Schnitten überhaupt hier erwarten lässt. Die Entstehung dieser Fäden aus Granulis konnte FLEMMING nicht verfolgen, weil hierzu seine Methoden nicht ausreichten, auch scheinen ihm, wie schon erwähnt, die verschiedenen Zustände der Leberzellen in den verschiedenen Jahreszeiten entgangen zu sein. Sehr merkwürdig ist aber jedenfalls seine Anschauung, dass die eigenthümliche und charakteristische Lagerung der Fäden zu den Gallenröhrchen hin und ihr spärliches Vorhandensein in den peripheren Theilen des Drüsentubulus, da wo die Kerne liegen, ein Kunstproduct der Osmiumsäure sei.

Nach seiner Anschauung (S. 26—29) erleide die Fadenstructur der Leberzelle durch die Osmiumsäure eine brüske Veränderung, indem die Fadenmasse contrahirt und einseitig zusammengeballt werde, meistens nach der Seite hin, welche dem Kern gegenüber liegt; oder die Osmiumsäure veranlasse die Fäden zu einer plötzlichen starken Contraction; oder sie zerreisse die Fadenwerke und contrahire sie nach der einen Seite des Zellkörpers hin; oder die Zusammenballung des Fadenwerkes durch die Osmiumsäure könne eine mit dem plötzlichen Absterben verbundene Schrumpfungserscheinung sein. Diese Folgerungen schliesst FLEMMING daraus, dass man mit anderen Reagentien, wie Alkohol, Chromsäure und chromsaurem Kali eine solche Anhäufung der Fäden zum Gallenröhrchen hin nicht erhalte; es soll hierbei das Bild ein auffallend anderes sein, als mit Osmium, indem nämlich die Fäden hier keine so bestimmte Lokalisation zeigen, sondern die Zellen gleichmässig durchziehen. Dieses illustrirt FLEMMING durch die Figuren 8 (Alkohol) und 9 (Chromsäure) seiner ersten Tafel, welche Bilder er als die natürlichen gegenüber den in Fig. 5 und 6 gezeigten Kunstbildern der Osmiumsäure entgegenstellt.

Zunächst giebt auch FLEMMING an, dass in anderen Zellen

gerade die Osmiumsäure das natürliche Verhalten der Elemente mit am besten conservire. Es wäre also in der That sehr auffallend, wenn bei der Esculentenleber eine Ausnahme stattfände. Jene langsamen Bewegungen, welche KUPFFER (l. c. S. 234) bei geringem Erwärmen des Objecttisches in den Leberzellen beobachtete, und auf welche sich FLEMMING beruft, um so plötzliche Contractionswirkungen der Osmiumsäure erklärlich zu machen, dürften in anderen Zellen wohl auch kaum fehlen. Es erschien daher von vornherein zweifelhaft, dass jene Angaben FLEMMING's zutreffend sind.

In der That kann man sich überzeugen, dass, wenn man Fütterungslebern der Esculenta mit Alkohol, Chromsäure oder chromsaurem Kali fixirt hat, jene charakteristische Concentration der Fäden zum Gallenröhrchen hin ebenfalls statt hat. Allerdings ist die Esculentenleber gegenüber den Reagentien ein äusserst empfindliches Organ; zum Beispiel Chromsäure von $^1/_6$—$^1/_2$ p. c., wie sie FLEMMING benutzt, äussert hier ähnliche Wirkungen, wie man sie sonst nur bei Anwendung des destillirten Wassers gegenüber den frischen Zellen zu finden pflegt. Die Destruction des Zelleninhaltes ist bei der Chromsäure an diesen Leberzellen eine so auffallende, dass es mich einigermassen wundert, wie FLEMMING bei seinen sonstigen Erfahrungen über Reagenswirkungen hierauf ein Urtheil begründen kann. Etwas besser conservirt der Alkohol; die Bilder sind zwar auch hier sehr roh, immerhin aber in ihren Configurationen einigermassen richtig geartet. Wesentlich besser zeigt sich das doppeltchromsaure Kali. In fünfprozentiger Lösung und unter Zusatz von etwas Essigsäure conservirt es die Fadenwerke vortrefflich, und ich habe noch aus früherer Zeit her eine so behandelte exquisite Fütterungsleber, deren Fadenwerke dadurch so deutlich ausgeprägt sind, dass HARTNACK's Trockensystem 7 ausreicht, um dieselbe in den mikroskopischen Cursen zu demonstriren. Des Weiteren habe ich gerade die Esculentenleber, weil ich ihre grosse Empfindlichkeit kannte, mit Hilfe des Ausfrierens unterhalb der kritischen Temperatur fixirt und auch hier das Fadenwerk in seiner charakteristischen Concentration nach dem Gallenröhrchen mit vereinzelten Ausstrahlungen nach der Peripherie des Drüsentubulus hin vorgefunden.

Nach diesen und manchen anderen Beobachtungen erscheint es mir unzweifelhaft, dass die Osmiumsäure wie in den anderen Zellengattungen, so auch hier die Elemente derselben vortrefflich conservirt, und es ist mir unverständlich, wie Flemming zu jenem Urtheil hat kommen können. Es liegt die Möglichkeit vor, dass er bei seinen Beobachtungen die Lebern von Esculenta und Temporaria, sowie verschiedene Stadien von Hunger- und Fütterungslebern gemischt vor Augen gehabt hat; immerhin hätte ihm die destruirende Wirkung jener Chromsäurelösungen und die Mangelhaftigkeit der Alkoholfixirung hier nicht entgehen dürfen. Die Osmiumsäure steht gerade hier in ihren Wirkungen so hoch über diesen Reagentien, dass kaum ein Organ geeigneter sein dürfte, als die empfindliche Esculentenleber, um die Superiorität dieses Mittels zu erweisen.

Allerdings darf man nicht vergessen, dass es stets etwas Missliches an sich hat, feinere Structurelemente, wie Flemming es hier gethan hat, in ungefärbtem Zustande zu untersuchen; indem man hierbei auf die zufälligen Differenzen der Lichtbrechung angewiesen ist, tritt, wie unsere Granulabilder auch sonst überall zeigen, dort meistens nur ein sehr geringer Theil von Structurverhältnissen in Erscheinung; denn jene weit verbreitete Anschauung, dass, wo eine Structur ist, sie sich auch durch die Brechungsdifferenzen geltend machen müsse, und dass, wo vermittelst der letzteren nichts zu sehen ist, auch keine Structur vorhanden sei, ist durchaus verfehlt. Und das Wenige, was an den Bildern der Lichtbrechungsdifferenzen zu sehen ist, wird in seiner Deutung meist unsicher sein; neben bestimmteren Formationen kommen unbestimmte und zarte Theile vor, so dass nur selten ein prägnanter Formeneindruck erreicht wird. Ob wir hier es dann mit präformirten Elementen zu thun haben, bleibt oft noch zweifelhaft, da ein Kriterium fehlt, um genuine und künstlich erzeugte Erscheinungen zu unterscheiden. In der specifischen Färbungsreaction besitzen wir wenn auch kein absolut sicheres, so doch ein greifbares Kriterium dieser Art, und Theile, welche sich gegenüber derselben identisch verhalten, zeigen dadurch immerhin einen erheblichen Grad von Verwandtschaft an. Indem die elementaren Theile durch die Färbung deutliche und abgeschlossene Gestalt annehmen, vermögen wir uns wenigstens an diesen Formen und aus dem Vergleich derselben in den verschiedenen Gebieten ein Urtheil zu schaffen, ob die vorausgehenden Fixirungen naturgetreue Bilder ergeben haben.

Was endlich jene Anschauung KUPFFER's betrifft, dass die Gesammterscheinung des Fadenwerkes an diesen Leberzellen des Frosches im Kleinen das Bild eines Pseudopodiennetzes, oder des zu Netzfäden sich verbindenden circulirenden Protoplasmas von Pflanzenzellen gäbe, so erledigt sich dieselbe durch den Nachweis der Entstehung jener Fäden aus Granulis von selbst. Von den Pflanzenzellen wissen wir, dass dort das Balkennetz des circulirenden Protoplasmas in der Weise entsteht, dass zunächst kleinere mit Zellsaft gefüllte Vacuolen auftreten, welche sich vergrössern, dadurch das Volumen der Zelle mehr und mehr ausdehnen und, indem die trennenden Scheidewände der Vacuolen durchbrochen werden, ein Balkennetz von Protoplasma übrig lassen; und auch von den Pseudopodien der Wurzelfüssler weiss man, dass sie Ausstrahlungen des Gesammtkörpers darstellen, nicht elementare Formen desselben. Hierzu kommt noch, dass wir in den neben den Fäden befindlichen Räumen der Leberzellen es hier keineswegs mit einer indifferenten Zwischensubstanz zu thun haben, wie sie KUPFFER unter dem Namen Paraplasma, FLEMMING als Interfilarsubstanz bezeichnet, sondern dass auch diese Räume augenscheinlich mit lebenden Elementen gefüllt sind.

Dafür, dass die soeben beschriebenen Granula und Fäden der Esculentenleber lebende Elemente sind und nicht etwa Ablagerungen irgend welcher todten Stoffe, dafür sprechen die Erscheinungen, welche dieselben darbieten, in sehr eindringlicher Weise. Sehen wir auch von den langsamen Bewegungen ab, welche KUPFFER bei geringem Erwärmen der überlebenden Zellen beobachtet hat und welche er als Contractilitätserscheinungen auffasst, so scheint es doch, als wenn derartige Prozesse und Umformungen, wie man sie beim Vergleich der verschiedenen Zustände der Leberzellen hier an jenen Elementen beobachten kann, sich nicht so leicht an todten Elementen abspielen dürften.

Gegenüber den Zellfäden sind auch die Anhänger des homogenen Protoplasmas einigermassen nachsichtig gewesen; nicht nur KUPFFER und FLEMMING halten dieselben für lebendig, sondern auch viele Andere, wie z. B. KÖLLIKER, welcher die Faser- und Fibrillenbildungen der Zellen für wichtige Einzelheiten des protoplasmatischen Baues, also für lebende Bestandtheile erklärt. Das kommt uns hier sehr gelegen, denn wenn die Zellfäden der Esculentenleber lebendig sind, so dürfen wohl auch die Granula, aus denen sie, wie wir gesehen haben, hervorgehen, lebend sein, wenigstens wüsste ich keinen Grund, der diese Schlussfolgerung verhindern sollte. Und wenn die Granula der Esculentenleber lebendig sind, so dürften wir wohl auch das Gleiche bei den mit gleichen specifischen Reactionen versehenen Granulis der anderen Zellengattungen annehmen können, solange sich nicht Gründe finden, welche dagegen sprechen.

Von grösserer Bedeutung war es allerdings, den Beweis von der lebendigen Natur der Granula direkt liefern zu können. Es gelang dieses an einer grösseren Zahl von Objecten dadurch, dass mit Hilfe der Osmiumsäure die Granula als der Ort der Fettumsetzungen erkannt wurden.

Auch die Esculentenleber gehört hier zu den günstigen Objecten. Wir haben bereits bei der Betrachtung der Bilder der Fütterungsleber die schwarzen zahlreichen gleichmässigen Körner erwähnt, welche den Raum neben den mit Säurefuchsin färbbaren Elementen ausfüllen. Auch KUPFFER und FLEMMING sprechen von Fetttröpfchen, welche sie in diesem Raume gesehen haben. Dass diese schwarzen Körner nicht reines Neutralfett sind, können wir daraus schliessen, dass ihre Färbung sich relativ leicht extrahiren lässt.[1] Wir haben bereits bei Besprechung der Fig. 2 und 4 unserer Tafel III erwähnt, dass diese Bilder durch mässiges, wenn auch längeres Erwärmen der Schnitte in Xylol-Balsam gewonnen sind. Auch ohne Erwärmen treten diese Extractionen ein, nur dass sie dann noch längere Zeit in Anspruch nehmen. Das ist nach meinen Erfahrungen bei Fettelementen, die fast ganz aus Neutralfett bestehen, nicht der Fall, dieselben bleiben gegenüber dem Xylol-

[1] Vergl. Cap. II und das spätere Capitel über die Fettumsetzungen.

Balsam unverändert und können nur durch stärkere Oxydationsmittel, wie oben erwähnt, entfärbt werden.

Was aber von besonderer Wichtigkeit erscheint, das ist der Umstand, dass man die Entstehung dieser schwarzen Körner aus farblosen Granulis wahrscheinlich machen kann. Schon Fig. 5. Taf. III zeigt, dass hier die Körner nicht gleichmässig schwarz sind, sondern ein dunkelrothes Centrum haben. Der Name von Fetttröpfchen dürfte demnach auf diese Körner nicht angewendet werden können, denn ein Fetttröpfchen ist ein in seiner Substanz gleichmässiges Gebilde, während durch jene Scheidung von Peripherie und Centrum zunächst bewiesen ist, dass jene Körner der Fig. 5 mindstens aus zwei verschiedenen Substanzen sich zusammensetzten.

Hier etwa an eine mangelhafte Osmiumwirkung zu denken, welche nur die Oberfläche der Kügelchen geschwärzt haben könnte, dazu haben wir keinen Grund. Erfahrungsgemäss dringt unser Osmiumgemisch auch in grosse Fettkugeln ein, indem es dieselben durch und durch schwärzt und fixirt, besonders wenn, wie oben angegeben, die Einwirkung des Gemisches 24 Stunden dauert. Es muss sich hier in Fig. 5 Tafel III also thatsächlich um Gebilde sui generis handeln.

Ich habe anfangs diesen ringförmigen Osmiumkörnern der Esculentenleber wenig Beachtung geschenkt, bis Dr. KREHL den Zusammenhang dieser Ringe mit der Fettresorption im Säugethierdarm nachwies und ich selbst in den Talgdrüsen und deren Conglomeraten mancher Säugethiere dieselben in überreicher Zahl und in grosser Prägnanz vorfand; hierzu kamen noch Beobachtungen, welche Dr. METZNER an verschiedenen anderen Lebern von Warm- und Kaltblütern anstellte, so dass sich schliesslich das Auftreten jener Ringformen im Zusammenhang mit den Fettumsetzungen der Zelle als ein weit verbreitetes Vorkommniss erwies.[1]

---

[1] Vergl. ausser dem folgenden Capitel V die Abhandlungen: L. KREHL, Ein Beitrag zur Fettresorption, Arch. f. Anat. u. Physiol. 1890; R. METZNER, Ueber die Beziehungen der Granula zum Fettansatz. Ebendaselbst. Auch Eiweiss erzeugende Granula zeigen öfter Ringform (vergl. Tafel XXII und XXIII), so dass die Verbreitung der Ringkörner neben den Vollkörnern eine ziemlich weitgehende ist.

Dass die Vollkörner der Fig. 1 und 3 Tafel III aus den Ringkörnern der Fig. 5 hervorgehen, ist nach diesen Bildern wohl anzunehmen. Interessant ist es, die Entstehung dieser Ringkörner weiter rückwärts zu verfolgen.

Für diesen Zweck genügt es, im Spätherbst eine Anzahl Esculentenlebern mit unserm Osmiumgemisch 24 Stunden lang zu fixiren, ohne Einbettung nach dem Auswaschen mit Wasser und der Nachhärtung mit Alkohol feucht zu schneiden und die Schnitte in Glycerin bei offenem Beleuchtungskegel zu untersuchen. Mir liegt z. B. ein Protokoll von sechs Fröschen vor, welche gleichzeitig Ende November getödtet waren; die Lebern zeigten makroskopisch das Aussehen der Anfangsstadien der Fütterungsleber, indem sie mehr oder weniger geschwellt erschienen und einen mehr oder weniger gelblichen, bräunlichen oder röthlichen Farbenton aufwiesen; der Fettkörper war bei einzelnen stark entwickelt, bei anderen weniger. Die in Glycerin eingelegten, nur durch Osmium gefärbten Schnitte zeigen alle in der Peripherie der Drüsentubuli jene Ringformen. Die meisten derselben waren kleiner und zarter, als die der Fig. 5 Tafel III; viele waren so klein und zart, dass es einer aufmerksamen Beobachtung bedurfte, um sie zu sehen. Man kann an diesen Bildern deutlich das Hervorgehen der kleinen zarten Ringe aus farblosen Granulis constatiren; von den kleinen zarten Ringkörnern finden sich alle Uebergänge zu den grösseren, deren Osmiumring breiter geformt und dunkel geschwärzt ist; die helle Mitte wird dann immer kleiner, bis sie punktförmig ist und schliesslich ganz verschwindet. So entsteht aus dem Ringkorn das Vollkorn, und man erhält so schliesslich das Bild der Fig. 1 Tafel III. Nur ganz vereinzelte Elemente gehen in ihrem Wachsthum über die Grösse der hier vorhandenen Körner hinaus; fast alle bleiben sie bei dieser Grösse stehen; ein Confluiren der Körner findet nicht statt.

Bei unseren sechs am Ende des November getödteten Esculenten war auch die Zahl der Ringkörner noch nicht so gross wie in Fig. 5; die Leberzellen waren noch nicht so geschwellt und in der Peripherie derselben drängten sich die kleinen Ringelchen in einem kleineren Raum zusammen.

Zum Vergleich wurden noch auf gleiche Weise sechs Esculentenlebern am Ende des December untersucht. Dieselben zeigten eine deutliche Zunahme der Fettkörner sowohl an Zahl wie an Grösse. An Stelle der zarten linearen Ringformen waren derbe Ringe getreten, so dass oft nur ein kleines helles Centrum übrig blieb, oder es waren an Stelle der Ringe Vollkörner entstanden; der Process der Assimilation kann demnach von der Peripherie zum Centrum des Granulums fortschreiten.

Am Ende Januar war wiederum eine deutliche Abnahme des Fettgehaltes wahrnehmbar, so dass das maximale Stadium der winterlichen Fettleber der Esculenta um die Jahreswende liegen dürfte. Auch Ende Januar waren theilweise noch oder wieder Ringformen sichtbar, aber dieselben waren weniger regelmässig gestaltet und weniger constant. Da es sich um diese Zeit augenscheinlich um den Wiederverbrauch des in der Leber vorher angesammelten Fettes handelt, so können wir schliessen, dass die Lysis des Fettes im Granulum topographisch die umgekehrte Reihenfolge einhält, als die Synthese. In einem Theil der Lebern war das Fett am Ende des Januar bereits ganz geschwunden. Aehnliche Verhältnisse zeigten sich auch Ende Februar.

Bei jenen Ringkörnern hat es sich herausgestellt, dass nach der Extraction des reducirten Osmiums hier keineswegs so leere Lücken zurückbleiben, wie in Fig. 2 Tafel III, sondern es bleiben hier gerne Residuen zurück, welche färbbar sind. Wir werden hierauf in dem Capitel über Fettumsetzungen zurückkommen. Diese in warmem Xylol-Balsam unlöslichen und specifisch färbbaren Residua deuten darauf hin, dass die Substanz der Ringkörner im Gegensatz zu der der Vollkörner noch recht beträchtliche Theile der ehemaligen Substanz der fettlosen Granula enthält. Auf diese letzteren selbst führen uns dann die zarten und zartesten Formen der Ringelchen zurück, wie wir sie an jenen sechs Novemberfröschen im Ueberfluss beobachten konnten. Für die Betrachtung dieser Uebergangsformen der farblosen Granula und der zarten Ringelchen bis zu den Vollkörnern hin habe ich hier keine weiteren Abbildungen beigefügt, weil die auf Tafel XV gegebenen Zeichnungen der Talgdrüsenconglomerate vom Kaninchen und Meerschweinchen die hier wichtigen Charaktere deutlich zeigen und in Bezug auf dieselben auch jeder Zeit erreichbar sind, während beim Frosch doch nur bestimmte Abschnitte der Jahresperiode verwerthet werden können.

Woher die farblosen Granula kommen, welche beim steigenden Fettansatz der Froschleber die verschiedenen Arten der Ringkörner und schliesslich die Vollkörner geben, darüber weiss ich nichts Bestimmtes auszusagen. Es scheint jedoch, als wenn dieselben bereits in der Hungerleber der Fig. 1 Tafel II enthalten sind und neben den mit Säurefuchsin färbbaren Granulis in den Zellen farblos drinstecken. Zwar sieht es in diesen Zellen so aus, als wäre der ganze Raum ausserhalb des Kernes mit rothen Granulis gefüllt, doch habe ich wiederholt Gelegenheit gehabt zu beobachten, dass eine solche Ausfüllung nur scheinbar sein kann; es ist zuweilen unglaublich, wie die Elemente in einem körperlichen Volumen sich nebeneinander häufen können. Wenn unsere Schnitte auch sehr dünn sind (2—1 μ), so genügt doch diese geringe Schnittdicke, um nicht nur ein Nebeneinander, sondern auch ein Uebereinander der Elemente zu erzeugen; hier ist dann Raum genug, um mehr Elemente aufzunehmen, als grade bei einer einzelnen Reaction sichtbar werden.

Es muss aber auch als möglich hingestellt werden, dass die rothen Granula der Hungerleber, welche sich vermehren und die Fäden der Fütterungsleber liefern, zugleich das Material für die das Fett assimilirenden Körner abgeben. Dass dieselben dann zugleich wegen der Aenderung ihrer chemischen Zusammensetzung ihre Farbenreactionen ändern könnten, ist ganz natürlich. Zwar sind die oben erwähnten und später noch eingehender zu besprechenden Residua der Ringkörner färbbar und können sogar durch Picrinsäure differenzirt werden. Im Allgemeinen ist es aber doch sehr schwierig, den Zusammenhang von sich mit Osmium schwärzenden Granulis und etwaiger specifischer Säurefuchsinfärbung derselben so nachzuweisen, dass ein Irrthum oder eine Verwechselung sicher ausgeschlossen ist. HEIDENHAIN (l. c.) scheint dieses neuerdings in einem günstigen Falle, nämlich bei den Körnern lymphoider Zellen im Dünndarm, gelungen zu sein; auch hierauf werden wir später noch zurückkommen. Jedenfalls können wir aus den Uebergangsformen der Ringkörner annehmen, dass die mit Osmium sich schwärzenden Vollkörner aus assimilirenden Granulis hervorgehen, also aus lebenden Elementen.

Es mag nochmals darauf hingewiesen werden, dass, sobald an den Granulis assimilirende Vorgänge sichtbar werden, die specifische Fuchsinfärbung oft nicht vorhanden ist; wir finden dieses nicht nur bei den Fettumsetzungen (vergl. Cap. V), sondern auch bei den Secretionserscheinungen (vergl. Cap. VI) in den Zellen vor. Ob dieses einfach durch die Verdünnung der ehemaligen Granulasubstanz oder durch Umsetzung derselben geschieht, oder ob es sich hier um Granulaarten handelt, welche anderer Gattung und von anderer Reaction sind, mag dahingestellt bleiben; in einigen Fällen glaube ich das Letztere mit Sicherheit annehmen zu können, so dass hier die Sichtbarkeit der anderen Granulagattung erst durch den vitalen Process und durch das Osmium hervorgerufen wird, während das eigentliche ruhende Granulum sich mit den mir bis jetzt zu Gebote stehenden Fuchsinfärbungen nicht sichtbar machen lässt. Vielleicht trifft dieses auch für einzelne Fälle der vitalen Metylenblaureaction zu, und wird natürlich der Werth des Effektes dadurch nur erhöht, wenn vorher unsichtbare Dinge dadurch sichtbar gemacht werden können; wie schon früher gesagt, wird die eigentliche Verwerthung dieser vitalen Farbenreaction erst durch das Ausfrieren unterhalb der kritischen Temperatur erreicht werden können.

So lange an den mit Osmium sich schwärzenden Körnern noch ein Fortschreiten des Assimilationsprocesses sichtbar ist, werden wir auch genöthigt sein, eine Vitalität derselben als vorhanden anzunehmen; wir werden demnach die verschiedenen Formen der Ringkörnerstadien als vitale Elemente betrachten müssen. Diese verschiedenen Stadien fallen nun mit den Umbildungen der rothen Granula zu Fäden zusammen. Auf die Variabilität dieser Umbildungen haben wir bereits kurz hingewiesen; nicht oft findet man so rein granuläre Formen der rothen Elemente bei so weit vorgeschrittener Fütterungsleber vor, wie sie Fig. 5 Tafel III zeigt; meist beginnt die Bildung der Fäden schon in einem früheren Stadium, wo die Ringkörner noch zarter, kleiner und in geringerem Raum zusammengedrängter sich finden.

Jedenfalls trifft die Anschauung KUPFFER's und FLEMMING's, dass der Raum neben den Fäden mit indifferenter Substanz, dem Paraplasma oder der Interfilarmasse, gefüllt sei; hier nicht zu;

wir sehen im Gegentheil hier an vitalen Elementen sich lebhafte vitale Processe vollziehen.

Ob nun ausser den specifisch roth oder schwarz gefärbten Elementen in den immer noch vorhandenen Zwischenräumen noch weitere lebende Elemente sich befinden, die nur nicht in Erscheinung treten, darüber weiss ich für jetzt nichts auszusagen.

V

Die Fettumsetzungen in den Zellen.[1]

Was für den Botaniker das Amylum durch seine Reaction auf Jod, das bedeutet für den Zootomen das Fett durch seine Schwärzung mit Osmium. Es ist diejenige Substanz, welche ebenfalls innerhalb der kleinsten Formverhältnisse sich mikrochemisch relativ leicht nachweisen lässt, und wenn jene Schwärzung auch nicht lediglich auf das Fett allein beschränkt sein mag, so ist es meist nicht schwer, die Diagnose auf diese Substanz durch andere Nebenumstände zu sichern.

Nachdem der Nachweis erbracht worden war, dass die Zelle kein Elementarorganismus, sondern eine Colonie kleinster Organismen ist, war es natürlich, dass diese Organismen als Constituens des Protoplasmas auch die Träger seiner Verrichtungen sind, und war dieses keine Hypothese, sondern ein Postulat der Logik. Ich richtete nun in erster Linie mein Augenmerk auf das Fett, um der Thätigkeit dieser Organismen näher zu kommen. Wegen des leichten mikrochemischen Nachweises lag hier die Aussicht auf Erfolg am nächsten.

Weil das Untersuchungsgebiet ein ziemlich umfangreiches war, so theilte ich dasselbe zwischen mir und den Herren Dr. Krehl und Dr. Metzner[2]. Dieselben unternahmen es in meinem Laboratorium, der Erstere die Resorption des Fettes, der Letztere die intermediäre Fettumsetzung zu untersuchen, während ich selbst mir die Secretion des Fettes vorbehielt. Wenn auch ein erschöpfendes Resultat noch in keinem der Gebiete vorliegt, so hat doch jeder von uns einiges Material zusammentragen

[1] Vergl. meine Abhandlung im Archiv für Anat. u. Phys. 1889.

[2] Vergl. die im vorigen Capitel citirten Abhandlungen beider Autoren.

können. Es erscheint zweckmässig, an dieser Stelle eine wenn auch gedrängte Uebersicht über dieses Material zu geben.

Was zunächst die Resorption des Fettes betrifft, so lag hier der Mittelpunkt des Ganzen in der Frage, ob das Fett corpusculär oder in gelöster Form resorbirt wird. Die Ansicht von der corpusculären Resorption ist so verbreitet, dass noch HEIDENHAIN[1] in seiner neuesten Arbeit über die Histologie und Physiologie der Dünndarmschleimhaut nicht einmal die Möglichkeit einer Lösungsresorption in Erwägung zieht, trotzdem er alle sonstigen bisher ausgesprochenen Anschauungen mit gewohnter Gründlichkeit anführt. War jene verbreitete Ansicht die richtige und wurde das Fett einfach als Körnchen vom Darmlumen in die Epithelzellen aufgenommen, so war auch eine erhebliche Betheiligung der Zellengranula an dem Resorptionsvorgange nicht zu erwarten. Liess sich dagegen die Lösungsresorption wahrscheinlich machen, so war das Umgekehrte der Fall.

Für die Lösungsresorption sprachen nach alten Erfahrungen das Freibleiben des Cuticularsaumes und der nächsten Zellregion von Fett, der wiederholt erwähnte Mangel einer geeigneten Emulsion des Fettes im Darmlumen, die erfolglosen Versuche, andere corpusculäre Elemente zur Resorption zu bringen, und indirect auch die Thatsache, dass Fettsäuren und Seifen nicht nur resorbirt werden, sondern auch dieselben Resorptionsbilder geben, wie Neutralfett, selbst wenn der Schmelzpunkt der Säuren eine Emulsion unmöglich machte.[2]

Dr. KREHL konnte zunächst das Freibleiben des Cuticularsaumes von Fett bestätigen. Die in dieser Beziehung in der Literatur einzige abweichende Behauptung von v. BASCH[3] dürfte wohl auf Mängeln der Untersuchung beruhen, welche thatsächlich, insbesondere bei Anwendung von Osmiumsäure, in mehrfacher Hinsicht möglich sind, und nur durch eine weitgehende Erfahrung in der Anwendung dieses Reagens hier beurtheilt und

[1] PFLÜGER's Archiv u. s. w. 1888. Bd. XXIII. Suppl.

[2] WILL, Vorläufige Mittheilung über Fettresorption. PFLÜGER's Arch. u. s. w. 1879. Bd. XX.

[3] VON BASCH, Die ersten Chyluswege und die Fettresorption. Wiener Sitzungsberichte.

vermieden werden können. Ausserdem sind die Raumverhältnisse, um die es sich hier handelt, doch von so geringen Dimensionen, dass oft nur ganz exacte und sehr dünne Querschnitte bei guten Vergrösserungen volle Sicherheit in der Beurtheilung der topographischen Lagerung der Fettkörnchen gegenüber dem Cuticularsaume geben. v. BASCH hat mit den älteren Methoden diesen Forderungen nicht genügen können (vergl. seine Abbildungen).

Man hat angenommen, dass jenes Freibleiben des Cuticularsaumes bei der Fettverdauung entweder durch die Schnelligkeit erreicht werde, mit welcher die Fetttröpfchen denselben passiren, oder dass bei dem Absterben der Zelle die Contractionswirkungen derselben etwaige Tröpfchen in das Innere befördern. Die Möglichkeit einer solchen Erklärung kann nicht in Abrede gestellt werden, aber es ist bis jetzt noch keine Beobachtung bekannt, welche dieselbe wahrscheinlich macht.

Selbst wenn gelegentlich Fett im Cuticularsaum gefunden werden sollte, so vermag ein derartiges vereinzeltes Vorkommen die sonstigen negativen Befunde nicht in ihrer Bedeutung zu entkräften. Im Uebrigen scheint mir jenes Freibleiben des Cuticularsaumes zwar mit für die Lösungsresorption zu sprechen, ist aber keinesfalls der wichtigste Befund, der diese wahrscheinlich macht.

Endlich ist es auch bei Annahme der Resorption des Fettes in gelöster Spaltungsform möglich, dass gelegentlich eine Schwärzung des Cuticularsaumes in mehr diffuser Form auftritt, wenn nämlich jene den Saum passirende Lösung der Fettsäuren concentrirt genug ist.

Das Fehlen einer zur Resorption geeigneten Emulsion des Fettes im Darmlumen ist besonders von CASH[1] und MUNK[2] durch directe Untersuchung des Darminhaltes beobachtet worden. Es schien zweckmässig, dieses an Querschnitten selbst zu constatiren, und wurde deshalb eine Anzahl Därme von Triton taeniatus darauf hin präparirt. Die Kleinheit dieses Thierchens

---

[1] CASH, Ueber den Antheil des Magens und des Pankreas an der Verdauung des Fettes. DIES Archiv. 1880.

[2] MUNK, Zur Kenntniss der Bedeutung des Fettes u. s. w. VIRCHOW's Archiv. 1880. Bd. LXXX, S. 32.

und der geringe Durchmesser seines Raumes gestatten es, den letzteren in toto mitgesammt dem Inhalte durch zweckmässige Osmiumgemische zu fixiren. Wenn man die Thierchen vor der Präparation durch Chloroformdampf tödtet und den gesammten Situs viscerum vorsichtig heraushebt, so hat man eine gewisse Garantie, dass eine Lageverschiebung des Darminhalts zum Epithel nicht stattgefunden hat; peristaltische Bewegungen beim Einlegen des Darmes vermag man wenigstens nicht zu erkennen. Totale Querschnitte durch den Darm, besonders in früheren Stadien der Fettresorption, ergaben, dass oberhalb des Cuticularsaumes keine ähnlichen Elemente vorhanden waren, wie unterhalb. Im Gegentheil, selbst wenn Emulsionen, wie Sahne, als Nahrung gegeben waren, fand sich das Fett im Darmlumen oft als mehr zusammenhängende Masse vor. Diese Versuche scheinen ebenfalls gegen eine corpusculäre Resorption zu sprechen, auch wenn bei anderen Thieren mehr oder weniger feine Emulsionen im Darmlumen zu finden sein sollten.

Was die erfolglosen Versuche betrifft, andere corpusculäre Elemente zur Resorption zu bringen, so wurden dieselben von Dr. Krehl nicht wiederholt, sondern als glaubhaft hingenommen.

In Bezug auf die Resorption der Fettsäuren und deren Salze konnte derselbe die Angaben Will's durch Controlversuche bestätigen.

Die Hauptaufgabe, deren sich Dr. Kkehl unterzog, bestand in der genauen mikroskopischen Untersuchung des Froschdarmes[1] während der verschiedenen Stadien der Fettverdauung. Er konnte hier zunächst bestätigen, dass der Weg des Fettes bei der Resorption, wie es auch Heidenhain (a. a. O.) betont, durch die Epithelzellen selbst geht. Die Verschiedenheit der Bilder bei den verschiedenen Stadien ist charakterisirt durch die Unterschiede der Grösse und Färbungsintensität der sich mit Osmium schwärzenden Körnchen. Von staubförmigen und nur grau gefärbten Anfängen steigt die Fettaufnahme in den Zellen zu grösseren schwarzen Körnchen bis zu grossen schwarzen Fettkugeln an. In den primären Stadien sind neben schwarzen

[1] Vergl. Figur 2 unserer Tafel XII und Tafel XXXI.

und grauen kleinsten Körnchen auch ungefärbte gleicher Grösse erkennbar.

Die Bilder KREHL's zeigen, abgesehen von dem Farbenton, eine genaue Uebereinstimmung mit denjenigen Bildern, welche O. SCHULTZE[1] bei der Resorption des Methylenblaues im Darmepithel in sehr objectiver Weise geschildert hat, und die gleichen Gründe, welche dieser Autor dafür anführt, dass dieser Farbstoff nicht für sich, sondern durch Assimilation von den Zellengranulis in den Zellen aufgespeichert wird, gelten im vollen Umfange auch für die von Dr. KREHL erhaltenen Fettbilder. Diese genaue Uebereinstimmung bei zwei sonst ganz heterogenen Versuchsreihen war für das Verständniss der Vorgänge bei der Fettresorption gewiss von hohem Werth. Bei dem gründlichen Vorgehen des Dr. KREHL in der Verfolgung aller Resorptionsstadien erscheint nach den insbesondere am Frosch gewonnenen Bildern eine corpusculäre Resorption so gut wie ausgeschlossen.

Einen weiteren Anhalt für die Annahme der Lösungsresorption fand Dr. KREHL bei der Untersuchung des Säugethierdarmes. Es zeigte sich nämlich, dass das resorbirte Fett hier in den Epithelzellen, wenigstens in gewissen früheren Stadien der Resorption, nicht als geschwärzte Vollkörner auftritt, sondern im optischen Bilde als schwarze Ringelchen mit hellem Centrum. Man wird diese Bilder kaum anders deuten können, als dass hier das ungefärbte Granulum zunächst an seiner äussersten Schicht eine Assimilation des Fettes ausführt. Die Ringelchen nehmen an Grösse und Farbenintensität zu und scheinen ebenfalls ein Beweis dafür zu sein, dass das Fett nicht corpusculär in die Epithelzellen gelangt, sondern in gelöster Spaltungsform und aus dieser durch die Granula synthetisch assimilirt wird. Mit Hülfe der Granulafärbung lassen sich in diesen Ringen zuweilen spezifisch gefärbte Residuen der granulären Substanz nachweisen.

Bemerkt mag noch werden, dass Dr. KREHL beim Frosch fast niemals Fett unterhalb des Epithels gefunden hat, so dass es den Anschein hat, als wäre bei dem Weitertransport des

---

[1] O. SCHULTZE, Die vitale Methylblaureaction der Zellgranula, Anatomischer Anzeiger. 1887.

Fettes aus den Zellen eine nochmalige Umsetzung und Lösung desselben erfolgt. Diese Annahme wird auch dadurch nahe gelegt, dass die Grösse der in den späteren Resorptionsstadien innerhalb der Epithelzellen sich findenden Fettkugeln eine andere kaum zulässig erscheinen lässt.

Wenngleich diese mikroskopischen Beobachtungen von Dr. KREHL darzuthun scheinen, dass das Fett überhaupt nicht in corpusculärer Form, sondern nur in Lösung aus dem Darmlumen in die Epithelzellen des Darmes resorbirt werde, so lagen doch gewichtige Bedenken aus den sonstigen makroskopischen Beobachtungen vor, welche gegen diese Annahme der Lösungsresorption sprachen.

Dass innerhalb des Verdauungstractus sämmtliches Neutralfett gespalten werden kann, daran darf man wohl nach den Zahlenangaben von MUNK[1] nicht zweifeln, welcher nach Fütterung von Neutralfetten im Dünndarminhalt des Hundes bis 12 Procent freier Fettsäuren gegenüber 88 Procent Neutralfetten fand, welche ersteren nur zum geringsten Theil mit dem Kothe entfernt, zum weitaus grössten Theil aber resorbirt werden.[2]

Bedenkt man, dass der Verlauf der Spaltung im Verdauungstractus und der Resorption in die Epithelzellen ein cyklischer ist, so ist jenes gefundene Quantum mehr als hinreichend, um die der Resorption vorausgehende Spaltung sämmtlicher Neutralfette als möglich erscheinen zu lassen. Entgegen der Ansicht von MUNK[3], dass wohl jener gefundene Theil als Fettsäuren absorbirt werde, das Uebrige aber als Neutralfett, scheint mir die Annahme doch näher zu liegen, dass bei jenem erwähnten cyklischen Verlauf des Spaltungs- und Resorptionsvorganges jene 12 Procent freier Fettsäuren im Darmlumen den ständigen Vorrath bei der Fettverdauung bilden, welcher fortwährend durch Resorption verringert und durch neue Spaltung ergänzt wird.

Die Hauptschwierigkeit jedoch lag in Folgendem. Wie CASH

---

[1] MUNK, Zur Lehre von der Resorption, Bildung und Ablagerung der Fette u. s. w. VIRCHOW's Archiv. 1884. Bd. XCV, S. 447.

[2] Derselbe, Zur Frage der Fettresorption. Zeitschrift für phys. Chemie. 1885. Bd IX, S. 569.

[3] Derselbe, Zur Frage u. s. w. S. 50 und „Zur Lehre" u. s. w. S. 542.

(a. a. O.) in LUDWIG's Laboratorium beobachtete, ist der Dünndarminhalt des Hundes, dieses am besten Fett aufnehmenden Thieres, bei der Fettverdauung bis zum Dickdarm hin sauer und MUNK hat Aehnliches gesehen; der Letztere hebt ausdrücklich hervor, dass man von den Partieen des Dünndarmes, deren Chymus sauer reagirt, und in denen das Fett in grossen Tropfen, nicht emulgirt umherschwimmt, mit weissem Chylus gefüllte Lymphgefässe durch das Mesenterium ziehen sieht.[1] Durch diese saure Reaction schien es ausgeschlossen, dass die Fettsäuren als Seifen in wässeriger Lösung hier zur Resorption kommen. MUNK[2] selbst hilft sich über alle Schwierigkeiten damit hinweg, dass er nach dem Vorgange von ZAWARYKIN und Anderen die Leukocyten als Transporteure des Fettes und der Fettsäuren verantwortlich macht, eine Anschauung, welche ausser anderen früheren Autoren auch neuerdings HEIDENHAIN und KREHL nach ihren Erfahrungen zu negiren vermochten.

Diese Schwierigkeiten, welche chemischerseits der Annahme der Lösungsresorption entgegenstehen, werden leicht gehoben, wenn man die Thatsache in Betracht zieht, welche schon STRECKER erwähnt, dass die Galle, insbesondere die Taurocholsäure, Fettsäuren zu lösen im Stande ist. Diese alte Angabe STRECKER's scheint etwas in Vergessenheit gerathen zu sein, denn in vielen Abhandlungen und Lehrbüchern der physiologischen Chemie, welche seit 30 Jahren geschrieben worden sind, ist diese augenscheinlich wichtigste Eigenschaft der Taurocholsäure nicht, positiv aber von KÜHNE und LATSCHINOFF erwähnt.[3] Man kann sich leicht von dieser Eigenschaft überzeugen; wenn man nämlich zu einer 10 procentigen wässerigen Lösung des

---

[1] MUNK, Zur Kenntniss u. s. w. S. 32 und Zur Frage u. s. w. S. 574.

[2] Derselbe, Zur Frage u. s. w.

[3] STRECKER sagt in seiner „Untersuchung der Ochsengalle (LIEBIG's Annalen. 1848. Bd. LXV, S. 29) ganz kurz, dass das taurocholsaure Natron Fette, Fettsäuren, Cholesterin in beträchtlicher Menge löst. In Bezug auf Neutralfette kann ich dieses nicht bestätigen. Die Angaben von LATSCHINOFF (Ueber Cholsäure, welche feste Fettsäuren enthält. Berichte der deutschen chemischen Gesellschaft. Bd. XIII, S. 1991) sind deshalb interessant, weil derselbe geradezu von einer Verbindung der Cholsäure und Taurocholsäure mit Fettsäuren spricht. KÜHNE spricht von einer Lösung und Verseifung der Fettsäuren durch die Galle (Lehrbuch der physiologischen Chemie).

taurocholsauren Natrons eine erhebliche, nicht zu grosse Quantität einer Seifenlösung bringt [ich benutzte hierzu eine käufliche flüssige Glycerinseife], so wird dieselbe durch Ueberschuss von Salzsäure nicht gefällt.

Auch die Glycocholsäure scheint ähnliche Eigenschaften zu haben. Bringt man nämlich das Natronsalz derselben mit etwas Seife in wässeriger Lösung zusammen, so kann man mit Salzsäure stark übersäuern, ohne dass Fällung erfolgt; erst bei weiterem Zusatz der Säure tritt diese ein. Es scheint, als wenn man den ganzen Natrongehalt beider Salze durch Salzsäure ohne Fällung sättigen kann. Es muss also hierbei nicht nur die Glycocholsäure die Fettsäure in Lösung halten, sondern auch umgekehrt, denn übersäuert man jedes einzelne ihrer Natronsalze, so erfolgt die Fällung sofort. Bei dem Gemisch des taurocholsauren Natrons mit Seife tritt auch bei weiterem Zusatz der Salzsäure keine Fällung ein. Bemerkt mag noch werden, dass dieses Gemisch auch durch Chlorcalcium nicht direct, sondern erst nach einiger Zeit und allmählich gefällt wird.

Die bisherige verbreitetste Anschauung von der Funktion der Galle bei der Fettverdauung war die, dass dieselbe entsprechend den Beobachtungen an todten thierischen Membranen den Durchtritt des Neutralfettes in die Epithelzellen begünstigen sollte, und noch HEIDENHAIN sagt in seiner neuesten Arbeit (a. a. O. S. 91): „Somit ist man bezüglich des Eintrittes des Fettes in die Epithelzellen darauf beschränkt, zu sagen, dass die Galle ein wesentliches Beförderungsmittel desselben sei, teils weil sie (mit anderen Verdauungssäften) die Emulgirung des Fettes begünstigt, theils weil durch dieselbe die Oberfläche der Zellen für die Fette benetzbar wird, was natürlich die Aufnahme erleichtern muss. Mehr zu behaupten, würde über die sicher gestellten Erfahrungen hinausgehen.“

Es scheint mir, als wenn die Beobachtungen an todten thierischen Membranen nicht gut auf lebende Zellenschichten übertragbar sind; jedenfalls kommen wir mit dieser bisherigen Anschauung von der Funktion der Galle nicht zum Resultat.

Dass die Galle in exquisiter Weise die Fettresorption begünstigt, und ihr Ausschluss die letztere fast aufhebt, ist bekannt. In Anbetracht dessen, dass die von Dr. KREHL gefundenen Bilder durchaus gegen eine corpusculäre Resorption des Fettes im Darm sprechen, dass ferner die Totalspaltung des Neutralfettes bei der Verdauung durch die Zahlenangaben von MUNK wahrscheinlich gemacht worden ist, dass endlich die Galle Fettsäuren selbst bei stark saurer Reaction in beträchtlicher Menge löst, möchte ich mit KÜHNE diese letztere Eigenschaft als diejenige bezeichnen, welche jene exquisite Begünstigung der Fettresorption erklärlich macht und möchte ich hierin die wesentliche Funktion der Galle suchen, soweit dieselbe innerhalb des Darmes in Betracht kommt.

Wenn der Zufluss der Galle abgeschnitten wird, dann dürfte vielleicht die Resorption des Fettes, soweit sie überhaupt noch vorhanden ist, so vor sich gehen, dass nur bei alkalischem Darminhalt und mit Hilfe der Alkalien entsprechend der Menge derselben die Aufnahme in die Zellen erfolgt. Doch kann die Möglichkeit nicht in Abrede gestellt werden, dass ausser der Galle auch noch andere Secrete des Darmlumens ähnliche Lösungseigenschaften den Fettsäuren gegenüber haben, jedenfalls sind dieselben aber von geringer Bedeutung, wie die weitgehenden Störungen bei der Fettresorption durch das Abschneiden der Gallenzufuhr zeigen.

Inwieweit und wo die neuen Synthesen der resorbirten Fettsäuren stattfinden, darüber geben die mikroskopischen Bilder ebenfalls einigen Aufschluss. Nach den Wirkungen der Osmiumsäure zu schliessen, findet die erste Synthese schon im Darmepithel statt und nach nochmaliger Lösung des hier abgelagerten Fettes eine zweite in geringerer oder weiterer Entfernung hiervon.

Was die Untersuchungen von Dr. METZNER über die intermediäre Fettumsetzung betrifft, so konnten dieselben naturgemäss nicht so auf einen Punkt concentrirt werden, wie es bei der Epithelzelle des Darmes der Fall war. Dennoch vermochte derselbe ein Object besonders zu bevorzugen, welches sich durch die Prägnanz der Zellenbilder auszeichnete. Es waren dieses die von KÖLLIKER[1] schon vor 30 Jahren gesehenen grossen

[1] KÖLLIKER, Ueber die Resorption des Fettes im Darm, über das Vorkommen einer physiologischen Fettleber bei jüngeren Säugethieren und über

granulirten Fettbildungszellen des neugeborenen Kätzchens, die an sich schon ein ausgezeichnetes Object für die Beobachtung von Granulastructuren abgeben und deshalb auch die in ihnen sich vollziehende Fetthäufung in mancher Beziehung klar beobachten lassen.

Zunächst konnte DR. METZNER die makroskopischen Angaben von KÖLLIKER und TOLDT[1] über die Entstehung des Fettgewebes insofern bestätigen, als er fand, das bei neugeborenen Kätzchen und Hündchen erst nach der Geburt, beim Kaninchen und Meerschweinchen, ähnlich wie beim Menschen, schon vor der Geburt, aber auch hier erst lange nach der vollständigen Ausbildung der Bindegewebsplatte das Wachsthum des Fettgewebes von bestimmten Punkten des Gefässsystems aus mit in sich geschlossenen Gefässbezirken erfolgt. Die ersten Anlagen dafür finden sich schon früher, die eigentliche Ausbreitung im Organismus jedoch tritt erst dann ein, wenn die definitive Fettablagerung in den Bildungszellen anfängt und schreitet mit dieser Ablagerung schnell vorwärts.

Es ist jedenfalls eigenthümlich, dass diejenigen Zellen, welche vorzugsweise die Fette des Thierkörpers zu assimiliren haben, sich auch durch ihr morphologisches Verhalten von den Bindegewebszellen trennen und deshalb als eine besondere Gruppe der Bindesubstanzzellen aufgefasst werden können, trotzdem sie innerhalb des Bindegewebes sich ausbreiten und mit ihm mischen. Die Fettbildungszellen sind, sowohl was ihre mikroskopische Structur, wie auch was ihre makroskopische Entwicklung betrifft, von specifischem Charakter, und deshalb wohl von den Bindegewebszellen zu unterscheiden. TOLDT's Behauptung, dass das Fettgewebe der Wirbelthiere ein Organ eigener Art ist, und weder nach seiner Entwicklung, noch nach seinem histologischen Verhalten, noch nach seiner Function dem Bindegewebe zugerechnet werden darf, muss desshalb als zu Recht bestehend anerkannt werden; wenn FLEMMING die Fettzelle als einfache Bindegewebszelle auffasst, so ist dem zu widersprechen.

---

die Funktion der Milz. Würzburger Verhandluugen. 1856. Bd. VII. — Derselbe, Zur Entwickelung des Fettgewebes. Anatomischer Anzeiger. 1886.

[1] C. TOLDT, Beiträge zur Histologie und Physiologie des Fettgewebes. Wiener Sitzungsberichte. 1870. Bd. LXII.

Das Fettgewebe bietet ein interessantes und wichtiges Beispiel für jene von HIS gezeigte Sonderstellung der Bindesubstanzen in ihrer Entstehung und zwar zu einer so späten Zeit und in so prägnanter Form, dass gerade hier jene Sonderstellung aufs klarste hervortritt, da zur Zeit der Ausbreitung der Fettbildungszellen die Charaktere der einzelnen Gewebsarten bereits ausgebildet und streng abgegrenzt sind.

Wenn FLEMMING gegen TOLDT die Fettzelle als Bindegewebszelle bezeichnet, und TOLDT dieselbe als nicht Bindegewebszelle benennt, so ist dieser Widerspruch zwischen den beiden Autoren doch wohl mehr formaler Art, und KÖLLIKER nimmt hier eine Mittelstellung ein, indem er das Fettgewebe als eine besondere Art des Bindegewebes auffasst. (Zur Entwickelung u. s. w.)

Die innigen Beziehungen der Fettbildungszellen zu den Gefässen und ihr mikroskopisches Aussehen erinnern an das Verhalten der WALDEIER'schen Plasmazellen im erwachsenen Organismus.

In den mikroskopischen Bildern tritt auch in den Fettbildungszellen die Osmiumschwärzung zunächst in granulärer Form auf, welche ihre Analogie zu der Säurefuchsinfärbung der noch fettlosen Granula erkennen lässt (Fig. 2 Tafel XVI). Sobald die Fettumwandlung der Substanz des Granulums eine gewisse Höhe erreicht hat, findet ein Zusammenfluss der Fettkörnchen zu grösseren Kugeln statt, von denen bald eine durch ihre Grösse prädominiert. Besonders schön konnte Dr. METZNER dieses an den Fettbildungszellen des neugeborenen Hündchens beobachten, welches in der gleichen Periode wie das Kätzchen seine Fettzellen ausbildet.

Ausser den progressiven Stadien des Fettansatzes hat Dr. METZNER auch die regressiven Vorgänge des Fettschwundes durch Hunger studirt, ebenso die Wirkungen der Phosphorvergiftung und die Effecte fettfreier und fetthaltiger Nahrungsstoffe, und hierbei mancherlei Beobachtungen gemacht, die, wenn ihm Zeit genug übrig bleibt, dieselben zu sichten und zu vervollständigen, für die intermediäre Fettumsetzung manches Belehrende haben dürften. Immerhin ergaben die Erscheinungen an den KÖLLIKER-schen Fettbildungszellen zunächst die prägnantesten und darum auch wichtigsten Bilder, welche Dr. METZNER bis jetzt eruirt hat.

Jedenfalls hat derselbe bei diesen Beobachtungen nirgends einen Anhalt dafür gefunden, dass das Fett aus der Umgebung der Zelle in dieselbe corpusculär eintrete, denn niemals fanden sich in der Umgebung der Zellen ähnliche Elemente, wie in diesen selbst, und scheint daher das Fett auch bei der intermediären Umsetzung nur in gelöster Spaltungsform denselben zugeführt und in den Elementen des Protoplasmas durch Synthese in Neutralfett verwandelt zu werden.

Es wären noch manche andere Gebiete der intermediären Fettumsetzung, welche hätten in Betracht gezogen werden können, so die fettige Umwandlung der Muskelgranula und andere Fettdegenerationen; dieselben sind jedoch von Dr. Metzner nicht untersucht worden.

Dagegen hat auch er Gelegenheit gehabt, die allmähliche Zunahme der mit Fett sich beladenden Granula in Bezug auf ihre Osmiumschwärzung und Grösse zu beobachten, indem er ausgehungerte Tritonen mit Sahne fütterte und die Initialstadien der Fettbildung in den Leberzellen untersuchte. Auch er hat die an manchen Granulis bei der Fettassimilation auftretenden Ringelchen gesehen und waren dieselben ausser anderen Fällen besonders schön in der Leber des Hühnchens aus den letzten Bebrütungstagen. Er konnte hier eine von Tag zu Tag zunehmende Verbreiterung des Osmiumringes und Vergrösserung des ganzen Elementes beobachten und vermochte, ebenso wie Dr. Krehl an den Darmepithelien, hier Residua von sich specifisch färbender Granulasubstanz nachzuweisen.

Wie Dr. Krehl, so konnte also auch Dr. Metzner die directe Abhängigkeit der primären Fettassimilation von der Substanz der Granula in mehrfacher Art demonstriren. Der Nachweis dagegen, wie die etwa in den Zellen entstehenden grösseren Fettkugeln wachsen und weiter an Grösse zunehmen, konnte weder von dem Einen noch von dem Andern mit wünschenswerther Präcision beigebracht werden; beide haben sie in ihren Objecten oft neben den etwa vorhandenen grösseren Fettkugeln auch kleinere und granuläre Formen gefunden, wie dieses auch schon von Anderen früher gesehen worden ist, ob aber jene kleinen Formen durch ihr Hinzutreten zu den grösseren das Wachsthum der letzteren allein bedingen, oder ob dieses Wachsthum von sonstigen Momenten abhängt, darüber fehlt es an thatsächlichen Beobachtungen.

Die Secretion des Fettes, welche zu untersuchen mir vorbehalten blieb, hat ebenfalls manches Interessante ergeben. Vor allem waren hier die grossen Talgdrüsenconglomerate, welche man in der Inguinalfalte des Kaninchens, am After des Meerschweinchens und anderswo findet, sehr lehrreich. Wenn man diese in zweckmässiger Weise mit Osmium fixirt, so ergiebt nach der Einbettung in Paraffin jeder Schnitt die Zellen dicht gedrängt voll von jenen Ringelchen, welche ich in der Esculentenleber, Dr. KREHL bei gewissen Stadien der Fettresorption einzelner Säugethiere und Dr. METZNER in der Leber des Hühnchenfoetus gesehen hat, und zwar finden sich in jedem Schnitt alle Stadien dieses eigenen Assimilationsbildes vor. Die schönsten Bilder liefern jene beiden genannten Drüsen (Fig. 1 u. 2, Tafel XV und Fig. 1 Tafel XVII). Man sieht hier in jedem Gesichtsfelde in überreicher Zahl die Ringelchen von den feinsten zartesten Anfängen bis zu den gröberen scharf contourirten Gebilden, so dass meist in jeder Zelle ein bestimmtes Stadium durch seine Zahl vorherrscht. Man kann sich kaum ein Bild schöner und vollendeter denken, wie es hier ohne grosse Mühe und Kunst einfach durch Osmium erreicht werden kann; man braucht nur von einem Kaninchen[1] oder Meerschweinchen die betreffende Drüse zu entnehmen, um sicher zu sein, in jedem Schnitte alles bei einander zu finden. Neben den, am meisten vertretenen, mit Ringelchen gefüllten Zellen kommen auch solche mit schwarzen Vollkörnern gefüllt vor, die ebenfalls eine Zunahme der Grösse und der Osmiumschwärzung zeigen.

In Bezug auf die Fettumsetzung in den Fettdrüsen müssen wir hervorheben, dass die Aufnahme des Fettes in den Zellen hier augenscheinlich ebenfalls in einer gelösten Spaltungsform erfolgt, da auch hier sich niemals in der Umgebung der Zellen ähnliche corpusculäre Elemente vorfinden, wie in denselben. Bei der Resorptionsthätigkeit der Epithelzellen des Darmes war es wahrscheinlich, dass hier die wesentlichen Spaltungsprodukte für die Synthese die Fettsäuren selbst sind, denn man hat Fettbilder im Darmepithel durch Fütterung nur erhalten, wenn man Fette, Fettsäuren oder deren Salze gegeben hat. Bei dem

---

[1] Junge aber gross gewachsene Thiere sind am günstigsten.

intermediären Fettumsatz, wie auch bei der Fettsecretion ist ein solcher Zusammenhang bis jetzt nur bei dem neugeborenen Kätzchen gesehen worden, indem, wie schon KÖLLIKER hervorhebt, hier mit vorschreitender Milchzuführung die Fettbildung des Bindegewebes zunimmt, und Dr. METZNER konnte dieses nicht nur bestätigen, sondern auch bei Fütterung des Kätzchens mit fettfreier Nahrung constatiren, dass hierbei ein Fehlen des Fettansatzes erfolgt. Bei Kaninchen, Meerschweinchen und dem Menschen ist ein solcher directer Zusammenhang nicht nachweisbar, da hier das Fettgewebe schon vor der Geburt ausgebildet wird.

Im Uebrigen wissen wir seit LIEBIG, dass ausser den dem Organismus direct zugeführten Fetten vorzugsweise die Kohlenhydrate die Hauptquelle der thierischen Fettbildung sind. Welche Componenten hier der Synthese in den Zellen vorausgehen, ist uns ebenso wenig bekannt, wie der Modus, unter welchem die Spaltungen erfolgen, welche augenscheinlich dem Export des Fettes aus der Zelle vorangehen.

Wichtig erscheint hierbei die Thatsache, welche FRANZ HOFFMANN[1] durch seine Titrirungen der Fettsäuren gefunden hat, dass dieselben ein steter Begleiter der natürlichen Fette sind. Er fand in frischem Bindegewebsfett bis gegen 2 Procent, in Leberfetten bis über 10 Procent, in einem Fettsecret, dem Wachs, über 50 Procent freier Fettsäuren vor. Nimmt man noch hinzu, dass neben den freien Fettsäuren vielleicht noch solche beigemengt sind, welche, ohne neutrales Glycerid zu sein, dennoch neutralisirt sind, wie Seifen, Lecythin, DRECHSEL's Jecorin u. s. w., und welche bei jenen Titrirungen nicht mitbestimmt sind, so zeigen uns jene Zahlen, dass die natürlichen Fette dem Organismus gegenüber keineswegs so stabile Substanzen sein dürften, wie man es wegen ihrer Unlöslichkeit im Wasser anzunehmen geneigt sein könnte.

Die Titrirungen HOFMANN's waren mir auch deshalb von wesentlichem Interesse, weil ich im Anschluss daran ähnliche Unterschiede auch an den mikroskopischen Bildern feststellen konnte. Wenn man nämlich kleinste Organstückchen verschie-

[1] FRANZ HOFMANN, Ueber die Reaktion der Fette und die quantitative Bestimmung von Fettsäuren in Fetten. Festschrift für CARL LUDWIG. 1875.

denen Ursprungs auf gleiche und erprobte Art mit Osmium fixirt, so zeigen dieselben schon in toto und noch mehr in den Schnitten eine grosse Verschiedenheit zunächst in Bezug auf die Intensität der Osmiumschwärzungen, dann insbesondere auch in Bezug auf den Widerstand, den die mit Osmium geschwärzten Fetttheile gegenüber verschiedenen Extractionsmitteln leisten. So zeigt sich das Bindegewebsfett des Erwachsenen vor allen anderen Fetten am widerstandsfähigsten; die Leberfette sind es, wie ich dieses seiner Zeit besonders an der Froschleber constatiren konnte, beträchtlich weniger, und bei manchen Fettdrüsen ist es oft unmöglich, die Osmiumschwärzung bis zur Durchtränkung mit Paraffin zu conserviren, so wünschenswerth dieses auch für die Beobachtung der Schnitte wäre. Man vermag schon aus der Differenz dieses Widerstandes einigermassen deutlich zu erkennen, welchen Grad von Reinheit dem etwa vorhandenen Neutralfett in einem Object zukommt, und es lässt sich hoffen, dass durch methodische Ausnutzung dieses Gesichtspunktes die Mikrochemie des Fettes um einiges wird erweitert werden können (vergl. das nächste Capitel).

Es darf jedenfalls nicht vergessen werden, dass ausser der Beimischung von Fettsäuren und deren Derivaten noch andere Substanzen dabei sein können und oft sicher sind. Wenn die Granula anfangs nur so geringe Fettmengen in sich häufen, dass sie auf Grund intensiver Osmiumwirkung nur grau erscheinen, so ist der Grund hiervon augenscheinlich die Verdünnung des spärlichen Fettes mit der noch überwiegenden Substanz des Granulums selbst. Daher finden sich hier auch nach Extraction des Fettes keine Lücken in der Zellsubstanz vor, wie es der Fall ist, wenn die Umwandlung des Granulums sehr weit vorgeschritten ist. Wenn daher HEIDENHAIN[1] in den subglandulären Leukocyten des Hundedarmes Osmiumschwärzung der Zellkörnchen findet, die er zugleich auch roth färben kann, und daraus schliesst, dass diese Körperchen sicher kein Fett sind, so darf man hier wohl nur schliessen, dass diese Körnchen nicht aus r e i n e m Fett bestehen.[2] Wie bei der Resorption des Fettes

[1] A. a. O. S. 86.

[2] Solche Osmiumschwärzungen echter Granula hat man übrigens schon früher an Fermentkörnern u. s. w. gesehen; man hat daher schon früher die

durch das Darmepithel, so scheint HEIDENHAIN auch hier nur das Vorhandensein corpusculären reinen Fettes im Auge zu haben, während Lösungen, Spaltungen und Mischungen dieser Substanz von ihm nicht in Betracht gezogen werden.

Ueberblickt man die Resultate unserer morphologischen Untersuchungen des Fettumsatzes im Körper, so haben wir die primären Stadien desselben innerhalb der Zellen, wo eine präg-nante Beobachtung möglich war, immer sich an der Substanz der Granula abspielen sehen. Zunächst konnten wir überall ein corpusculäres Eintreten des Fettes in die Zellen ausschliessen, da solche corpusculären Fettelemente ausserhalb und neben den Zellen nicht zu finden waren. Wir mussten deshalb annehmen, dass das Fett überall in gelöster Spaltungsform in die Zellen hineintritt.

In Bezug auf die Assimilation des Fettes durch die Granula haben wir vielfach mit Hilfe der Osmiumschwärzung nachweisen können, dass das Granulum sich allmählich in seiner Substanz mit Fett beladet, und zwar entweder indem hier seine gesammte Masse gleichmässig in Mitleidenschaft gezogen wird, oder indem nur die periphere Partie des Kügelchens sich hieran betheiligt. Im ersten Falle sehen wir an vielen Orten die allmählichen Uebergänge des farblosen Granulums zum grau bis schwarz gefärbten Körnchen, welche Farbenveränderung zugleich mit einem Anwachsen der Grösse desselben einherzugehen pflegt, im zweiten Falle beginnt der Process als zart gefärbtes, lineares optisches Ringelchen, um allmählich in grob contourirte breitere und dunkel geschwärzte vergrösserte Ringe überzugehen. Dass diese Ringe zur Substanz der Granula selbst gehören, also in-tragranulär sind, lässt sich aus ihrer meist strengen Abgrenzung gegen die Umgebung und aus ihrer innigen Verbindung mit dem Granulum selbst folgern. Eine erwünschte Ergänzung des Urtheils über die Natur dieser Elemente wurde uns dadurch zu Theil, dass sich in mehrfachen Fällen in denselben Residua von sich specifisch färbender Granularsubstanz nachweisen liessen;

Osmiumsäure keineswegs als ein absolut sicheres Mittel für den Fettnachweis gehalten, wenngleich auch hier kein Beweis erbracht worden ist, dass nicht dennoch die Beimengungen von Fett oder dessen Derivaten jene Schwärzung hervorrufen.

dieses hat Dr. KREHL an dem Darmepithel der Ratte $1^1/_4$ Stunde nach der Fettfütterung, Dr. METZNER besonders schön in den Leberzellen des 16 tägigen Hühnchenfoetus, ich selbst an der Esculentenleber gesehen. Die Ringformen vermögen besonders bei weiterem Wachsthum durch allmähliche Schwärzung ihres Centrums in schwarze Vollkörner oder Vollkugeln überzugehen.

Des Weiteren konnten wir beobachten, dass die in der Zelle auftretenden granulären Fettformen oft die Neigung haben zu confluiren und so grössere Elemente zu bilden. Es gilt dieses sowohl für die Vollkörner, wie für die Ringkörner. Man findet wenigstens häufig in dem gleichen Object bei der Untersuchung aufeinander folgender Stadien zuerst viele kleine Formen, dann weniger grössere Elemente und manchmal zuletzt nur einzelne und vereinzelte grosse Kugeln in den Zellen vor. Dieses Confluiren lässt sich zuweilen auch an den Bildern direct verfolgen, so z. B., wie schon erwähnt, sehr schön in der Leber des neugeborenen Hündchens in den ersten Tagen nach der Geburt. Dieses Confluiren mag durch die Fettaufnahme und durch eine stärkere, auch sonstige Verflüssigung in der Granularsubstanz bedingt und daher rein mechanisch sein; die vitale Individualität des grösseren Elementes scheint jedoch, wenn auch in irreparabler Abschwächung, erhalten zu bleiben, denn bei den Ringkörnern stellt sich auch hier die Ringform wieder her und sowohl diese, wie auch die entstandenen Vollkugeln haben noch die Fähigkeit, zu wachsen, und zwar, wie es scheint, aus inneren Kräften heraus. Neben diesem Wachsthum der Fettkugeln durch Intussusception besteht wohl auch ein solches durch Apposition neu hinzutretender verfetteter Granula, aber, wenn meine Erfahrungen mich nicht täuschen, in geringerem Umfange, als man auf den ersten Blick anzunehmen geneigt sein könnte.

Dieses weitere Wachsthum macht, wie schon oben erwähnt, mancherlei Schwierigkeiten. So finden wir in den echten Fettzellen, in den Leberzellen der Warmblüter, in den Darmepithelien bei der Fettverdauung oft, nachdem ein granuläres Stadium der Fettansammlung vorausgegangen ist, später grössere Fettelemente vor und neben ihnen im intacten Protoplasma kleinere und granuläre Formen des Fettes; wir wissen vielleicht, dass das Endresultat eine einzige grosse Fettkugel sein wird, wir müssen also schliessen, dass jene kleineren Elemente hinzugetreten sind und die Vergrösserung bewirkt haben.

In anderen Fällen ist dieses nicht so. In den Zellen der verschiedenen Milchdrüsen finden wir oft nur ein mit Fett beladenes Granulum vor, welches an Grösse zunimmt, ohne dass das Hinzutreten anderer kleinerer Fettformen angenommen werden könnte; hier müssen wir also annehmen, dass das Wachsthum durch die bleibende assimilatorische Thätigkeit des einzelnen Elementes bedingt ist, die nicht aufgehoben wird, trotzdem augenscheinlich die Menge des Fettes in demselben diejenige der vitalen Substanz überwiegt. Man sieht hierbei die intacten specifisch gefärbten Granula sich um das Fettelement herumdrängen und dasselbe wie in eine dichte Granulahülle einschliessen (vergl. Fig. 2 Tafel XVII). Vielleicht tritt, wenn das Milchkügelchen schon fertig in der Kuppe der Zelle liegt, mehr nach der Basis derselben hin noch ein zweites oder drittes Fettkorn auf, das aber augenscheinlich nur dazu bestimmt ist, an Stelle des abgestossenen Milchkügelchens nach der Kuppe der Zelle zu gelangen. Wirkliche multipel granuläre Formen des Fettes gehören in den Milchzellen zu den Ausnahmen und finden sich bei einzelnen Thiergattungen gelegentlich in früherer Zeit vor der Lactation; während derselben habe ich sie nicht angetroffen. Wenn, wie bei der Milchdrüse der Maus, die Fettelemente die Grösse von ansehnlichen Kugeln innerhalb der Zellen zu erreichen vermögen, so werden diese Erscheinungen noch prägnanter.

Aber auch in jenen vorher genannten Organen (Fettgewebe, Leber, Darmepithel) ist das Hinzutreten kleinerer Fettelemente zu den grösseren Kugeln wie gesagt keineswegs der einzige Modus des Wachsthums derselben. Man kann oft genug ein solches Wachsthum ohne Betheiligung kleinerer Nebenformen constatiren. Wir müssen also auch hier annehmen, dass die Fettkugeln noch in sich synthetische Fähigkeiten haben, selbst wenn sie bereits optisch wie homogenes Fett aussehen, d. h. wir werden trotz dieses homogenen glänzenden Aussehens noch vitale Granulasubstanz darin als Beimischung zu vermuthen haben; zum wenigsten dürfte dieses für die jüngeren noch wachsenden Fettkugeln der echten Fettzellen, für die Leberzellen und Darmepithelien jedoch wohl in weiterm Umfange Geltung haben; ja auch der fertigen echten Fettzelle gegenüber können wir diese Möglichkeit nicht ganz in Abrede stellen. Ohne dieses Zurückbleiben vitaler Fähigkeiten in den grösseren ja auch grossen Fettkugeln wäre nicht nur das Wachsthum, sondern auch manche Erscheinung des regressiven Fettschwundes schwer erklärlich.

Das ist vielleicht auf den ersten Blick schwer zuzugeben, aber man kommt doch durch anderweitige Erfahrungen und Erwägungen dahin, es nicht für unmöglich zu halten. Zunächst mag hier wiederum an jene schon besprochenen Titrirungen HOFMANN's erinnert werden, der in dem Fette verschiedener Organe verschiedenen Gehalt an freien Fettsäuren nachgewiesen hat, ohne dadurch die Gegenwart anderer Körper, wie Lecithin, Jecorin, Seifen u. s. w. auszuschliessen, deren eigenthümliche Löslichkeitsverhältnisse die Gegenwart fast jeder beliebigen Substanz in den Fettkugeln als möglich anzunehmen gestatten. In den fertig gebildeten Fettzellen der Bindesubstanzen allerdings werden wir nicht viel von solchen Beimengungen zu erwarten haben, wie dieses auch HOFMANN wahrscheinlich gemacht hat. Es beweist das nur, dass der Process der Fettassimilation eine abschliessende Grenze hat, die in der fertigen Fettzelle der Bindesubstanz erreicht sein mag. Wie es aber in den Vorstufen dieser selben Fettbildung und in anderen Organen des Körpers, wie Leber, Darmepithel etc., welche Fett zu assimiliren vermögen, aussieht, darüber haben wir noch keine Vorstellung; dass hier vitale Substanzen den scheinbar homogenen Fettelementen beigemischt sein können und auch wirklich beigemischt sind, erscheint aus mancherlei Gründen wahrscheinlich. Der von HOFMANN hier nachgewiesene geringere Procentsatz an Neutralfett, die morphologisch zu beobachtende, nach der Osmiumbehandlung vorhandene geringere Widerstandsfähigkeit gegen Extractionsmittel machen die Fettelemente dieser Organe von vorn herein verdächtig; auch fehlt es in den Fettdrüsen und deren Verwandten nicht an Uebergängen, die uns bis zur reinen Wasserlöslichkeit der analogen Gebilde führen und dürfte, wie schon erwähnt, diese geringe Widerstandsfähigkeit vielleicht nicht auf der Gegenwart der Fettsäuren, sondern auf der Beimengung anderer, zum Theil vitaler Substanzen beruhen.

Diese Erwägungen gewinnen einen kräftigen Rückhalt, wenn man jene merkwürdigen morphologischen und chemischen Umsetzungen in Betracht zieht, welche innerhalb der Reihe der meroblastischen Eizellen stattfinden. Hier wächst das ehemalige Granulum scheinbar fern von jedem noch intacten Protoplasma zuweilen bis zu Riesengrösse heran und bethätigt durch weiteres Wachsthum seine synthetische Energie noch, wenn längst die Hauptmasse seines Inhalts aus indifferenten, nicht vitalen synthetischen Producten wie Fett und anderen Substanzen besteht. Dass mit dieser Anhäufung synthetischer Producte eine Abschwächung der Vitalität stattfindet, wird für den fertigen Nahrungsdotter mit Recht angenommen; ob diese Abschwächung aber bis zum völligen Aufhören der Vitalität führen muss, ist zweifelhaft, besonders für diejenigen Fälle, wo, wie im Ei des Huhnes, Frosches, Haifisches etc. die morphologische Existenz der Dotterelemente gewahrt bleibt. An dem excessiven Wachsthum jener morphologisch erhaltenen Dotterelemente wenigstens tritt es klar und deutlich hervor, dass die synthetische Energie noch bei weitgehender Verdünnung der vitalen Substanz durch indifferente Körper erhalten bleiben kann.

Doch kehren wir zu unsern morphologischen Bildern zurück, so haben wir den Fettumsatz in den Zellen an den Granulis entweder in Form von Vollkörnern oder von Ringkörnern beobachtet. Das Auftreten dieser Fettkörner in den Zellen ist entweder solitär oder multipel mit allen Uebergängen zwischen den Extremen. Die multipel granuläre Form bleibt entweder permanent, wie dies z. B. in der Esculentenleber, ebenso wie an vielen Fettdrüsen etc. der Fall ist, oder es zeigt sich eine mehr oder weniger weitgehende Neigung zur Bildung einheitlicher Kugeln; die Fettzellen der Bindesubstanz, die Leber der Warmblüter, die Darmepithelien geben eine absteigende Stufenfolge für diese Neigung, und finden sich in den Fettdrüsen und ihren Verwandten noch weitere Uebergänge bis zu dem permanent granulären Verhalten der Fettformen vor.

Wir haben bei diesen Untersuchungen vorzugsweise diejenigen Orte berücksichtigt, wo durch das Kommen und Gehen des Fettes ein steter Wechsel des Processes zu vermuthen war. Es giebt jedoch auch solche Zellengattungen, in denen scheinbar ein stabiles Verhalten der Fettgranula stattfindet, wenn es erlaubt ist, aus der Schwärzung mit Osmium auf die Fettnatur derselben zu schliessen. So sehen wir in Fig. 1 Taf. XVI einen Durchschnitt durch die Rinde der Nebenniere vom Hund, in welchem eine Variabilität des Processes nicht nachweisbar ist.

Welche Arten des Fettes durch das Osmium geschwärzt werden, darüber soll im nächsten Capitel gehandelt werden; ob ausser Fettsubstanz noch andere Substanzen in den Geweben die Ueberosmiumsäure mit ähnlicher Energie reduciren, darüber ist bis jetzt noch nichts bekannt.

VI

Die Secretionserscheinungen in den Zellen.

Die Thätigkeiten der Drüsen sind seit Alters her gern ein Gegenstand der Beobachtungen und des Experimentes gewesen. Es sind eben lebhafte Vorgänge, um die es sich hier handelt; das Secret in seiner Menge und seiner Beschaffenheit ist ein greifbares Factum, an welches sich vielerlei Variationen anschliessen lassen; auf der anderen Seite bieten der Einfluss des Blutstroms und der der Nervenerregung willkommene Anhaltspunkte für die forschende Untersuchung; dazwischen liegt dann die Drüse selbst mit ihren specifisch thätigen Theilen.

Mit Recht weist Heidenhain auf die Wichtigkeit der Definitionen hin, welche schon Johannes Müller [1] für die Drüsen und ihre Thätigkeit noch vor dem Erstehen der Zellenlehre gegeben hat, indem derselbe sagte, die Drüsen stellen in ihrem Innern eine im kleinsten Raume construirte grosse Oberfläche dar; die diese bekleidende lebende Substanz ist es, welche die Secretion einleitet, nicht vor oder hinter ihr liegende Nebenumstände; die Secretion selbst ist unabhängig von der Construction der Oberfläche, denn auch ebene und nach aussen gestülpte Flächen können secerniren.

Mit der Eintheilung der lebenden Substanz in Zellen, wie sie von Schleiden und Schwann bald darauf aufgebracht wurde, waren dann neue Angriffspunkte für die weitere Erforschung der Secretionsprocesse gegeben, denn die Fortschritte des biologischen Wissens sind nothwendigerweise mit den Fortschritten der morphologischen Grundlagen verknüpft. Es entstanden in

---

[1] De glandularum secernentium structura peritiori earumque prima formatione in homine et animalibus. Lipsiae 1830.

HEIDENHAIN's Laboratorium eine Reihe von Untersuchungen, welche insbesondere die Frage lösen sollten, in welcher sichtbaren Weise die Zellen der Drüsen ihren secretorischen Aufgaben gerecht werden, und wir müssen es als eine wichtige Epoche in der Lehre von den Secretionserscheinungen bezeichnen, dass hier eine Anzahl wirklicher Beobachtungen stattgefunden hat, welche den Beweis für eine Thätigkeit der Zellen während der Secretion beibrachten.

Diese Beobachtungen erstreckten sich einestheils auf die Gesammtform und das Gesammtvolumen der Zellen, dann auf die Veränderungen der in denselben vorhandenen und unterscheidbaren Regionen, endlich auch, soweit dieses mit den damaligen technischen Hilfsmitteln möglich war, auf die Details des Zelleninhaltes selbst. Die Veränderungen der Gesammtform und der Regionen der Drüsenzellen wurden, da sie der damaligen Beobachtung zugänglich waren, in sicherer Weise constatirt, die Details des Zelleninhaltes aber liessen damals nur spärliche Beobachtungen zu, und HEIDENHAIN selbst sagt, dass, wenn so die Neuzeit wohl einige Grundlagen für eine dereinstige Theorie der Absonderungsprocesse geschaffen habe, es doch bisher an keiner einzigen Stelle möglich gewesen sei, auf jenen Fundamenten ein festes Gebäude zu errichten.[1]

Für uns musste sich die Frage von den Secretionserscheinungen naturgemäss dahin richten, inwieweit dieselben sich von den Granulis der Zelle abhängig zeigten. Unserer Theorie nach ist alle lebende Substanz aus den Granulis zusammengesetzt, folglich sind auch alle Leistungen der lebenden Substanz auf jene zurückzuführen; es fragte sich nur, wie weit diese Abhängigkeit sich durch direkte Beobachtungen bethätigen liess.

Die lebenden Vorgänge sind jedenfalls vielfach so subtiler Art, dass sie sichtbare Veränderungen der Substrate, an welchen sie sich abspielen, nicht hervorbringen. Denken wir z. B. an den Stoffwechsel des Sauerstoffs, an welchem wohl eine jede Zellengattung theilnehmen dürfte, so werden es kaum augenfällige Erscheinungen sein, welche im Zellenkörper bei seiner

---

[1] R. HEIDENHAIN, Physiologie der Absonderungsvorgänge. HERRMANN's Handbuch der Physiologie. 1880. Bd. V, Seite 13.

Athmung auftreten dürften. Indirekt hat man allerdings die Wirkungen des Sauerstoffs resp. seiner Entziehung schon mehrfach beobachtet. So theilt KÜHNE mit, dass die Bewegungen des Protoplasmas nach Entziehung des Sauerstoffes aufhören und erst auf Zuleitung desselben wieder in Gang kommen; er

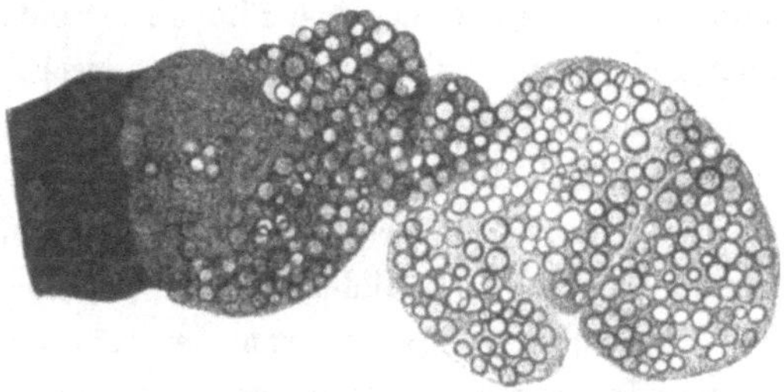

Fig. 6.

kommt hierbei zu dem Schluss, dass „die Berührung mit dem Sauerstoff der Luft das gewöhnlich wirkende Erregungsmittel zu sein scheint, dem das erregbare Protoplasma vielleicht überhaupt den Antrieb zu seinen Bewegungen verdankt.“[1]

Dann haben wir durch die von EHRLICH[2] ausgeführten Farbstoffinfusionen gelernt, dass die durch das Protoplasma zu Leukoproducten reducirten Farbstoffe einfach durch das freie Hinzutreten der Luft wieder oxydirt und gefärbt werden. Aber am Protoplasma selbst sind Veränderungen und Vorgänge bei dem Stoffwechsel des Sauerstoffes direkt noch nicht beobachtet worden.

Günstiger für die Beobachtung sind diejenigen Fälle, in denen durch mikrochemischen Nachweis oder durch anderweitige sichtbare Veränderungen das Granulum seine Thätigkeiten wirklich kund giebt. Bei den Fettumsetzungen in den Zellen konnten wir diese Veränderungen mit Hilfe des Osmiums constatiren; wir werden bei den Secretionen noch andere Fälle kennen lernen, in denen durch morphologische Beobachtung das Granulum als der Ort des Stoffwechsels erkannt werden kann.

Die klarsten Vorstellungen für den Vorgang der Sekretion erhält man an den Fettdrüsen. Nehmen wir zunächst einen sehr einfachen Fall, die Präputial- oder Clitorisdrüse der Maus.

[1] l. c. S. 105.

[2] P. EHRLICH, Das Sauerstoffbedürfniss etc. Berlin 1885.

Nachdem die Bauchhaut vorsichtig entfernt ist, erblickt man oberhalb der Symphyse, nach beiden Seiten divergirend, zwei ovale Drüsenkörper, welche aus einem centralen sackartigen Hohlraum mit kleineren Nebenräumen bestehen, in welche ringsum eine grosse Zahl von kürzeren Drüsenschläuchen münden. Die umstehende Figur 6 giebt uns das Bild eines solchen Drüsenschlauches nach Behandlung mit dem Osmiumgemisch, in Paraffin geschnitten, und in Paraffinum liquidum eingelegt wieder. Das bläschenförmige Endstück des Schlauches ist dicht gefüllt mit kugeligen Körnern, deren Peripherie von einem mehr oder weniger starken Fett-Osmiummantel gebildet wird. Kerne und Zellgrenzen sind nicht sichtbar, da sie von den körnigen Gebilden verdeckt werden. Im mittleren Theil des Schlauches sehen wir die geordneten Ringkörner mehr und mehr sich verschmieren, um im Endstück selbst eine schwarze Masse, das Secret selbst, zu bilden; dasselbe schwarzgefärbte Secret finden wir dann in den grossen und kleinen Sekreträumen der Drüse vor.

Die verschiedenen Drüsenschläuche bieten beim Vergleich unter einander ganz verschiedene Bilder insofern, als die Granula grösser oder kleiner erscheinen, und die ringförmigen Bilder durch Vollkörner von verschiedenster Grösse und verschiedenster Intensität der Schwärzung ersetzt werden können. Auch die Grösse der Gesammtschläuche ist verschieden, indem hierbei dieselbe mit der Grösse der einzelnen Granula zu- oder abnimmt. Die Secretion selbst ist hier kaum anders aufzufassen, als dass die Zellengranula, nachdem sie durch ihr Wachsthum sich vergrössert haben und durch ihre assimilatorische Thätigkeit sich mit Fetten und eventuell anderen Stoffen beladen haben, selbst das Secret bilden, indem die Bestandtheile der Zellen continuirlich vorgeschoben werden. In einiger Entfernung vermischen sich dann die Granula untereinander, um das schmierige Fettsecret zu geben. Irgend welche Abgrenzungen der Secreträume und der Drüsenzellen sind nicht vorhanden. Wir werden uns also die basalen Theile der Drüsenzellen als stabil vorzustellen haben, während die inneren Theile durch stetige Erneuerung der Elemente in einem wenn auch langsamen Strömen sich befinden. Erschöpfung und Erneuerung dieser Drüsenthätigkeit führt dann dazu, das verschiedene Aussehen in den verschiedenen

Drüsenschläuchen zu erzeugen. Ob hierbei auch totale Ausstossung von Zellen und eine entsprechende Erneuerung derselben durch Theilung vorkommt, habe ich noch nicht untersucht, das wird sich aber mit Hilfe der gewöhnlichen Kernfärbungen leicht constatiren lassen.

Bei Weitem eindringlicher noch werden die Bilder, wie man sie in den Fettdrüsenconglomeraten des Meerschweinchens und des Kaninchens findet. Beim Meerschweinchen liegt zu beiden Seiten der Afteröffnung unter der Haut je ein compactes Drüsenkörperchen. Fig. 1 der Tafel XVII zeigt uns einen Theil des Durchschnittes der Drüse bei schwächerer Vergrösserung, in Paraffin geschnitten und in Paraffinum liquidum eingelegt. Man erkennt einen läppchenförmigen Bau des Ganzen; im Bilde sind zwei grössere Ausführungsgänge sichtbar, von denen der grössere besonders das schmierige Fettsecret zeigt, welches durch das Schneiden zerbröckelt ist. Von diesen grösseren Ausführungsgängen sieht man eine Art radiäre Formation nach der Peripherie des Drüsenkörpers ausstrahlen. Wie dagegen ein solcher grösserer Ausführungsgang nach der Peripherie hin zu den Läppchen communicirt, ist nicht sichtbar, obwohl eine solche Communication bestehen muss.

Bei stärkerer Vergrösserung, wie sie bei Fig. 1 Tafel XV zur Darstellung eines einzelnen Drüsenläppchens angewendet ist, erkennt man eine eigenthümliche Selbstständigkeit der einzelnen Zellen in ihrer Abgrenzung zu einander; um die Kerne herum drängen sich die Ringkörner oder Vollkörner in den verschiedensten Grössen und Färbungen. Ein Zweifel daran, dass wir es hier mit den verschiedenen Stadien der Fettsecretion zu thun haben, kann nicht wohl aufkommen, und wir werden wohl anzunehmen haben, dass alle diese Zellen ihre Communicationen nach den grösseren Ausführungsgängen hin haben.

Als Ergänzung dieses vom Meerschweinchen gewonnenen Bildes soll Fig. 2 Tafel XV dienen. Das Bild ist von einem Talgdrüsenconglomerat entnommen, welches sich in der Inguinalfalte des Kaninchens findet. Man sieht hier bei diesem Thiere das weissliche Drüsenkörperchen schon durch die Haut schimmern, wenn man die hinteren Extremitäten auseinander zieht; der Ausführungsgang kennzeichnet sich gewöhnlich auf der äusseren Hautfläche als schwärzlicher Punkt. Nach der Behandlung mit dem Osmiumgemisch, nach dem Schneiden in Paraffin und dem Einlegen in Paraffinum liquidum ergeben sich Bilder, wie das der Fig. 2 Tafel XV, in dem ebenfalls alle Uebergänge der das Fett assimilirenden Granula nebeneinander zu finden sind.[1]

Die Bilder dieser Fettdrüsen haben den grossen Vorzug, dass wir bei ihnen ausser einer zweckmässigen Behandlung mit Osmium keiner weiteren künstlichen Färbungen bedürfen. Durch die Bildung des im Bilde als Ring erscheinenden Fettmantels ist der morphologische Charakter der Granula völlig scharf skizzirt und die Osmiumschwärze selbst giebt uns zwar noch keinen präcisen Aufschluss über die chemische Zusammensetzung, aber doch genügenden Anhalt, um die Gegenwart von Fettsäurederivaten annehmen zu können.

Aehnliche Bilder, wie die der geschilderten Fettdrüsen, finden sich auch in den MEIBOM'schen Drüsen und in den gewöhnlichen Talgdrüsen der Haut vor. Doch sind die Erscheinungen hier bei Weitem nicht so prägnant, wie in jenen Fällen.

Die Fettdrüsen zeigen jedenfalls in deutlichster Weise, dass bei ihrer Secretion granuläre Bestandtheile der Zellen in das Secret übergehen, nachdem sich dieselben in einen hierzu geeigneten Zustand gebracht haben. Ein solcher Secretionsvorgang ist klar und leicht in seiner Deutung, besonders wenn die morphologischen Erscheinungen so prägnant sind, wie hier.

Ich suchte deshalb noch mehr Drüsen zu finden, welche ähnliche Vorzüge darbieten sollten. Es giebt besonders bei den verschiedenen Säugethieren ausser den echten Talgdrüsen und den grösseren Conglomeraten derselben noch Drüsengattungen, die ein mehr oder weniger fettarmes und dafür mehr oder weniger wasserreiches Secret liefern und doch in einiger Verwandtschaft zu den echten Fettdrüsen stehen. Hierher gehören die Präputialdrüsen, die mannigfachen Stinkdrüsen vieler Thiere, die Bürzeldrüsen der Vögel, die HARDER'sche Drüse durch die ganze Reihe

---

[1] Ausser der kleineren, weisslicheren Fettdrüse findet man in der Inguinalfalte des Kaninchens eine zweite grössere, braun aussehende Drüse vor, welche einen echt tubulösen Bau zeigt und in den Secreträumen frei angehäufte Zellen enthält, die durchgewanderte Leukocyten sein mögen. Ich werde über diesen auffallenden Befund an anderm Orte Näheres berichten.

der Wirbelthiere hindurch, manche Brunstdrüsen, Klauendrüsen und andere mehr.

Wir können hier aus dem überreichen Material, welches diese Drüsen darbieten, nur einzelne prägnante Beispiele hervorheben, um zu zeigen, dass es auch hier bei der Secrection sich um die Umwandlung der Zellengranula zum Secret handelt. Das Eigenthümliche an diesen Drüsen ist noch insbesondere der Umstand, dass fast jede Thiergattung ihre eigenen Variationen zeigt, so dass vieles Belehrende daraus zu entnehmen ist.

Besonders ergiebig zeigt sich die HARDER'sche Drüse bei den verschiedenen Thierklassen, deren gröbere Secretionsverhältnisse schon WENDT geschildert hat.[1] Beim Kaninchen zeigt dieselbe zwei Abtheilungen, eine grössere röthlich gefärbte und eine kleinere von weisser Farbe. In der letzteren sind die Drüsenräume ziemlich gross; die Wand derselben wird aus einer einschichtigen Lage von Zellen gebildet, welche selbst je nach dem Zustande ihrer Thätigkeit mehr oder weniger hoch erscheinen. In Fig. 4a und b Tafel XVIII haben wir zwei derartige Zellenbelege zweier nebeneinander gelegener Tubuli vor uns. In Fig. 4a erscheinen die Zellen relativ niedrig und ziemlich gradlinig gegen den Drüsenraum abgegrenzt. Anders ist dieses in Fig 4b. Hier ist jede Zelle senkrecht zur basalen Fläche beträchtlich verlängert; in die Drüsenräume hinein ragen die einzelnen Zellen mit ihren langgezogenen Kuppen und man findet zuweilen Stellen, wo diese Kuppen sich in Form von rundlichen Stücken abschnüren. Der Drüsenraum selbst ist meist von einer geronnenen Masse gefüllt, welche eine Structur nicht mehr aufweist. Wahrscheinlich werden permament die oberen Theile der Zellkuppen aufgelöst, um das Secret in den Drüsenräumen zu liefern.

Bei Weitem deutlicher tritt dieses in der grösseren, röthlich gefärbten Abtheilung hervor. Hier findet man, wie Fig. 3 Tafel XIX zeigt, vielfach unzweifelhafte Theile der Drüsenzellen in den Secreträumen losgelöst vor, welche noch die gleiche Structur wie die Zellkörper zeigen und daher einen Zweifel in Bezug auf ihre Abstammung nicht aufkommen lassen. Dazu

[1] E. WENDT, Die HARDER'sche Drüse. Strassburg 1877.

kommt noch, dass man überall alle Stadien des Loslösungsprocesses nebeneinander beobachten kann und so die Gewissheit erhält, dass hier die Secretion nichts anderes ist, als ein continuirliches Loslösen der oberen Zelltheile, mit dem naturgemäss ein permanentes Nachwachsen von den Basaltheilen her Hand in Hand gehen muss.

Nicht immer sind in dieser Harder'schen Drüse des Kaninchens die Bilder sich gleich. Zuweilen büssen die abgelösten oder sich ablösenden Zelltheile etwas von ihrer prägnanten Erscheinung ein, indem sie blasser werden, im Uebrigen aber die Formationen zunächst bewahren, welche die eigentlichen Zellkörpertheile zeigen. Man erhält dann auch beim Kaninchen Bilder, wie sie in der Harder'schen Drüse des Meerschweinchens und Hamsters zur Regel gehören, und wie sie in Fig. 1 und 2 Tafel XIX wiedergegeben sind.

Hier sieht man oft nach der Behandlung mit Osmium, Paraffin und Farbstoff die gesammten Secretionsräume mit einem zarten Netz gefüllt, dessen Maschen einen continuirlichen Uebergang aus der Substanz der Drüsenzellen her zeigen und zwar der Art, dass die Formationen in beiden Theilen augenscheinlich einander analog sind; dennoch giebt es eine ziemlich scharfe Grenze, welche das zarte Netzwerk der Secretionsräume und die grob contourirten Substanzen der Drüsenzellen selbst trennt. Auch hier also findet unstreitig ein Auflösen der oberen Theile der Drüsenzellen zum Secret statt und die Betheiligung dieser Zellen am Secretionsprocess ist so klar, wie man es nur wünschen kann. Welche Bedeutung die roth gefärbten vereinzelten Zellen der Hamsterdrüse haben, darüber weiss ich nichts zu sagen.

Als weitere Ergänzung der beschriebenen Bilder sollen noch die Figuren 4 und 5 der Tafel XIX dienen, welche der Bürzeldrüse der Taube und der Ente entnommen sind. Auch hier giebt es keine scharfe Abgrenzung der Drüsenzellen zum Secretraume, sondern die Substanz der Zellen geht auch hier continuirlich in das Secret über, wenngleich dieser Uebergang bei diesen Drüsen nicht so analoge Structuren des Secretes und des Zellkörpers aufweist, wie in den eben beschriebenen Harder-schen Drüsen. Im Gegensatz zur Harder'schen Drüse ist hier ferner der Zellenbelag deutlich mehrschichtig, sodass hier vermuthlich bei der Secretion eine totale Ausstossung von Zellen stattfinden dürfte, ähnlich wie bei der Erneuerung der Epidermiszellen, während bei jenen Bildern von der HARDER'schen Drüse augenscheinlich die einzelne Zelle in ihren Basaltheilen stabil und nur in den Centraltheilen labil ist. Auch hier wird die Untersuchung mit den gewöhnlichen Kernfärbungen leicht Klarheit schaffen. Derselbe Process, welcher bei den HARDER'schen Drüsen in dem Raum einer einzelnen Zelle abläuft, erstreckt sich bei diesen Bürzeldrüsen augenscheinlich auf mehrere Zellen.

In allen diesen Organen beobachten wir analoge Erscheinungen. Die Substanz der Zellen ist nach der Behandlung mit dem Osmiumgemisch, nach der Einbettung in Paraffin und nach der differenzirten Färbung mit Säurefuchsin netzförmig ausgespart. Die Maschen des Netzwerkes sind rundlich und regelmässig angeordnet; sie erscheinen nach der angegebenen Behandlung leer, während die sie umgebende Substanz mehr oder weniger reich mit rothen Granulis erfüllt ist.

Zerzupft man ein Stückchen von einer dieser Drüsen frisch in Kochsalzlösung, so erscheint dieselbe bald milchig, indem eine grosse Zahl von Kügelchen sich frei in ihr suspendiren. Diese Kügelchen sind stark lichtbrechend und machen völlig den Eindruck von Milchkügelchen. In ihrer Grösse stimmen sie mit den rundlichen Lücken überein, welche von dem Netzwerk der Drüsenzellen eingeschlossen sind, so dass man z. B., wenn die weisse Abtheilung der HARDER'schen Drüse des Kaninchens zerzupft wird, sehr kleine Kügelchen erhält, aus der röthlichen Abtheilung aber entsprechend grössere (vgl. Taf. XVIII, Fig. 4a und b, Taf. XIX Fig. 3).

Hat man eine von jenen Drüsen in Alkohol gehärtet, so findet man die Kügelchen nicht mehr vor, wenigstens ist diejenige Substanz, welche ihre starke Lichtbrechung bedingt, entfernt; sie sind also zum mindestens mit einem Theil ihrer Substanz in Alkohol löslich.

Nach der 24stündigen Einwirkung des Osmiumgemisches zeigen sich die Kügelchen nicht geschwärzt, sondern nur schwach grau gefärbt; auch dann noch sind sie in Alkohol und Xylol wenigstens mit einem Theil ihrer Substanz löslich, denn nach der Einbettung in Paraffin sind an den Balsampräparaten die Lücken, in welchen sie gelegen haben, scheinbar leer, wie die angeführten Abbildungen zeigen. Um sich hiervon noch eingehender zu überzeugen, ist es nützlich, dünne Paraffinschnitte nach dem Auswaschen mit Xylol und Alkohol in Alkohol oder Wasser eingelegt zu untersuchen; das Substanznetz der Zellkörper zeigt sich dann als das einzig positiv Brechende.

Aus der starken Lichtbrechung der Kügelchen, aus ihrer Löslichkeit in Alkohol und Xylol und aus ihrer Unlöslichkeit in Wasser resp. Kochsalzlösung lässt sich vermuthen, dass wir es hier mit einem Fettsäurederivat zu thun haben. Von den Milchkügelchen und den Talgdrüsenkörnern unterscheiden sie sich allerdings durch die mangelnde Reduction der Osmiumsäure.

Um hier einen Anhalt zu gewinnen, habe ich die verschiedenen Fettsäurederivate auf ihr Verhalten gegenüber der Osmiumsäure geprüft. Für diesen Zweck wurden kleine Stückchen Fliesspapier mit den verschiedenen Fettsäuren und Neutralfetten, Lecithin, Jecorin und Seife getränkt, so dass nur minimale Mengen dieser Körper in Frage kamen, und die Papierstückchen dann in zweiprocentige Lösung der reinen Osmiumsäure oder des Gemisches derselben mit Kaliumbichromat gelegt, oder endlich noch eine Ansäuerung der Lösungen mit Essigsäure oder Salzsäure vorgenommen.

Dann wurde noch eine zweite Versuchsreihe vorgenommen, bei welcher kleine Quantitäten der Emulsionen von Oelsäure, Palmitinsäure, Stearinsäure und den Triglyceriden derselben direkt mit einem grossen Ueberschuss einer zweiprocentigen Ueberosmiumsäurelösung gemischt wurden. Die Emulsion wurde bei der Oelsäure so hergestellt, dass eine alkoholische Lösung derselben mit Wasser gefällt wurde; bei dem Olein wurde ein säurehaltiges Präparat durch Zusatz von kohlensaurem Natron in Wasser emulgirt; die anderen Säuren und Glyceride wurden erst mit wenig Alkohol auf das Feinste verrieben und dann in Wasser aufgeschlemmt.

Bei allen diesen Versuchen, bei denen die energische Osmiumwirkung mindestens 6 Stunden andauerte, zeigte es sich, dass nur die Oelsäure und das Olein durch das Osmium geschwärzt wurden. Makraskopisch traten zwar auch besonders bei den anderen Emulsionen Schwärzungen auf, welche aber bei mikroskopischer Untersuchung sich nur durch leichte Graufärbung der suspendirten Partikelchen veranlasst zeigten. Auch das ölsaure Natron wurde nur dann geschwärzt, wenn durch Zusatz von Säure zur Osmiumlösung die Oelsäure frei gemacht wurde. Das Osmium ist mithin nicht ein Reagens auf Fette im Allgemeinen, sondern nur auf freie Oelsäure und Olein.

Wenn daher die Fettkörnchen jener oben genannten Drüsen durch Osmium nicht geschwärzt werden, so beweist dieses nur zunächst die Abwesenheit der Oelsäure und des Oleins in denselben. Die alkoholisch-ätherischen Extracte jener Drüsen hinterlassen zwar nach dem Abdunsten einen halbflüssigen Rückstand, welcher auf die Gegenwart eines bei gewöhnlicher Temperatur flüssigen Fettes deutet, doch könnte dieses auch Butyrin etc. sein, wie ja auch das Milchfett reich daran ist. Das Butyrin selbst habe ich sowohl als Monoglycerid wie auch als Triglycerid geprüft; auch dieses reducirt die Osmiumsäure nicht.

In der HARDER'schen Drüse findet sich bei einzelnen Thiergattungen auch Osmiumschwärzung der Fettkörner vor und zum Theil mit schönen Ringelbildungen, so dass dann die Zellen selbst das Aussehen der Zellen in den Talgdrüsen erhalten können. Solche Schwärzungen habe ich bei der Maus, der Ratte und dem Igel gefunden.

Die eben beschriebenen Versuche über das Verhalten der verschiedenen Fettarten gegenüber der Osmiumsäure gaben Veranlassung, die Ringelbilder, wie sie von Dr. KREHL, METZNER und mir auch anderwärts so vielfach beobachtet worden sind, einer genaueren Untersuchung zu unterziehen. Am besten eignet sich hierzu die Inguinaldrüse jüngerer, aber sonst ausgewachsener Kaninchen. Dieselbe wurde in dem Osmiumgemisch 24 Stunden belassen und dann nicht in Paraffin eingebettet, sondern zunächst direkt nach dem Auswaschen mit Wasser geschnitten und in Glycerin untersucht. Es zeigte sich hierbei, dass in diesen Schnitten die Ringelchen nicht vorhanden waren. Erst als die Drüse 24 Stunden in Alkohol gelegen hatte, und wieder ohne Paraffineinbettung geschnitten wurde, traten die Formen in Erscheinung, wie sie in Fig. 1 und 2 Tafel XV gezeichnet sind.[1] Es zeigt dieses, dass diese Ringkörner zunächst zwei differente Substanzen enthalten, welche beide vom Osmium geschwärzt werden, von denen aber die eine im Centrum des Kornes gelegene auch nach der Osmiumbehandlung in Alkohol löslich ist, die anderen nicht. Da wir nach den obigen Versuchen bis jetzt nur zwei Substanzen kennen, welche durch Osmium geschwärzt werden, nämlich Olein und Oelsäure, so lag die Annahme nahe, dass dieselben in diesen Körnern different vertheilt sind. Bei der Prüfung dieser beiden Substanzen nach ihrer Schwärzung mit Osmiumsäure zeigte es sich, dass die Oelsäure auch dann noch durch Alkohol gelöst wurde, wenn sie durch Osmium geschwärzt war, das Olein aber nicht. Es wäre demnach wahrscheinlich, dass in dem Centrum jener Körner neben anderen Fetten und Substanzen die Oelsäure vertreten ist, in der Peripherie dagegen das Olein. Da jedoch im Organismus wahrscheinlich noch manche Fettsäureverbindungen existiren, die wir noch nicht kennen,[2] und welche ebenfalls durch Osmium geschwärzt werden könnten, so ist hier eine sichere Diagnose vorläufig noch nicht auszuführen. Immerhin ist jene Annahme nicht so unwahrscheinlich; es würde damit ein Fingerzeig gegeben sein, wie topographisch sich die Assimilation der Neutralfette im Granulum vollzieht. Da wir ausser der wahrscheinlichen Gegenwart der Oelsäure im Centrum jener Körner, wie im vorigen Capitel beschrieben ist, auch mehrfach Reste von sich specifisch färbender Granulasubstanz gefunden haben, so sind demnach in diesen Körnern mindestens drei nachweislich differente Substanzen vorhanden, wahrscheinlich aber noch mehr.

An den Fettdrüsen und deren Verwandten haben wir also zuerst und am deutlichsten gelernt, dass der

---

[1] Eine genauere Untersuchung dieses merkwürdigen Verhaltens hat Herr Dr. STARKE in meinem Laboratorium durchgeführt: Ueber die Fettgranula der Leber von Rana esculenta, Arch. f. Anat. u. Phys. Anat. Abth. 1891.

[2] Vergl. z. B. im vorigen Capitel die eigenthümlichen Verbindungen der Fettsäuren und Gallensäuren, deren Löslichkeit in Wasser darauf hindeutet, dass sie möglicherweise beim Transport des Fettes innerhalb des Organismus eine wichtige Rolle spielen, wie dieses augenscheinlich beim Import aus dem Darmlumen in den Organismus der Fall ist.

Process der Secretion im Wesentlichen in einer Umwandlung der Granula und deren Ausstossung in die Secretionsräume besteht. Wenn daher HEIDENHAIN sagt,[1] dass die Absonderung des Hauttalges an sich kein tiefer gehendes physiologisches Interesse hat, so dürfte dieses wohl nicht zutreffen. Die Fettdrüsen und deren Verwandte geben uns im Gegentheil ein Vorbild, wie wir den Secretionsprocessen nachzugehen haben, um sie in ihrem Wesen zu verstehen.

Gehen wir nun zur Betrachtung einer zweiten Gattung von secernirenden Organen über, zu den Speicheldrüsen und deren Verwandten, so wollte es mir lange Zeit nicht gelingen, die hier vorhandenen Bilder zu verstehen. Den Schlüssel für dieses Verständniss fand ich endlich in der Augendrüse der Ringelnatter.

Dieses Organ hat eine Theilung in Thränendrüse und HARDER'sche Drüse noch nicht erfahren, sondern zieht sich als einheitlicher Drüsenkörper vom äusseren Augenwinkel zum innern unterhalb des Bulbus hin. Schon CLOQUET[2] und DUVERNOY[3] haben betont, dass das Secret dieser relativ grossen Drüse zwar den nach aussen hin hier völlig abgeschlossenen Bindehautsack anfeuchte, im Wesentlichen aber durch den Thränenrachenkanal in den Schlund gelange, um als Speichel den Schlingakt zu erleichtern, und BORN[4] fand die Einmündung des Ausführungsganges der Drüse in den Anfangstheil des Thränenrachenkanales; DUVERNOY hebt ausdrücklich hervor, dass besonders bei Typhlops die übermässige Entwickelung der Drüse gegenüber den rudimentären Augen in keinem Maassverhältniss stehe, um ihren Charakter als Thränendrüse zu rechtfertigen.

Fig. 1 und 2 Taf. XXII und Fig. 1 Taf. XXIII zeigen uns die Structur der Natterdrüse. Die Zellen sind gefüllt mit grossen Körnern, welche je nach der Färbung roth oder graugelb gefärbt ein helleres Centrum und eine dunklere Peripherie erkennen lassen. Während in den vorher geschilderten HARDER-

[1] Handbuch der Physiologie. 1880. S. 406.

[2] CLOQUET, Mémoire sur l'Existence etc. — Mémoires du Musée d'Histoire naturelle, Tome VII. 1881.

[3] DUVERNOY, Mémoire sur les caractères etc. — Annales des Sciences naturelles, Tome XXVI. 1832. — Derselbe, Fragments d'Anatome etc. —

[4] BORN, Die Nasenhöhlen etc. — Morphologisches Jahrbuch. Bd. VIII. 1883.

schen Drüsen die Körner vorzugsweise aus Fettsubstanz bestanden, sich daher beim Einbetten in Paraffin lösten und an den Schnitten leere Lücken zurückliessen, wird hier das Fett augenscheinlich durch Eiweisskörper ersetzt, welche nach sonstigen Erfahrungen zu schliessen im Wesentlichen die Substanz dieser Körner ausmachen dürften.

Färbt man die aus dem Osmiumgemisch stammenden Drüsenschnitte statt mit Fuchsin — Picrin mit starkem Haematoxylin (nach DELAFIELD) 12 Stunden lang, so ist die Peripherie der Körner ebenfalls dunkel gefärbt, das Centrum aber hell geblieben. Das Bild dieser Körner gleicht also sehr dem der ringförmigen Fettkörner, und ist dieses jedenfalls ein interessanter Anhalt dafür, dass die Ringformen den Fettkörnern nicht allein zukommen.

In Fig. 1 Tafel XXII rührt die Rothfärbung der Secretkörner nur davon her, dass das Fuchsin überhaupt nicht durch Picrin differenzirt wurde, im Uebrigen fehlt diesen Körnern die specifische Fuchsinreaktion vollständig; sobald Picrin angewendet wird, werden die Körner graugelb, wie Fig. 2 Tafel XXII und Fig. 1 Tafel XXIII zeigen; bei stärkerer Picrinwirkung differenzirt sich auch die netzförmige Intergranularsubstanz, wie die zuletzt genannte Figur zeigt.

Den Mangel der specifischen Fuchsinreaktion haben diese graugelben Körner mit vielen anderen Granulaarten gemeinsam, welche durch Assimilation sich mit fremden Stoffen beladen haben, wie dieses bei Fettkörnern, manchen Dotterkörnern etc. der Fall ist. Auch bei der Umwandlung des Granulums zum Disdiaklasten geht die specifische Differenz verloren; es gelingt zwar unschwer, wie mit anderen Farbstoffen, so auch mit Fuchsin die anisotrope Substanz roth zu färben, aber jene specifische Widerstandsfähigkeit gegen erwärmtes Picrin besitzt dieselbe nicht.

Auch ist dieser Mangel wohl in noch weitergehender Weise verbreitet. Es ist z. B. fraglich, ob es mir gelungen ist, irgend wo schon das primäre Granulum in einer Zellengattung durch Fuchsin darzustellen, und ob nicht sämmtliche bisher sichtbar gemachten fuchsinophilen Granula bereits einem weiteren Wachsthums- und Umwandlungsstadium angehören. Bei den extremen Wachsthumsformen wird, wie wir es eben bei den reifen Secretkörnern der Natterdrüse gesehen haben und es auch sonst vielfach finden, dieser Mangel dadurch unschädlich, das die Grösse der Elemente ihre Beobachtung auch ohne specifische Differenz gestattet; beim primären Granulum dagegen ist dieser Mangel sehr fühlbar, weil wir es hier mit den kleinsten Urformen zu haben, deren Sichtbarkeit nur durch schärfste Differenzirung überhaupt möglich werden könnte. Endgültige Beweise lassen sich hier nicht beibringen. Denn es kann Niemand gehindert werden, als Vorstufen der kleinsten sichtbaren kleinere noch nicht sichtbar gemachte Elemente anzunehmen. Es ist mit einiger Wahrscheinlichkeit anzunehmen, dass wenn nicht alle, so doch die meisten sichtbaren fuchsinophilen Granula einer Mittelstufe angehören, die zwischen dem primären Granulum und den extremeren Wachsthumsformen steht.

In den meisten Acinis unserer Natterdrüse ist die Füllung durch die graugelben Körner eine vollständige. Zwischen den Körnern zieht sich netzförmig eine specifisch roth gefärbte Substanz hin, die um die Kerne und in den Basaltheilen der Zellen etwas stärkere Anhäufung zeigt; die graugelben Körner aber selbst sind für die Ausstossung bei der Absonderung bestimmt und daher echte Secretionskörner.

Dieses lässt sich zunächst aus folgenden Beobachtungen folgern. Betrachtet man das Bild der Drüse mit schwachen Vergrösserungen, so sieht man neben den Acinus vereinzelte hellere Durchschnitte, welche den Ausführungsgängen angehören, und von denen Fig. 1 Tafel XXII und Fig. 1 Tafel XXIII Beispiele geben. Die Zellen dieser Ausführungsgänge zeigen ganz den Charakter echter Schleimzellen. Die netzförmige rothe Substanz hat auch hier eine stärkere Anhäufung um die Kerne an der Basis der Zellen.

Je nach der Gunst der Umstände finden sich, wie die Figuren zeigen, die Lumina dieser Ausführungsgänge mehr oder weniger beträchtlich erweitert und mit denselben graugelben resp. rothen Ringkörnern gefüllt, wie sie den Zellen der Acini angehören. Da die Entstehung dieser Körner hier nicht gut von den hellen Schleimzellen der Ausführungsgänge abgeleitet werden kann, so bleibt nichts Anderes übrig, als anzunehmen, dass dieselben von den damit gefüllten Acinis her vorgeschoben werden und so in das Secret übergehen.

Die Schleimzellen der Ausführungsröhrchen mögen dann ihr Schleimsecret noch beimischen. Allerdings scheint in diesen Röhrchen eine baldige Auflösung der acinösen Körner stattzufinden, denn man findet auch Röhrchen, welche frei von ihnen sind und dann ein verengtes Lumen haben; andere Röhrchen zeigen den Auflösungsprocess der ihr Lumen füllenden graugelben Körner, indem das charakteristische Aussehen derselben schwindet und unter Verkleinerung bis zur Undeutlichkeit durch die Lösung verändert wird.

In mancher Beziehung noch prägnanter, in anderer weniger prägnant sind die Verhältnisse in der Glandula labialis superior posterior desselben Thieres, einem Analogon der Giftdrüsen anderer Schlangen. Die Körnchen der acinösen Zellen sind hier viel kleiner, ohne helles Centrum, aber ebenfalls graugelb gefärbt und deutlich unterscheidbar. Während in jener Augendrüse der Lösungsprocess sehr bald nach dem Austritt der Körner aus den Acinis zu erfolgen scheint, erhalten sich hier in der Oberlippendrüse die Körner noch im Hauptausführungsgang und füllen das weite Lumen desselben aus. Die Wand dieses Ganges ist ebenfalls mit echten cylindrischen Schleimzellen bekleidet, wie der in Fig. 2 Tafel XXII abgebildete Durchschnitt durch dieselbe zeigt.

Die nach dem weiten Lumen des Hauptausführungsganges hin offenen Zellen zeigen hier das überquellende Schleimsecret, wie man es auch sonst an Becherzellen öfter sieht. Die Schicht des überquellenden Schleimes ist ziemlich dick, und die das Lumen füllenden graugelben Körnchen grenzen sich gegen den hellen Schleim scharf ab, sodass das Ganze ein äusserst deutliches Gepräge hat. Es verdient noch hervorgehoben zu werden, dass wir es in dieser hinteren Oberlippendrüse der Ringelnatter mit einer echten Speicheldrüse zu thun haben. Betrachtet man das Bild der Drüse selbst, so hat es auf den ersten Blick ganz dasselbe Aussehen, wie der Körnerhaufe im Gange, erst bei sehr genauem Zusehen erkennt man die blassen zerstreuten Kerne der Zellen; das intakte Protoplasma ist so zart, dass es kaum nachweisbar ist.

Wir haben also aus der Natterdrüse mancherlei Gutes gelernt, vor Allem, dass die Granula der Drüsenzellen es sind, welche die wesentlichen Bestandtheile des Secrets bilden; dann haben wir auch in ihr eines von den zahlreichen Beispielen kennen gelernt, wie Secretkörner und intergranuläre Netzsubstanz sich topographisch zu einander verhalten; auch die Möglichkeit in der intergranulären Netzsubstanz kleinere Elemente zu differenziren (Fig. 1 Tafel XXIII), war ein wichtiges Faktum. Was wir jedoch an ihr noch nicht haben nachweisen können, das war die Art und Weise, wie die reifen Secretkörner entstehen und nach ihrem Ausstossen in den Secretraum erneut werden.

Es liess sich a priori annehmen, dass diese Erneuerung von der intergranulären Netzsubstanz her erfolgt, denn ausser Secretkörnern und diesem Netz haben wir nichts Anderes in diesen Zellkörpern. Hier waren aber zwei Möglichkeiten zu beachten: entweder das intakte Protoplasma des intergranulären Netzes scheidet die Secretkörner gewissermassen als Ausschwitzung ab, und würde dieses den bisherigen Vorstellungen von den Thätigkeiten des homogenen Protoplasmas entsprechen, oder aber die Secretkörner entstammen den Granulis, welche die Netzsubstanz construiren.

Die Entscheidung dieser Frage war von fundamentaler Wichtigkeit. Diese Entscheidung allein schon konnte es zum Austrag bringen, ob die alte oder die neue Lehre vom Protoplasma richtig ist.

Schon der Umstand, dass in der intergranulären Netzsubstanz sich vielfach kleinere Granula nachweisen lassen, wenn auch die kleinsten und letzten Elemente bis jetzt vielleicht noch nicht nachweisbar sind, war hier von Bedeutung. Der Beweis für die Abstammung der Secretkörner musste aber doch in deutlicher Weise geführt werden, um überzeugend zu sein. Für diesen Zweck erwies sich die Parotis der Katze als ein ausgezeichnetes Objekt; sie hat gegenüber der Natterdrüse den Nachtheil, dass sie im Ruhezustande eine Differenzirung der intergranulären Netzsubstanz nicht gestattet, aber den grossen Verzug, dass sie bei ihren thätigen Zuständen es beobachten lässt, dass die Secretkörner aus kleineren und kleinsten Elementen des intakten Protoplasmas hervorwachsen.

Vergleichen wir die Bilder der Natterdrüse mit den Bildern, wie sie die Parotis der Katze darbietet, so finden wir in Fig. 1 Tafel XXIV Verhältnisse vor, die denen der Augendrüse der Ringelnatter sehr ähnlich sind; auch hier sind die Zellen von jenen graugelben Körnern gefüllt, und auch hier zieht sich netzförmig eine roth gefärbte Substanz zwischen ihnen hin. Eine Differenzirung von Granulis in dieser Substanz gelingt indessen nicht, weil die Raum- und Massverhältnisse augenscheinlich zu ungünstig sind. Nicht in allen Fällen ist eine stärkere Anhäufung dieser Substanz in den Basaltheilen der Zellen zu erkennen, wie Fig. 2 Tafel XXVI zeigt; wenn jedoch, wie bei manchen Katzen, diese netzförmige Substanz überhaupt stärker ausgebildet ist, wie in Fig. 1 Tafel XXIV, so findet sich auch die Anhäufung an der Basis vor, und die Aehnlichkeit der Structur mit der der Natterdrüse wird eine sehr weitgehende.

Die Parotis der Katze zeichnet sich vor der anderer Säugethiere durch die Grösse und Deutlichkeit ihrer graugelben Körner aus; hat man dieselben aber erst bei der Katze gesehen, so erkennt man sie auch anderswo wieder, z. B. beim Hunde, obgleich dieselben hier kleiner und schlechter abgegrenzt sind. Darum erscheint gerade die Parotis der Katze werthvoll, weil sie den Zusammenhang mit jenen oben geschilderten Natterbildern giebt. Ausser in den Eiweissspeicheldrüsen der Säugethiere finden wir ähnliche Structuren abgesehen von den Ophidiern noch bei den Sauriern vor, und zwar sowohl in den Drüsen der Augenhöhle, wie in denen des Ober- und Unterkiefers; es sind hier besonders in Bezug auf die netzförmige Substanz, mancherlei interessante Variationen zu beobachten, die wir aber hier übergehen müssen.

Die Ausführungsgänge der Katzenparotis sind leicht zu erkennen. Ihr Durchmesser ist kleiner, als der der gefüllten Acini, und die cylindrischen Zellen, welche ihre Wand bekleiden, stechen durch ihre dichte rothe Granulafüllung scharf hervor (Fig. 1 Taf. XXV). Die rothen Granula sind reihenweise angeordnet, entsprechend den Streifen und Stäbchen, wie sie von PFLÜGER hier früher beschrieben sind. Eine Füllung des Lumens der Ausführungsgänge mit den gelbgrauen Körnern der Acini, wie wir sie bei der Augendrüse und der hinteren Oberlippendrüse der Ringelnatter gefunden haben, kommt hier nicht vor. Es scheint, als wenn hier bei der Secretion die Körner gleichzeitig gelöst werden, sobald sie die dichgefüllten Acini verlassen und in die Ausführungsgänge gelangen.

Dass auch in der Parotis der Katze die graugelben Körner wirklich bei der Secretion aus den Acinis ausgestossen werden, lässt sich sehr prägnant erweisen, wenn man den ruhenden Zustand der Drüse mit dem durch die Secretion erschöpften vergleicht.

Applicirt man einer Katze, welche seit 24 Stunden nichts gefressen hat, 50 Milligramm salzsaures Pilocarpin subcutan und tödtet das Thier eine Stunde nach der Injection, so sind sowohl die rothe intergranuläre Netzsubstanz der Ruhedrüse, als auch die graugelben Secretkörner verschwunden. An Stelle der letzteren sieht man Körner verschiedenster Grösse mit specifischer Fuchsinreaction (Fig. 2 Taf. XXIV). Augenscheinlich sind die graugelben Körner in das Secret übergegangen und die rothen durch Nachwuchs vom intacten Protoplasma her an ihre Stelle getreten, ohne jedoch bei der Rapidität des Vergiftungsprocesses völlig zu reifen Secretkörnern sich ausbilden zu können; sie sind deshalb nicht von so gleichmässiger Grösse, wie die Secretkörner der Ruhedrüse, und haben ihre specifische Fuchsinreaction noch nicht verloren. An Stelle der in der Ruhedrüse undefinirbaren rothen netzförmigen Intergranularsubstanz sind Fädchen und kleine Körnchen getreten, welche hier, wie auch sonst, für den Nachwuchs neuer Secretkörner zu sorgen haben. Der Gang scheint so zu sein, dass, wenn nicht immer, so doch häufig sich aus den primären Granulis des intacten Protoplasmas zunächst Fädchen bilden, diese durch Zerfall kleine Körner geben, welche durch Wachsthum und Assimilation sich zu Secretkörnern umwandeln. Wir werden deshalb, wie dieses bereits im III. Capitel hervorgehoben ist, diese den vegetativen Zwecken der Zelle dienenden Fäden von den animalen Fibrillen der Muskel- und Nervenfaser wohl zu unterscheiden haben; im Gegensatz zu diesen, den echten Fibrillen, sind jene Fäden nur sporadisch in ihrem Auftreten, die Fibrillen aber stabil. Der Zweck der vegetativen Fäden ist augenscheinlich der, die Erzeugung einergrösseren Zahl neuer Granula in kürzerer Zeit zu begünstigen. Wir finden ähnliche Verhältnisse an vielen Organen vor, wie in Leber, Darmepithel, Pancreas, Submaxillaris, Milchdrüse, Eileiterdrüse etc., und mag auf die hierzu gehörigen Abbildungen und Besprechungen verwiesen sein.

Erschöpft sich die Drüse durch die Reizung des Giftes mehr und mehr, so sieht man auch die Regenerationskraft des Organes mehr und mehr zusammensinken. Fig. 1 Taf. XXV, welche zwei Stunden post injectionem gewonnen ist, zeigt die Verhältnisse der vorangehenden Figur schon in wesentlich kleinerem Maassstabe, während Fig. 2 Taf. XXV (3 Stunden p. i.) das Maximum der Erschöpfung der Drüsenthätigkeit zeigen dürfte. Nach der völligen Erschöpfung der dritten Stunde beginnt dann bereits die Erholung der Drüse und wechseln die Bilder derselben in umgekehrter Reihenfolge, wie zuvor. So ist Fig. 1 Taf. XXVI ein bereits vorgeschrittenes Stadium der Erholung (9 Stunden p. i.), und der einstündigen Erschöpfung der Fig. 2 Taf. XXIV durchaus vergleichbar, und Fig. 2 Taf. XXVI (36 Stunden p. i.) identificirt sich, indem aus den Fuchsinkörnern wieder reife gelbe Secretkörner geworden sind, völlig mit dem Ruhebilde der Fig. 1 Taf. XXIV; die letztere Figur giebt den schon erwähnten Typus der reichlichen Intergranularsubstanz, die erstere den Typus der spärlichen. Beide Typen mit ihren Uebergängen sind dem Ruhebilde der Parotis eigen, und bedeuten wohl verschiedene Stufen der Vorbereitung zur Secretion.

Man beobachtet häufig bei diesen Processen in der Parotis und deren Acini das Auftreten von Lücken, theils vereinzelt, wie in Fig. 2 Taf. XXIV u. XXV, theils in grosser Zahl, wie in Fig. 1 Taf. XXVII. Diese Lücken entstehen augenscheinlich durch Stauungen des Secretes, denn wenn man den Ductus Stenonianus unterbindet und dann Pilocarpin injicirt, erhält man das Bild der Fig. 1 Taf. XXVII regelmässig.

Die Katze reagirt auf Pilocarpin mit wunderbarer Exactheit, und gilt dieses ausser für die Parotis auch für die Submaxillaris und das Pancreas. Andere Säugethiere reagiren, ebenso wie die Kaltblüter nur unsicher und unbestimmt.

Wir können aus diesen Beobachtungen Mancherlei lernen. Vor Allem ist die totale Ausstossung der graugelben Körner auch hier ein deutlicher Beweis dafür, dass der Secretionsprocess granulär ist. Ferner gehen die graugelben Körner aus kleineren und kleinsten rothen Körnchen hervor und haben ihre rothe Reaction bei ihrem Wachsthum wie in andern Fällen, so auch hier wohl in Folge der Aufnahme der Secretionsstoffe verloren. Ebenso erscheint die genetische Beziehung zwischen der netzförmigen rothen Substanz der ruhenden Drüse und der rothen Körnchen und Fädchen der erschöpften unabweislich, sodass die Homogenität der ersten nur eine scheinbare sein kann. Abgesehen von anderen Beispielen lassen sich in der HARDER'schen Drüse der Anguis fragilis, welche eine ähnliche Structur besitzt, schon bei normalem, ruhenden Zustande der Drüse neben den Secretionskörnern in dem intakten Protoplasma nicht nur Körnchen, wie in der Natterdrüse (Tafel XXIII Fig. 1 u. 2), sondern auch elementare Fädchen differenziren und beobachten.

Der besseren Uebersicht wegen mag hier noch eine kleine Tabelle über die Hauptstadien der Pilocarpinwirkung an der Katzenparotis Platz finden. Die Dosis betrug in allen Fällen 50 Milligramm subcutan; in den drei letzten Stadien, die unten aufgezählt sind, waren die Thiere bei der Injection chloroformirt, in den anderen Fällen nicht. Alle Thiere hatten mindestens 24 Stunden vor der Injection gehungert und auch nach der Injection bis zur Tödtung keine Nahrung erhalten. Zum Vergleich dient das normale Hungerbild der Fig. 1 Tafel XXIV.

1 Stunde nach der Injection (Fig. 2 Tafel XXIV): Acini und Zellen sind wenig verkleinert, die graugelben runden Körner und die netzförmige rothe Substanz sind völlig verschwunden, an ihrer Stelle finden sich zahlreiche runde Körnchen von rother Reaction und von kleinster Grösse bis fast zur Grösse der graugelben Secretionskörner hin, neben und zwischen denselben verlaufen die rothen Elementarfädchen, vereinzelt finden sich in den Acinis die hellen Lücken.

2 Stunden nach der Injection (Fig. 1 Tafel XXV): Das Volumen der Acini und Zellen noch mehr verkleinert, die rothen Rundkörner bei Weitem spärlicher, aber noch in den verschiedensten Grössen vertreten, die Fädchen vorhanden, die hellen Lücken bei manchen Thieren in jedem Acinus sichtbar, bei anderen spärlich.

3 Stunden nach der Injection (Fig. 2 Tafel XXV): Das Volumen der Acini und Zellen klein, rothe Rundkörner nur in

der kleinen Form vertreten, aber zahlreicher als vorher, die grösseren fehlen ganz, die rothen Elementarfädchen spärlich, Lücken nur spärlich vorhanden. Das Stadium dürfte das Maximum der Erschöpfung darstellen.

6 Stunden nach der Injection: Acini und Zellen wieder etwas grösser, die rothen Rundkörner zeigen zum Theil eine deutliche Zunahme ihres Volumens, rothe Elementarfädchen sichtbar, Lücken spärlich vorhanden. Das Stadium dürfte mit der zweistündigen Wirkung (Fig. 1 Tafel XXV) verglichen werden können.

9 Stunden nach der Injection (Fig. 1 Tafel XXVI): Acini und Zellen wesentlich grösser als vorher, die rothen Rundkörner sehr zahlreich und wieder in den verschiedensten Grössen, rothe Elementarfädchen daneben sichtbar, Lücken spärlich vorhanden. Das Stadium dürfte mit der einstündigen Wirkung (Fig. 2 Tafel XXIV) verglichen werden können.

24—36 Stunden nach der Injection (Fig. 2 Tafel XXVI): Normales Hungerbild der Drüse wie in Fig. 1 Tafel XXIV.

Die Curve der Pilocarpinwirkung erreicht danach bei unserer Dosirung in etwa 3 Stunden das Maximum ihrer Höhe, um dann allmählich wieder abzufallen; die correspondirenden Niveaus der Curve fanden sich entsprechend unserer Tabelle bei den Stunden 0 und 24—36, 1 und 9, 2 und 6. Je nach der Individualität der Thiere kann sich das Auftreten der Stadien etwas verschieben. Decrepide Thiere sind für die Beobachtung der Erholungsstadien nicht günstig. Bei der allmählichen Erschöpfung der Drüse scheinen die grösseren rothen Rundkörner die ehemaligen graugelben Secretionskörner functionell zu vertreten, während sie nach dem Aufhören des Secretionsreizes während der Erholungsstadien der Drüse anwachsen, stationär werden und schliesslich die graugelben Secretionskörner bilden.

Während das normale Hungerbild sich durch den matten, grauen Ton und das gleichmässige Aussehen des ganzen Bildes und seiner Details auszeichnet, geben die verschiedenen Formen und Grössen der in den Secretionsstadien scharf roth gefärbten Zellenelemente eindringliche Erscheinungen.

Die Wirkungen des Pilocarpins, die an der Katze besonders deutlich auftreten, sind für den Nachweis der granulären Thätigkeit bei der Secretion von hohem Werthe und zeigt sich dieses auch an andern Drüsen.

Auch in der Augendrüse der Ringelnatter werden nach Pilocarpininjectionen die graugelben Körner ausgestossen, und genügen hier schon 5 Milligramm des Giftes subcutan, um nach zwei Stunden oder mehr dieselben zum grössten Theil verschwinden zu lassen; doch ist man hier sehr abhängig vom Ernährungszustand der Thiere und sind die Effekte hier keineswegs so sicher, als bei der Katze.

Ganz zum Typus der Parotis und der Natterdrüse gehörig sind auch die Eileiterdrüsen vieler Kaltblüter. Fig. 2 Tafel XXVII stellt einen Schnitt durch diese Drüsen des Frosches kurz vor der Eiablage dar. Die Asini sind prall gefüllt mit den reifen graugelben Secretkörnern, während das intakte Protoplasma sich in Form eines sehr zarten Netzwerkes zwischen denselben hinzieht, und wiederum an der Basis der Zellen Anhäufungen seiner Substanz zeigt, welche die Kerne umschliessen. Sofort nach der Eiablage des Thieres ist das Bild ein völlig umgewandeltes geworden, die Zellen sind klein und in ihnen nur rothe Körnchen und Fädchen sichtbar, die gewiss ebenfalls die Vorstufen der neu heranreifenden Secretkörner bilden; das Bild erinnert ganz an das maximale Erschöpfungsbild der Parotis (Fig. 2 Tafel XXV) der Katze. Da wir es beim Frosch nicht mit einer Vergiftung zu thun haben, wie dort, sondern mit einem physiologischen Vorgang, so sind die Bilder des Froscheileiters willkommene Ergänzungen zu jenen Vergiftungsbildern.

Besonders deutlich treten die Pilocarpinwirkungen auch im Pancreas auf. Fig. 1 Tafel VII stellt einen Durchschnitt durch das ruhende Mäusepancreas dar, welches mit dem Osmiumgemisch fixirt und mit Anilin—Säurefuchsin—Picrinsäure gefärbt ist. Ausser den schön roth gefärbten BERNARD'schen Körnern sieht man in den Zellenleibern noch elementare Fädchen von gleicher Reaction. Benutzt man als Fixirungsmittel jene beiden im zweiten Capitel angegebenen Quecksilbergemische mit Ameisensäure, resp. Essigsäure und färbt nach meiner älteren Methode mit neutraler Säurefuchsinlösung und wendet die Picrinsäure ohne Erwärmen an, so kann man jene beiden Formenelemente, die BERNARD'schen Körner und die Fädchen getrennt von einander erhalten, wie

Fig. 1 und 2 Tafel VIII zeigen; Fig. 1 ist mit Hilfe der Essigsäure, Fig. 2 mit Hilfe der Ameisensäure erhalten. Der Schnitt der Fig. 2 Tafel VIII ist etwas dicker, als der der Fig. 1 Tafel VII, darum sind dort die Fädchen zahlreicher, als hier; wegen der Abwesenheit der Bernard'schen Körner treten sie an sich schon deutlicher heraus.

Die gleiche Structur findet sich im Pancreas aller Wirbelthiere vor. Im Pancreas der pilocarpinisirten Katze nun sind nach 2—3 Stunden die Bernard'schen Körner ebenfalls bis auf wenige vereinzelte geschwunden und nur die Fädchenelemente neben kleinsten und kleinen Granulis übrig geblieben. Fig. 2 Tafel XXX zeigt uns das Pancreas der Katze im Ruhezustande, Fig. 1 Tafel XXX 3 Stunden nach der Pilocarpininjection in maximaler Erschöpfung, beide mit der Osmiumfuchsinmethode hergestellt. Die Unterschiede zwischen der ruhenden und der erschöpften Drüse werden so auffällig, dass schon Hartnack's Objectiv 4 hinreicht, um sie deutlich zu sehen, sie sind annähernd ebenso gross, wie zwischen Fig. 1 Tafel VII und Fig. 2 Tafel VIII, nur dass sie hier durch die Variation der Methoden, dort intra vitam durch das Gift erzeugt sind. Um sicher technische Kunstproducte auszuschliessen, thut man gut, die ruhende und die erschöpfte Drüse gleichzeitig in derselben Osmiummischung zu fixiren, die Schnitte aber von beiden auf demselben Objectträger aufzukleben und zusammen zu färben.

Bei den verschiedenen Stadien des Schwundes und der Regeneration der Secretionskörner zeigen sich auch im Pancreas, wie in den Parotis, kleinste und kleine Granula, welche sich neben den elementaren Fädchen finden, und die Vorläufer der reifen Secretionskörner sind; auch hier zeigen nach 24 bis 36 Stunden die Durchschnitte das Aussehen des normalen Hungerbildes.

Das Verschwinden der „körnigen Innenzone der Zellen“ im Pancreas während der Verdauung hat bereits Heidenhain beobachtet (l. c.)

Wie im ruhenden Pancreas und anderswo, so findet man auch in den Magendrüsen zweierlei Elemente vor, runde Körner und elementare Fädchen; doch sind dieselben hier so vertheilt, dass die ersteren den Belagzellen, die letzteren den Hauptzellen zukommen, wie Fig. 2 Tafel V von der Magenschleimhaut der Katze zeigt.

Es ist augenscheinlich nur ein Theil der Zellenelemente, der besonders in den Hauptzellen bei Anwendung der beschriebenen Methoden in Erscheinung tritt, und es lässt sich annehmen, dass weitere Methoden auch weitere Ergänzungen bringen werden. In den Magendrüsen des Frosches (Fig. 1 Tafel XI) fehlen die Fädchen ganz, weil dieselben bekanntlich nur Belagzellen enthalten.

Kehren wir noch einmal zu den Speicheldrüsen zurück und wenden wir uns nun zu der zweiten Gattung derselben, den Schleimspeicheldrüsen, so zeigt Fig. 1 Tafel XXVIII uns einen Schnitt aus der Submaxillaris der Katze in ruhendem Zustande. Ueber den Secretionsprocess an Schleimzellen ist man ja soweit einig, dass man, wie man es an den Becherzellen und an anderen Orten sehen kann (vergl. Fig. 2 Tafel XXIII), ein Ausstossen der hellen Schleimsubstanz annimmt; auch das feine Netzwerk dieser Substanz ist hier wiederholt gesehen worden, und schon LAVDOWSKY[1] spricht ausdrücklich von Schleimkörnern, die in den Lücken desselben liegen und die Schleimsubstanz bilden.[2] Ueber die Differenzen, welche die ruhenden und die erschöpften Schleimspeicheldrüsen, resp. deren Verwandte in ihrer Erscheinung darbieten, ist in HEIDENHAIN's Laboratorium ebenfalls vorgearbeitet worden, indem durch andauernde Reizung des Nervus buccinatorius gezeigt wurde, dass die hellen Schleimpartieen der Acini in der Glandula orbitalis des Hundes bei erschöpfender Secretion verschwinden. Dieselben Resultate habe ich an der Submaxillaris jener Katzen erhalten, welche mit 50 Milligramm salzsaurem Pilocarpin vergiftet worden waren. Fig. 1 Tafel XXVIII zeigt das Ruhebild der Submaxillaris der Katze, Fig. 2 derselben Tafel ist 2 Stunden nach der Pilocarpinvergiftung erhalten und zeigt bereits das Maximum der Erschöpfung, welches demnach bei der Submaxillaris früher eintritt, als bei der Parotis und dem Pancreas. Morphologisch interessant ist auch hier nicht nur die gesammte

---

[1] M. LAVDOWSKY, Zur feineren Anatomie und Physiologie der Speicheldrüsen etc. Aus dem physiologischen Institute zu Breslau. SCHULTZE's Archiv Bd. 13. 1877.

[2] An einzelnen Gattungen der Schleimzellen, wie im Darmepithel des Frosches, lassen sich die Schleimkörner innerhalb des Becherraumes auch durch isolirte Färbung scharf individualisiren, und werde ich bei anderer Gelegenheit darauf zurückkommen. An andern Orten, wie z. B. in der Submaxillaris, gelingt dieses leider nicht.

Destruction der Zellen, sondern auch wiederum das Auftreten von vegetativen Fädchen, wie in der Parotis. In Fig. 1 Tafel XXIX ist (1 Stunde nach Pilocarpininjection) ein Vorstadium der Erschöpfung, Fig. 2 (3 Stunden nach Pilocarpininjection) ein Vorstadium der Erholung dargestellt. Auch hier ist die Drüse nach 24—26 Stunden völlig restituirt.

Mit Hilfe jener Erfahrungen, wie wir sie an den oben geschilderten Drüsen gewonnen haben, findet man sich auch in anderen und vielleicht schwierigeren Fällen zurecht. In der Milchdrüse wird ausser dem Fett auch Eiweiss abgesondert. Ueber die Fettsecretion der Drüse haben wir im vorigen Capitel S. 102 bereits gesprochen; für die Eiweisssecretion der Milchdrüsen wollte es mir nicht gelingen, granuläre Erscheinungen als Unterlagen aufzufinden, solange ich die Drüse während der eigentlichen Lactation untersuchte. Erst als mir die Milchdrüse des Meerschweinchens kurz vor dem Wurf zu Gesicht kam, zeigten sich in den Secretionsräumen ausser den Fettelementen specifisch gefärbte Granula, wie Fig. 2 Tafel XVII zeigt.[1] Sobald während der eigentlichen Lactation die Absonderung lebhafter wird, scheint, wie dieses ja auch in vielen andern Drüsen, z. B. Leber und Pancreas, der Fall ist, mit der Ausstossung der rothen Granula gleichzeitig ihre Lösung einzutreten, und damit auch die Möglichkeit des morphologischen Nachweises verloren zu gehen.[2]

Die Beispiele für die granuläre Secretion, wie wir sie oben ausgeführt haben, dürften sich wohl leicht vermehren lassen; so kennt man in den Hautdrüsen mancher Kaltblüter schon von früher den granulären Charakter der Secretionszellen, und eine feine mikroskopische Analyse dürfte hier den Zusammenhang zwischen Granulis und Secret unschwer erweisen.

Auch die Niere kann hier für diesen Zweck herangezogen

---

[1] Die Drüse wurde bei Gelegenheit einer anderen Präparation am trächtigen Meerschweinchen auf meinen Wunsch für mich eingelegt.

[2] Die sorgfältige Untersuchung, welche STEINHAUS im Anschluss an meine Angaben an der Milchdrüse des Meerschweinches während der Lactation durchgeführt hat (Arch. für Anat. und Phys. 1892. Phys. Abth.), zeigt als besonders interessant auch hier das abwechselnde Auftreten jener vegetativen Fädchen während der Drüsenthätigkeit. Leider scheinen die Zeichnungen nicht mit Hilfe solcher Objective ausgeführt zu sein, wie sie hier nothwendig gewesen wären.

werden. Zuerst wurde ich darauf bei der Urniere des 13 tägigen Hühnchens aufmerksam. Hier zeigte es sich, dass die Zellen grössere kugelige Gebilde ausstossen, welche zum Theil noch specifische Granula enthalten, und dass dieses auch trotz der Gegenwart des epithelialen Bürstenbesatzes geschieht (Fig. 2 u. 3 Tafel XVIII).[1] In den Nieren der Warmblüter selbst, von denen Fig. 1 Tafel V einen Durchschnitt durch die Niere der Maus darstellt, liessen sich direct ähnliche Erscheinungen nicht nachweisen; doch glaubte ich, dass hieran nur das enge Lumen der Kanälchen schuld wäre. Es wurden in Folge dessen an Hunden die Uretheren unterbunden,[2] und nach 1—2 Stunden Nierenstücke mit dem Osmiumgemisch fixirt. Hier zeigte es sich dann, dass nach Erweiterung der Lumina ganz dieselben Bilder auftraten, wie in den Urnieren ohne diese Unterbindung (Fig. 1 Tafel XVIII). Offenbar wurde nach Erweiterung der Canälchenlumina durch die Unterbindung erst der Raum geschaffen, damit jene aus den Zellen kommenden kugligen Gebilde sich von einander im optischen Bilde abheben konnten. Neuerdings sind ähnliche Bilder auch von Lorenz[3] an pathologischen Nieren gesehen worden. Auch das Bild der corticalen Harncanälchen des Salamanders in Fig. 2 Tafel IV zeigt solche Auflösungen der Zellsubstanz. Der Uebergang von Secretkörnern in den Secretraum mit augenscheinlich gleichzeitig stattfindender Auflösung derselben in Form von mehr oder weniger abgeschlossenen Kugeln findet sich auch an anderen Orten vor und ist einer von den verschiedenen Modi, unter welchen die Secretkörner ihren Uebertritt aus der Zelle zum Secretraum bewerkstelligen können. So haben wir diesen Modus des Secretüberganges bereits an beiden Abtheilungen der Harder'schen Drüse des Kaninchens kennen gelernt (Fig. 4b Tafel XVIII u. Fig. 3 Tafel XIX). Dieselben Erscheinungen zeigen sich auch sehr elegant an den Epithelzellen der Placentarampullen des Hundes und Van Gehuchten hat sie neuerdings am Darmepithel wirbelloser Thiere gesehen.

---

[1] Das Präparat verdanke ich Herrn Dr. Metzner, welcher es bei Gelegenheit seiner Fettpräparationen am Hühnchenfoetus auffand.

[2] Herr Prof. Ludwig, dem ich so vielfache Belehrung und Unterstützung verdanke, hatte selbst die Güte, die Unterbindungen auszuführen.

[3] Zeitschrift für klinische Medicin. 1889.

Sehr interessante Drüsenbilder fanden sich ferner in der Bauchdrüse des Triton taeniatus[1]). Um sie zu erhalten, benutzt man zweckmässig grössere Männchen, welche zur Brunstzeit ihr volles Hochzeitskleid angelegt haben. Man befestigt das Thier in der Rückenlage und spaltet die Haut des Bauches, den Beckenring und den oberen Cloakenrand. Nach dem Seitwärtslegen der Haut und dem Auseinanderziehen des gespaltenen Beckens findet man unter der zarten Bauchmuskulatur oberhalb des Peritoneums zwei ovale Drüsenkörper divergirend aufwärtsziehen, die im Verhältniss zur Grösse des Thieres zur Brunstzeit eine sehr bedeutende Grösse zu erreichen pflegen. Die topographischen Verhältnisse der Drüsen sind denen der beschriebenen Praeputialdrüse der Maus sehr ähnlich.

Die auf Tafel XX und XXI dargestellten Bilder sind alle von solchen Männchen gewonnen, welche im Monat April getödtet waren. Doch wechselt die Brunstzeit der Thiere etwas je nach der Jahreswitterung, und richtet man sich deshalb zweckmässig nach der vollständigen Ausbildung des Hochzeitskleides.

Die Drüse ist echt tubulös; in der Drüse desselben Thieres trifft man alle Tubuli fast genau im gleichen Secretionszustande an, während bei verschiedenen Thieren, selbst wenn sie am gleichen Tage getödtet sind, dieser Zustand, wie die erwähnten Tafeln zeigen, ein ausserordentlich verschiedener sein kann. Augenscheinlich haben wir es in den vier beigegebenen Bildern, welche von vier verschiedenen Thieren herrühren, mit einer continuirlichen Stufenfolge verschiedener Secretionsstadien zu thun. Fig. 1 Tafel XX zeigt die Zellkörper gefüllt mit vegetativen Fädchen und höchstens an der Grenze zum Secretraum sieht man an einigen der Tubuli spärlich monoblastische Secretkörner grösserer Gattung. Schon in dieser Figur sind drei verschiedene Grade der Körnerhäufung sichtbar. Diese Körnerhäufung nimmt nun von der oberen Grenze der Zellen her mehr und mehr zu, wie dieses uns die Fig. 2 derselben Tafel zeigt. In dem Raum, wo diese Körnerhäufung stattfindet, werden die vegetativen Fädchen durch die Secretkörner verdeckt. An den Secretkörnern selbst beobachtet man, wie die angeführten Figuren zeigen, zunächst eine sehr ver-

[1] Topographisch ist die Drüse bereits von RATHKE, FINGER, LEYDIG, BLANHCKHARD und neuerdings von M. HEIDENHAIN beschrieben worden (Arch. f. mikr. Anat. Bd. XXXV).

schiedene Grösse, die wiederum das Wachsthum der grösseren Elemente aus kleineren andeutet. Die vegetativen Fädchen zeigen sich, besonders wenn man den Osmium- und Chromgehalt der Fixirungsflüssigkeit für diesen Zweck noch feiner abstuft, oft deutlich aus kleinsten nach einander gereihten Körnchen zusammengesetzt. In Fig. 1 Tafel XXI zeigt sich die Anhäufung der Secretkörner bereits soweit vorgeschritten, dass nur noch die Basis der Drüsenzelle frei davon ist und in Fig. 2 derselben Tafel sind die Zellen von oben bis unten gepfropft mit Secretkörnern gefüllt. In diesem augenscheinlich höchsten Stadium der Reife ist auch die Grösse der Secretkörner eine gleichmässige.

Von Interesse ist auch die Betrachtung des Inhaltes der Secreträume. Derselbe, meistens durch Schrumpfung der Reagentien mehr oder weniger von den tubulösen Zellen retrahirt, besteht entweder, wie die Abbildungen zeigen aus homogener geronnener Masse oder aus denselben dichtgedrängten Secretkörnen, wie sie die Drüsenzellen enthalten.

Das Grundgesetz des Secretionsprocesses also ist überall dasselbe: überall haben wir es zunächst mit den primären Granulis zu thun, welche im meist netzförmig vertheilten intakten Protoplasma liegen und sich oft mit Hilfe der Bildung von vegetativen Fäden vermehren; die aus diesen primären Granulis heranwachsenden und heranreifenden Secretkörner liefern die specifischen Bestandtheile des Secretes. Der Modus aber, wie diese Secretkörner in den Secretraum übertreten, ist sehr verschieden. In manchen Fällen fanden wir sie unverändert in den Secreträumen vor und hier sogar auf mehr oder weniger weite Strecken in die Ausführungsgänge vorgeschoben. Am weitesten war dieses in der Glandula labialis superior posterior der Ringelnatter (Fig. 2 Tafel XXIII) der Fall, wo wir die Secretkörner der Drüsenzellen noch im Hauptausführungsgange intakt vorfanden. Weniger weit vorgeschoben, aber deutlich in den Ausführungsröhren der Drüse zeigten sich die Secretköner in der Augendrüse desselben Thieres (Fig. 1 Tafel XXII und Fig. 1 Tafel XXIII).

In der Bauchdrüse des Triton taeniatus fanden wir die Secretkörner in dem Lumen der tubuli (Fig. 1 und 2 Tafel XXI), ebenso in der Milchdrüse des Meerschweinchens vor der Lactation (Fig. 2 Taf. XVII). In den Fett- und Talgdrüsen giebt es überhaupt keine scharfe Grenze zwischen den Zellkörpern der Drüse und dem späteren schmierigen Secret, wie insbesondere die oben im Text stehende Abbildung von der Präputialdrüse der Maus, dann auch die Talgdrüsenbilder vom Kaninchen und Meerschweinchen (Tafel XV und XVII) zeigen. In allen diesen Fällen erfolgt die Verflüssigung und Vermischung der Secretkörner zum Secret ausserhalb der Drüsenzellen in mehr weniger weiter Entfernung davon; in jener Oberkieferdrüse der Natter scheint die Verflüssigung überhaupt nicht einzutreten. Am nächsten den Zellkörpern der Drüse scheint diese Verflüssigung zu liegen, wenn, wie in Tafel XVIII und XIX die Structuren der Zellkörper sich in toto in den Secretraum drängen, aber im usurirtem Zustande; der Auflösungsprocess ist an diesen Bildern direct sichtbar.

Dem gegenüber haben wir endlich noch Drüsen, bei denen die Lösung der Secretkörner zum Secret schon innerhalb der Drüsenzelle selbst stattfindet, wie in der Leber und im Pancreas, obwohl ich auch im Pancreas zuweilen Sekretkörner in den Ausführungsröhrchen gesehen habe.

Aus dem Vergleich der verschiedenartigen Drüsen kann man ein eigenartiges Gesetz ableiten, wenn man den anatomischen Bau derselben und die Beschaffenheit der Secrete mit einander vergleicht. Es zeigt sich nämlich, dass im Allgemeinen diejenigen Drüsen, welche unlösliche Secrete, wie Fette, liefern, weite Secretionsröhren haben, während die mit gelöstem Secret sich umgekehrt verhalten. Der Zweck dieser Einrichtung liegt auf der Hand; ein gelöstes Secret vermag sich auch durch die engsten Röhrchen hindurchzuzwängen, wie wir dieses besonders an den Gallencapillaren der Leber sehen, während die corpusculären Elemente der Milchdrüsen, Talgdrüsen, HARDER'schen Drüsen, Bürzeldrüsen dieses nicht gestatten würden. Dieses selbe Verhältniss zeigt sich auch, und dieses ist das wesentlichere Moment, in den Beziehungen der Secretionszellen zu den Secretionsräumen; in dem einen Falle öffnen sich die Zellen mit ihren Bestandtheilen weit in letztere hinein, im anderen Falle, wie in der Leber, schliessen sie sich dagegen ab.

Zwischen den Extremen giebt es mannigfache Uebergänge, wie die Speicheldrüsen zeigen, und es kommt nur darauf an, wo die Lösung und Vermischung der Secretelemente erfolgt, um den Charakter des Drüsenbaues zu bestimmen; diese Lösung kann, wie wir gesehen haben, erst in beträchtlicherer Entfernung vom Acinus erfolgen, oder im Secretionsraume des Acinus selbst, oder schon innerhalb der secernirenden Zellen.

Wir können daher alle Drüsen in solche mit offenen Secretionszellen, welche zunächst geformte, nicht gelöste Secretbestandtheile liefern, und solche mit geschlossenen eintheilen, deren Secretionsproducte schon innerhalb der Zellen gelöst werden. Dazwischen liegen dann diejenigen Arten, welche die Uebergänge bilden. In allen Fällen aber macht die granuläre Form der Secretion das Wesen des Processes aus.

Wenn daher JOHANNES MÜLLER sagt, dass die die Secretionsoberflächen bekleidende lebende Substanz die Absonderungen einleitet, wenn HEIDENHAIN nach dem Erstehen der Zellenlehre die Veränderungen der Gesammtformen und der Regionen der Zellen während der Secretion beobachtet hat, so haben wir an vielen Orten die Art und Weise zu erkennen vermocht, wie die Secretionen der Drüsen sich an den Grundelementen der lebenden Substanz vollziehen; es dürfte damit der Weg gegeben sein, auf welchem wir zu einer Erklärung der Secretionserscheinungen überhaupt gelangen können, und die Granula scheinen die Bausteine des festen Gebäudes werden zu wollen, das zu errichten nach jenem Ausspruche HEIDENHAIN's bisher nicht gelungen ist.

Alle Beobachtungen, wie wir sie soeben geschildert haben, bestätigen daher den einen Satz: Die Secretion ist ein granulärer Process, und der Nachweis der Abstammung der Secretkörner von corpusculären Elementen des intacten Protoplasmas ist zugleich die wichtigste Thatsache, die wir für die Zellenlehre aus den morphologischen Erscheinungen des Drüsenprocesses kennen gelernt haben; dieser Nachweis, indem er ähnliche Nachweise an andern Zellengattungen in bester Weise ergänzt, reicht aus, um die Haltlosigkeit der bisherigen Anschauungen vom homogenen Protoplasma zu zeigen; die Granula sind nicht Abscheidungen einer homogenen Substanz, sondern morphologische Derivate geformter Grundelemente, und ihre Vitalität wird zwar vorzugsweise durch die Art ihrer Abstammung, ihres Wachsthums und ihrer Umsetzungen bewiesen, aber auch jener Umstand ist gerade bei den Drüsengranulis nicht ohne Bedeutung, dafs selbst ihre gelösten Zersetzungsproducte, die Fermente, noch Eigenschaften haben, welche sehr an Vitalitäten erinnern.

Eine Frage endlich, welche bei den Drüsenzellen bereits vielfach in Betracht gezogen wurde, ist die, ob bei der Erzeugung des Secretes die Zellen als Ganzes in dasselbe übergehen, oder nicht. Man hat dieses so entscheiden wollen, dass man in den Drüsen nach Kerntheilungen suchte, um aus der Grösse der Zellenerzeugung auf die Grösse des Zellenverlustes zu schliessen. Das Ergebniss dieser Bemühungen war meistens negativ und die LIEBERKÜHN'schen Crypten bildeten fast das einzige Drüsenobject, an welchem sich öfter eine grössere Zahl von Theilungen fanden.

Im Uebrigen wäre es ziemlich irrelevant gewesen, wenn auch in anderen Drüsen reichlichere Zelltheilungen gefunden worden wären. Die genauere Untersuchung des Secretionsprocesses hat, wie die oben angeführten Thatsachen zeigen, in allen Drüsengattungen festgestellt, dass bei der Secretion Bestandttheile der Zellen, nicht die Zellen selbst in das Secret übergehen, indem das intacte Protoplasma die Secretbestandttheile stets von Neuem producirt. Dass bei so lebhaften Processen gelegentlich Zellen absterben und durch Theilung erneut werden können, ist eine naheliegende Thatsache, die aber mit dem Process der Secretion nichts zu thun hat. Wollte man die Secretion wirklich mit der Zahl der Theilungen in Verbindung bringen, so müsste jede thätige Drüse mit denselben übersät sein, und das ist bekanntlich nicht der Fall, auch nicht einmal bei jenen Fettdrüsen, die wie die Bürzeldrüsen der Vögel (Tafel XIX Fig. 4 und 5) und die Hauttalgdrüsen des Menschen mit mehrschichtigen Zellenlagern secerniren und wo deshalb der Gedanke an eine Totalabstossung der Zellen in das Secret noch am nächsten liegen könnte. Andere Fettdrüsen, wie die Inguinaldrüse des Kaninchens und die Afterdrüse des Meerschweinchens (Tafel XV und XVII), die Präputialdrüse der Maus (Fig. 6 S. 109) etc. secerniren, wie alle anderen Drüsen mit einschichtigem Zellenbelag und schliessen sich daher ganz dem gewöhnlichen Drüsentypus an.

VII

Die Genese der Zelle.[1]

Es ist ein Axiom biologischer Anschauungen, dass alles organische Leben sich an die Form der Zelle binde, darum hat man auch überall, wo vitale Eigenschaften sich geltend machten, den Begriff der Zelle supponirt. Man spricht von der Bacterienzelle, wie man von einer Eizelle spricht, und es gilt die Zelle als die morphologische Einheit, innerhalb deren sich die Kräfte des lebenden Protoplasmas bethätigen.

Die Schwierigkeiten, welche dieses morphologische Schema bereitet, zeigen sich bereits in der Frage, was denn Alles zur Definition der Zelle nothwendig sei. Es scheint wirklich kernlose Cytoden, kernlose Plasmodien zu geben; innerhalb des grossen Protozoenreiches giebt es vielerlei Formen, die nicht in das Zellenschema hineinpassen, und wenn wir gar jene kleinsten Lebewesen, die Mikroorganismen in Betracht ziehen, so finden wir daselbst wohl eine hohe vitale Energie, von dem aber, was wir sonst einer Zelle zuzumuthen pflegen, sehen wir nichts, und jene Entschuldigung, das die Details der Structur hier durch die Kleinheit des Elementes verdeckt werden, vermag uns nicht für den Mangel eines thatsächlichen Materials zu entschädigen. Es giebt vielleicht mehr organisirte Gebilde, welche keine Zellen sind, als solche, welche diesen Namen auf Grund ihrer Eigenschaften verdienen.

Die Individualität der Zelle und ihre hohe Bedeutung für die Auffassung des organischen Lebens kann natürlich nicht geleugnet werden. Wir werden daher auch keinen Gegensatz zwischen Zelle und Nichtzelle erstreben, wohl aber werden wir

---

[1] Vergl. meine Abhandlung in der Festschrift für Carl Ludwig. Leipzig 1887.

die Uebergänge zu suchen haben, die das Verständniss aller Formen des lebenden Protoplasmas bis zur Zelle hin vermitteln.

Die echte hochorganisirte Zelle zeigt uns einen höchst complicirten Bau. Dass dem so ist, erfüllt uns vielleicht zunächst mit einer Art von Befriedigung; entspricht es doch einigermassen den Vorstellungen, welche wir von den complicirten Fähigkeiten lebender Gebilde haben. Hat man aber das Bedürfniss, zu einheitlichen Anschauungen zu kommen, so kann in dieser Complicirtheit des Zellenbaues das Wesen einer Einheit nicht begründet sein. Die Frage, ob es eine morphologische Einheit der organisirten Materie giebt und welche diese sei, ist daher durch die Aufstellung des Zellenbegriffes noch nicht erledigt.

In den voranstehenden Capiteln haben wir gezeigt, wie in den verschiedensten Zellengattungen sich die Protoplasmen aus Granulis zusammensetzen, und dass auch die Zellfibrillen meist sichtbarlich aus nichts Anderem bestehen, als aus fibrillär aneinander gereihten Granulis. Trotzdem erscheint es wichtig, zunächst dieses Verhältnis von einzelnen Granulis und Fibrillen noch näher zu charakterisiren.

Hier werden wir nicht umhin können, die Mikroorganismen mit in Vergleich zu ziehen, und sehen wir bei ihnen, dass die vielfachen Formen derselben und die vielfachen Bemühungen, diese systematisch zu ordnen, ebenfalls eine Theilung in zwei Hauptgruppen erkennen lassen, die man als Einzelelemente oder Monaden und als Fadenelemente oder Nematoden bezeichnen kann und auch bezeichnet hat, und wenn auch das Bestreben vollständig zu sein öfter dazu Veranlassung gab, neben diesen beiden Hauptgattungen noch andere Formen als gleichberechtigt hinzustellen, so war das wohl ein Fehler, aber ein um so mehr verzeihlicher, als er aus der Gewissenhaftigkeit der Forscher entsprungen ist.

Schon EHRENBERG hat dieses Theilungsprincip aufgestellt, indem er seine Monadinen von den Monadenstöcken oder Gliederfäden trennte, und wenn COHN die Einzelindividuen wegen ihrer öfter zu beobachtenden Tendenz Schleimfamilien zu bilden als Gloeogenae von den Fäden bildenden Nemotagenae scheidet, so ist hierin die gleiche Grundidee der Theilung enthalten. Wir haben es hierbei mit dem gleichen Gegensatz zu thun, wie ihn die Granula und die Fibrillen der Zelle darbieten. Da auch sonst mancherlei Umstände dafür sprechen, dass Mikroorganismen und Granula einander gleichwerthig sind und Elementarorganismen vorstellen, welche sich überall finden, wo lebendige Kräfte ausgelöst werden, so wollen wir sie mit dem gemeinschaftlichen Namen der Bioblasten bezeichnen. Im Bioblast scheint jene morphologische Einheit der lebenden Materie gefunden zu sein.

Also gloeogene und nematogene Elemente setzen nicht nur die Mikroorganismen, sondern auch die Zellen zusammen. Ob allerdings beide Arten für diese Zusammensetzung der Zelle nothwendig sind, ist fraglich. Es giebt manche Zellengattungen, bei denen die Art der Plasmaströmung, die Art der Pseudopodienbildung schon aus rein physikalischen Gründen gegen die Existenz von wohlausgebildeten Fibrillen spricht. Die letzteren scheinen also für die Zusammensetzung einer Zelle nicht nothwendig zu sein. Dagegen kann man sich von der Existenz der Granula in allen Zellengattungen überzeugen. Selbst jene Zellkörper, welche scheinbar ganz hyalin sind, zeigen mit Hilfe geeigneter Reactionen diese Elemente, wenn auch vielleicht nur in kleiner Form, und es bedarf nur des Ausgleichs der Brechungsunterschiede, um jedes Körnerplasma im ungefärbten frischen Zustande hyalin erscheinen zu lassen.

Dass wenigstens in manchen Fällen die Mikroorganismen die gleiche Reaction haben, wie die Zellengranula, das zeigt uns Fig. 2 Tafel VII, welche einen Durchschnitt durch ein Wurzelknöllchen von Coronilla glauca darstellt, und wo nach den neueren Forschungen die hier vorhandenen Elemente echte Bacterien sein sollen. Im Uebrigen hat es seine Bedenken, die Färbungsreactionen als Beweis der Analogie herbeizuziehn, denn wir finden diese Reactionen sowohl unter den verschiedenen Granulaformen, wie auch unter den verschiedenen Bacterienarten durchaus verschieden.[1]

[1] Als auf ein Curiosum mag noch darauf hingewiesen werden, dass die sonderbaren Formen der Granula, welche Dr. METZNER bei Vergiftungen der Rana esculenta mit Phosphor in der Leber erhielt (l. c. S. 95), grosse Aehnlichkeit mit den Involutionsformen mancher Bacterien zeigen, wie sie dort ebenfalls auf Grund abnormer Lebensbedingungen auftreten.

Wie in der Zoogloea die einzelnen Individuen durch eine gallertartige Ausscheidungssubstanz ihres Körpers mit einander verbunden und zugleich von einander getrennt sind, so dürfte dieses auch bei den Granulis der Zelle der Fall sein; auch hier werden wir in der Umgebung derselben nicht nur Wasser oder Salzlösung als vorhanden annehmen dürfen, sondern ebenfalls eine mehr gallertartige Substanz, deren Consistenz in manchen Fällen, wie bei den frei beweglichen Protoplasmen bis an den flüssigen Zustand heranreichen, in anderen aber ziemlich derb sein wird. Allerdings müssen wir bei den Zellen mit unserem Urtheil vorsichtig sein, ob wir es bereits mit todter Intergranularsubstanz zu thun haben, oder nicht; bei der Zoogloea, wo es sich nur um gleichartige Elemente handelt, ist über den Charakter der Zwischensubstanz kein Zweifel, bei der Zelle aber kann dieselbe noch feinere und immer feinere lebende Elemente enthalten, die wir nicht sehen; erst zwischen den letzten Elementen findet sich die Intergranularsubstanz als todtes Produkt vor. Jene Intergranularsubstanz wird nun besonders dann wesentliche Unterschiede zeigen, je nachdem sie die unabhängigen Granula oder deren Fadenverbände mit einander verbindet. Wenn von den letzteren, wie es die Muskelfibrille zeigt, hohe mechanische Leistungen verlangt werden, so bedürfen die Einzelglieder in den Fibrillen auch einer festeren Verbindung; die einfachen Kettenformen dürften dann das Mittelglied zwischen den beiden Extremen bilden. Wenn in solchen fibrillären Aneinanderreihungen der Granula, wie wir sie in den Zellen häufig finden, die Kittsubstanz zwischen den Elementen frisch oder nach der Färbung auch nicht sichtbar sein sollte, so dürfte dieselbe doch vorhanden sein und so die Continuität der Fibrillen herstellen, falls die Fibrillen nicht etwa scheinbar und interfibrilläre Granulareihen sind; die Unterscheidung zwischen fibrillären und interfibrillären Aneinanderreihungen der Granula dürfte in einzelnen Fällen Schwierigkeiten machen. In andern Fällen kann man darüber zweifelhaft sein, ob längsgerichtete Elemente einheitlich oder zusammengesetzt sind, ein Fall, der auch bei Bacillenfäden vorkommt, und hier zu der Discussion über die Isodiametrie der Nematoden geführt hat. Es ist möglich, dass jene Einheitlichkeit überall nur eine scheinbare ist.

Danach können wir also das Protoplasma als eine Colonie von Bioblasten definiren, deren einzelne Elemente, sei es nach Art der Zoogloea, sei es nach Art der Gliederfäden, gruppirt und durch eine indifferente Substanz verbunden sind.

Besondere Schwierigkeiten jedoch bereitet uns in der Zelle die Stellung des Kernes, und wir werden für diesen doch nur dann ein Verständniss gewinnen, wenn es uns gelingt, in der Reihe aller vorhandenen Protoplasmaformen das Gesetz ihrer Entwickelung zu erkennen.

Hier dürfte wohl die Zoogloea das erste und einfachste Formenstadium der Zellengenese sein, das sich durch eine vollständige Gleichstellung der zusammensetzenden Elemente auszeichnet. Nicht anders sehen wir es an den kernlosen Cytoden und Plasmodien; wenn solche Bioblastcolonieen bereits die Fähigkeit haben, fremde benachbarte Körper zu umfliessen und chemisch zu verändern, so ist dieses das erste positive Anzeichen eines durch eine Gesammtheit von Einzelelementen wirkenden Organismus. Diese Eigenschaft besitzt die Zoogloea noch nicht; sie vermag nur in ihren Einzelgliedern insoweit wirksam zu sein, als dieselben durch peripherische Lagerung mit dem umgebenden Medium in mehr oder weniger nahe Berührung kommen.

Als weitere Stufe der Zellengenese kann dann die bei vielen Protozoen zu beobachtende Fähigkeit gelten, sich zu encystiren, also Grenzschichten zu bilden, die ihnen auch in ihrer formalen Existenz eine hervorragende Individualität verleiht. Wir sehen hierbei die merkwürdige Erscheinung, dass solche Grenzschichten durch mehr oder weniger zahlreiche und mehr oder weniger grosse Oeffnungen für die sich encystirenden Plasmen permeabel bleiben, und dass das encystirte Plasma, sei es in Form von radiären Strahlen, sei es in Form von zusammenfliessenden Massen, über die Grenzschicht hinausgeht, um ausserhalb einen mit dem Mutterkörper zusammenhängenden, sonst aber unter neuen Bedingungen stehenden Aussenkörper zu bilden, der wiederum durch eine neue Schicht sich nach aussen hin abzugrenzen vermag.

In diesen vielfach studirten Formenbildungen mancher Protozoen würde nun die Grundlage der ganzen Zellengenese liegen, wenn es gelänge, in dem zuerst abgegrenzten Mutterkörper den späteren Zellkern, in dem secundär gebildeten Aussenkörper aber den späteren Zellenleib genetisch nachzuweisen.

Für einen derartigen Nachweis wäre vor Allem eine durchgreifende Revision des Kernbegriffs innerhalb der Protistenlehre nothwendig. Da wir über diesen Begriff bei den die höheren Thiere und Pflanzen zusammensetzenden Zellen bei weitem klarere Vorstellungen haben, so werden wir auch von diesen Zellen ausgehen und die hier gewonnenen Erfahrungen erst auf die Protozoen übertragen müssen. Es würde sich dann die Systematik derselben vielleicht in manchen Punkten ein wenig verschieben; eine Amöba princeps würde, wenn sie einen echten Kern besitzt, morphologisch höher stehen, als eine Gromia oviformis mit ihrer Kammerhöhle, und manche der hoch entwickelten Polythalamen würden vielleicht das gleiche Schicksal haben.

Die formenbildende Energie der Protozoen führt vielfach zu den complicirtesten und wunderlichsten Gestaltungen, die für uns kein weiteres Interesse haben, und trotz ihrer oft sehr zierlichen Regelmässigkeit als Productionen einer aberrirenden Thätigkeit des Protoplasmas betrachtet werden können. Andererseits liefert aber eben diese Thätigkeit auch die trotz aller Nuancen so übereinstimmend gebaute Form der Zelle. Dass diese Uebereinstimmung sich so weit über Thier- und Pflanzenreich ausdehnt, deutet doch darauf hin, dass wir es hier mit einem endgiltigen Produkt protoplasmatischer Formenbildung zu thun haben, und jener oben genannte Entwickelungsgang wird daher in seinen einzelnen Gliedern ein grösseres Interesse beanspruchen, als der ganze übrige Formenreichthum der Protozoen überhaupt.

Nach dieser Auffassung würde der Zellkern die Matrix der ganzen Zelle bedeuten; er selbst aber ist, wie wir gesehen haben, kein solitäres Element, sondern er besitzt die gleiche multiple Zusammensetzung wie der Zellenleib selbst (vgl. Taf. VI, XXXII und XXXIII). Den Zusammenhang und die Wechselbeziehungen aber zwischen dem Inhalt des Zellenkernes und des Zellenleibes deuten nicht nur die Radiärstructuren vieler Zellen an, sondern zeigen insbesondere die Erscheinungen der Karyokinese in prägnanter Weise.

Charakteristisch für diese Beziehungen zwischen dem Inhalt des Zellkernes und des Zellenleibes ist es, dass, wenn die Zelle sich zur Theilung anschickt, wir zunächst an einem, dann am anderen Pole des Kernes die Grenzlinie schwinden und die Radien des Zellenleibes in den Raum des Zellenkernes eindringen sehen, wie dieses insbesondere so deutlich an vielen Eizellen zu beobachten ist. Damit ist jene gesuchte Communication zwischen Zellkern und Zellenleib sichtlich erkennbar geworden, und ob in dem einen Falle, wie oft bei den Protozoen, eine substantielle Grenzschicht, in dem anderen nur eine Grenzlinie Innen- und Aussenkörper von einander trennt, dürfte wenig Bedeutung haben.

Wenn nun ein jedes Protoplasma eine Colonie von Bioblasten darstellt, so bildet demnach der Bioblast jene gesuchte morphologische Einheit der organisirten Materie, von welcher alle biologischen Erwägungen in letzter Instanz auszugehen haben. Wir werden die Leistungen des Protoplasmas, mögen sie vegetativer oder animaler Art sein, mögen sie sich in chemischen Umsetzungen oder in den Phänomenen der Bewegung und Empfindung documentiren, nunmehr von jenem allgemeinen Begriff trennen und auf den Bioblasten übertragen müssen, und wenn dadurch die Erklärung für jene Leistungen noch nicht gegeben ist, so haben wir wenigstens auf diese Weise einen präciseren Anhalt dafür gewonnen, wo wir diese Erklärung suchen sollen. Die Möglichkeit, diese Leistungen in allen Gruppen der Lebewesen auf das analoge Formenelement und damit auch auf analoge Grundursachen zurückführen zu können, verdient es wohl, energisch ausgenutzt zu werden.

Da ausser den Colonien auch selbstständig lebende Bioblasten existiren, so wollen wir diese letzteren, wie sie in dem primären Mikroorganismen gegeben sind, als Autoblasten den die Zelle zusammensetzenden Cytoblasten gegenüberstellen. In beiden Gattungen finden wir die Formenelemente der Monoblasten und Nematoblasten vor. Wir erhalten so ein System, welches den ganzen Umfang der Zellenlehre in sich begreift.

Es ist hierbei nothwendig, immer festzuhalten, dass diese

einheitliche Auffassung des Zellenbaues nur phylogenetisch ihre Berechtigung hat. Wenn BÉCHAMP, wie oben erwähnt, verführt durch eine fehlerhafte Beobachtung des Fäulnissprocesses einen direkten Uebergang der Zellenelemente in selbstständige Organismen annimmt und so an Stelle der Analogie die Identität setzt, so widerspricht dieses Allem, was wir bisher durch exakte Beobachtung über die organisirte Materie wissen; und Aehnliches gilt auch von den ähnlichen Angaben WIEGAND's (l. c.). Mit den unklaren Vorstellungen, wie sie die Beobachtung der bekannten meist trüben Körnungen des lebenden Protoplasmas giebt, gelang es ihnen nicht einmal, den specifischen Charakter der Zellengranula nachzuweisen, viel weniger noch vermochten sie ihre weiteren Folgerungen wahrscheinlich zu machen. Die Zellengranula lassen sich nicht züchten, sie sterben mit der Zelle ab; das ist durch die exakten Versuche MEISSNER's HAUSER's und Anderer zur Genüge festgestellt, welche, indem sie auf parasitäre Bacterien in den normalen Organen fahndeten, Stücke von diesen unter Abhaltung fremder Organismen und unter möglichst guten Bedingungen für die Weiterentwickelung etwaiger züchtbarer Elemente längere Zeit conservirten und so negative Resultate erhielten. Sie wollten zunächst nur die Frage entscheiden, ob Bacterien im lebenden Organismus vorhanden sind oder nicht, sie haben mit der Verneinung dieser Frage im Gegensatz zu BÉCHAMP und WIEGAND zugleich bewiesen, dass die Elemente der Zellen unter den gewöhnlichen Bedingungen nicht züchtbar sind. Wenn in der Bacterienfrage uns PASTEUR die Reinlichkeit und KOCH gar die Reincultur gelehrt haben, so haben BÉCHAMP und WIEGAND offenbar nicht einmal diese wichtigen Errungenschaften sich zunutze gemacht.

Wenn BÉCHAMP der intensivste und der jüngste Vertreter jener alten Lehre ist, wonach die Elementarkörnchen die Grundelemente der Gewebe ausmachen sollen, so habe auch ich es mir zur Aufgabe gesetzt, diese alte Lehre wieder zu Ehren zu bringen, allerdings in einer modificirten Form. Jene Beobachtungen, dass ein jedes Protoplasma sich aus den specifisch reagirenden, mit bestimmter Individualität versehenen Granulis zusammensetzt, zwingen mich hierzu, und meine Erfahrungen haben sich inzwischen so erweitert, dass mir ein Zweifel für die Richtigkeit und allgemeine Giltigkeit jener Beobachtungen nicht übrig bleibt. Wenn darum BÉCHAMP sagt, que la granulation moléculaire est organisée, est vivante, est douée d'activité, so stimme ich ihm aus voller Ueberzeugung bei, trotz der Verschiedenheit unserer Anschauungen über diese Activität; wenn er jedoch gleich darauf behauptet,[1] pour qu'une cellule naisse, il n'est pas besoin d'une cellule antérieure, et tous les faits démontrent, qu'une cellule antérieure n'est pas nécessaire pour expliquer la formation d'autres cellules; les cellules se forment par les mycrocymas, und dieses an einer Menge von Thatsachen beobachtet haben will, — auf welche hier einzugehen nicht der Mühe lohnt, — so kennzeichnet er damit selbst die ganze Unzulänglichkeit seiner Theorien und Techniken. Seitdem SCHLEIDEN und SCHWANN die Zusammensetzung der Gewebe aus Zellen demonstrirt haben, ist keine wichtigere Thatsache bekannt geworden, als dass eine jede Zelle aus einer Zelle entstehe. Die hohe Bedeutung dieser Lehre VIRCHOW's, dass es eine Discontinuität der Entwickelung in den Elementartheilen ebensowenig gäbe, wie bei den ganzen Organismen, kann nicht durch so verfehlte Beobachtungen tangirt werden. Die alte Lehre von den Elementarkörnchen und der Zusammensetzung der Zellen aus ihnen ist richtig, aber nur vom phylogenetischen Standpunkte aus.

Müssen wir nun wegen der Nichtzüchtbarkeit der Cytoblasten principielle Unterschiede zwischen ihnen und den Autoblasten annehmen? Keineswegs, denn könnten wir den ersteren ausserhalb ihrer Zelle und ausserhalb ihres Organismus dieselben Bedingungen der Existenz bieten, welche sie intra vitam haben, so würden sie auch selbstständig weiter leben und functioniren können, wie die Autoblasten auch. Wir kennen aber die Bedingungen nicht, welche die Zellenelemente für ihre Existenz nöthig haben. Nicht nur die Regulirung des Sauerstoffzutritts, des Wassergehaltes und eventuell der Temperatur werden nothwendig sein, sondern noch manche andere Bedingungen, die wir wohl niemals werden künstlich erzeugen können. Das Zusammenleben in einem complicirten Organismus dürfte den

---

[1] Les Mycrocymas etc. S. 519.

Cytoblasten auch complicirte Lebensbedingungen verliehen haben, die sie von dem Gesammtstoffwechsel und Gesammtleben ihres Organismus abhängig machen. Wie soll ein Granulum ohne seine Zelle, eine Zelle ohne ihr Organ und ein Organ ohne den Organismus bestehen können? Schon bei der Behandlung der Organe sind die Bedingungen der Existenz so vielfache, dass wir bis jetzt nur einen geringen Theil derselben übersehen und künstlich erzeugen können. Allein die Abhängigkeit des Organ- und Zellenlebens von nervösen Centren ist ein Umstand, der in der Reihe der Organismen an Einfluss steigend zunimmt, äusserst merkwürdig für die höheren Organisationen und äusserst schwierig für den experimentellen Eingriff ist; es wird einmal von grossem Interesse sein, die Eigenschaften der verschiedenen Protoplasmen entsprechend der steigenden Grösse dieser Abhängigkeit zu classificiren. Bei den Pflanzen und den niedersten Thieren pflegen wir eine solche Abhängigkeit nicht anzunehmen, und wäre deshalb hier die Möglichkeit einer selbstständigen Existenz für die Zellengranula noch am ehesten geboten. Ein principieller Unterschied wird aber gegenüber den Autoblasten durch die Nichtzüchtbarkeit der Cytoblasten nicht bedingt, und auch sonst gibt es hier Uebergänge, welche eine Vermittelung der Gegensätze darbieten. Wenn der Tuberkelbacillus auf pflanzlichem Substrat nicht gedeiht, auf Fleischpeptongelatine nur kümmerlich fortkommt und erst im Blutserum bei geeigneter Temperatur gute Entwickelung zeigt, so stört dieses unsere einheitliche Betrachtung der Autoblasten nicht; warum sollten die um einige Stufen complicirteren Lebensbedingungen der Cytoblasten für eine solche einheitliche Auffassung ein Hinderniss sein? Es ist ja gleichgültig, wie lange Perioden es gedauert hat, bis die Lebensbedingungen der Cytoblasten ihre Complicirtheit erlangt haben; die Unterschiede mögen graduell so gross geworden sein, wie sie wollen, eine principielle Trennung darauf zu basiren, dürfte nicht gerechtfertigt sein.

Von diesem Standpunkte aus ist es auch erklärlich, warum die ursprünglich identischen Elemente des Zellkernes und Zellenleibes zu so differenten Eigenschaften gelangt sind. Mit der Abgrenzung in einen Innen- und einen Aussenkörper sind die Lebensbedingungen für beide Theile verschieden geworden; es hat sich augenscheinlich hierdurch eine Arbeitstheilung herausgebildet, und diese wiederum chemische und morphologische Unterschiede herbeigeführt. Der wesentlichste Unterschied zwischen beiden dürfte darauf beruhen, dass der Kern augenscheinlich bei den vielfachen und oft extremen Stoffanhäufungen der Zellkörpergranula wenig betheiligt ist, darum auch die lebende Substanz in grösserer Reinheit repräsentirt. Wenn wir daher oben Zweifel darüber ausgesprochen haben, dass der Kern Eiweiss enthalte, so gilt dieses von der lebenden Substanz in ihrem reinen Zustande überhaupt, denn der Kern muss uns durch seine Sonderstellung in der Zelle hierin massgebender sein, als der assimilirende Zellkörper.

Die eigenthümlichen Eigenschaften der Vererbung, wie sie im Verfolg der Abstammung grober Formen eine so grosse Rolle spielen, dürften auch bei den Elementartheilen lebender Organismen constante Formen und Functionen herausgebildet haben. Die Uebergänge für diese Formenconstanz der Zelle aber scheinen in jener primären Encystirung mancher Protozoen und in der Bildung ihres Aussenkörpers noch heute gegeben zu sein, und hat es einen grossen Reiz, den Werth der Erfahrungen, welche an der Zelle selbst so schwierig zu erreichen sind, an diesen Uebergangsformen zu prüfen.

In früherer, noch kaum verflossener Zeit war man geneigt, den Kern als ein Abscheidungsproduct der Protoplasmasubstanz, als ein acut entstehendes Umbildungsproduct eines beliebigen Protoplasmatheiles zu betrachten. Man wusste wohl, dass in vielen Fällen der Kern sich durch Theilung vermehre; wenn aber irgendwo Kerne auftraten, deren Entstehungsmodus nicht direct sichtbar war, so glaubte man sich ohne Weiteres berechtigt, eine autochthone Urzeugung des Kernes aus irgend einem Protoplasmatheile annehmen zu können. So wenig achtete man die Organisation der Zelle und diejenige des Kernes, dass man sich ohne Weiteres über jene Perioden hinwegsetzte, deren es bedurft hat, um diese Organisation zu erzeugen.

Hier hat nun ein eingehendes Studium des Kernes und die Beobachtung der karyokinetischen Erscheinungen gründlich aufgeräumt, und jene Abscheidungslehre ist mehr und mehr selbst aus ihren festesten Positionen gedrängt worden. Es scheint eben, als wenn die im Laufe langer Entwicklungsperioden erworbenen Eigenschaften der Zelle und des Kernes nicht in acuter Weise entstehen können.

Ein Anderes ist es, wenn ein plasmatisches Individuum von niederer Stellung für seine Fortpflanzung zu sorgen hat, das ohne höhere Organisation aus mehr oder weniger gleichartigen Elementen zusammengesetzt ist. Hier hat der Zerfall des Protoplasmas in seine Elemente nichts Merkwürdiges, mögen die Zerfallsproducte Sporen, Sprösslinge oder sonstwie heissen, und mögen dieselbe einzelne Bioblasten oder Gruppen derselben repräsentiren. Von einer kernlosen Cytode sind wir sogar berechtigt anzunehmen, dass, wenn wir sie mit einem Messer zerschneiden, daraus neue lebensfähige Individuen entstehen. Das werden wir von einer kernhaltigen Zelle nicht annehmen; deren Organisation ist eine so hoch stehende, dass auch der Modus ihrer Vermehrung derselben entsprechen muss und deshalb seine eigenen Gesetze befolgen wird, welche in jeder Bioblastcolonie durch die Art der einzelnen Bioblasten und durch die Art ihres Zusammenlebens bedingt sein dürften. Mit der Kenntniss der karyokinetischen Erscheinungen haben wir den Anfang gemacht, diesen Gesetzen näher zu kommen.

So lange man jene Erscheinungen nicht kannte, und so lange die vorhandenen Methoden der Untersuchung nicht die nothwendige Unterlage boten, waren jene Irrungen über die Abstammung des Kernes sehr wohl entschuldbar; vergab man doch dabei nichts jenem biologischen Grundsatze omne vivum e vivo, und selbst der Satz omnis cellula e cellula blieb dabei bestehen; dass es auch ein omnis nucleus e nucleo giebt, das wusste man eben damals nicht, und das ist heute besonders durch FLEMMING's Untersuchungen mehr und mehr wahrscheinlich geworden.

Bei den Protisten ist der Versuch, den Kernbegriff zu definiren, überhaupt noch nicht ernstlich unternommen worden, und mag dieses wohl daran liegen, dass man angezogen durch die Mannigfaltigkeit der äusseren Erscheinungen die Einheit und die innere Gesetzmässigkeit derselben ein wenig vernachlässigte. Die Möglichkeit eines Irrthums in Bezug auf den Kern wird hier deshalb noch grösser sein, weil jene Umwandlungen und excessiven Formen der Bioblasten, wie wir sie anderweitig als Dotterkörner, Dotterkugeln, Dotterplättchen, Körnerballen, Chlorophyllkörner u. s. w. kennen, gerade bei den Protozoen wohl noch mannigfaltigere Gestalt annehmen können. Solche verschiedene Inhaltskörper des Protoplasmas, vielleicht auch manche Arten von Vacuolen, ferner Gebilde, die wir in der Zelle höchstens als Nebenkerne benennen, sind hier wohl schon öfter als Kerne gedeutet worden; dann dürften Gebilde, welche als genetische Vorstufen des Kernes aufgefasst werden können, als Kerne selbst bezeichnet, und andererseits Vorstufen des Kernes als solche nicht erkannt, sondern nur als Centralgebilde des Individuums definirt worden sein.

Wenn in der Protistenlehre verschiedene Arten aufgestellt und in denselben kernlose und kernhaltige Gebilde zusammengefasst werden, so mag das für die Systematik der äusseren Formen wohl berechtigt sein. Die Zellenlehre kann sich aber mit einer solchen Systematik nicht zufrieden geben, sondern sie wird ausser den Autoblasten vor allem drei Gattungen von Bioblastcolonien zu unterscheiden haben: die kernlosen, welche bereits Häckel als Moneren zusammengefasst hat, die kernhaltigen, welche man unter dem Namen der Zellen kennt, und diejenigen, welche die genetischen Bildungsstufen des Kernes enthalten; die letzteren, welche wir als Metamoneren zusammenfassen wollen, dürften in mehreren Gruppen der heutigen Protistensysteme zahlreich zu finden sein.

Darum aber ist das Studium des Kernes gerade bei den Protisten vom höchsten Interesse, weil, wenn irgendwo, hier die genetischen Stadien seiner Entwickelung vorhanden sein müssen. Wir dürften wohl nicht fehl gegangen sein, wenn wir die ersten Entwickelungsstufen in jener primären Encystirung mancher Protozoen und in der Bildung ihres Aussenkörpers gesucht haben. Den Kern als ein einfaches Abscheidungsproduct des Protoplasmas anzusehen, dazu findet sich selbst von phylogenetischem Gesichtspunkte kein Grund, während Manches für jene Auffassung spricht; die Lehre von der Abscheidung des Kernes aus vorgebildetem Protoplasma hat wenigstens ontogenetisch noch nirgends einer näheren Untersuchung Stand halten können.

Dass der Kern den Centralkörper der Zelle vorstellt, daran

ist wohl nicht zu zweifeln, und dass er als solcher mit den Centralgebilden mancher Protozoen vergleichbar ist, dürfte ebenfalls zugegeben werden.

Die neuesten Beobachtungen über das Centrosom haben in diese alte Auffassung vom Kern als Centralkörper der Zelle allerdings Schwankungen gebracht, und ist hierbei die paranucleäre Stellung des Zellencentrums in der That in einer Anzahl von Fällen bewiesen worden. Sie war bei der Theilung der Zelle schon lange bekannt, besonders in jenem prägnantesten Falle, wo die Chromatintheile des Kernes sich am Aequator der Mitose ansammeln und beide Centren beider Tochterzellen völlig kernlos erscheinen. Dass man sie auch in den Anfangsstadien der Zelltheilung gefunden hat, zeigt den besonderen Zusammenhang dieser paranucleären Centralisation mit der Zelltheilung überhaupt, dass sie bei wirklich ruhenden Zellen eine grössere Verbreitung haben sollte, ist jedoch noch nicht bewiesen. Die Zahl der Fälle, wo die Radien des Zellkörpers allseitig direct senkrecht auf die Kerngrenze treffen, ist gross genug, als dass sie einfach weggeleugnet werden könnte, und grade diese Fälle zeichnen sich oft durch deutlichste Prägnanz der Erscheinungen aus. Die Tendenz also, jene paranucleäre Stellung des Zellencentrums als ein allgemeines Vorkommniss im Zellenbau hinstellen zu wollen, wie sie neuerdings hier und da auftritt, ist gewiss zu weitgehend, und entspringt augenscheinlich jenem junggeborenen Enthusiasmus, wie er neuen Entdeckungen eine Zeit lang zu folgen pflegt. Die Zelle ist ein lebendes Gebilde und hat als solches ihre Wunderlichkeiten; in der Muskelfaser sehen wir die Fibrillen ebenfalls unbekümmert an den Kernen vorbeilaufen; die Frage von den Nebenkernen ist eine der dunkelsten der Morphologie; und Zellen, welche wie die Leukocyten mit so ausserordentlichen Labilitäten begabt sind, dürfen hier überhaupt nicht massgebend sein. Wenn in einzelnen Fällen wirkliche Ruhezellen eine solche paranucleäre Lagerung ihrer Centralisation wirklich zeigen sollten, so beweist dieses nur, dass ein Zustand, wie er während der Theilung der Zelle zur Regel gehört, auch ausnahmsweise in der Ruhe eintreten kann; die Zelle ist eben kein starres Gebilde, und kann sich solche Variationen erlauben. Die Thatsache allerdings, wie wir sie von den Theilungsbildern her schon seit lange kennen, dass die Substanz des Kernes sich aus dem Verband der Zellorganisation temporär loslösen kann, bleibt höchst eigenthümlich, wohl aber dürfte der Kern bei eintretender Ruhe und Normallage zur Zelle wieder seine beherrschende Centralstellung von Neuem einnehmen. Ich möchte fast glauben, dass wir bei den weiteren Untersuchungen dahin kommen werden, das Centrosom als den alten echten Nucleolus anzuerkennen, wie er schon in der älteren Zellenlehre seine Rolle als Centrum des Kernes und damit der ganzen Zelle gespielt hat, und dass wir dahin kommen werden, die paranucleäre Stellung desselben als typisch für die Theilung, als atypisch für die Ruhe der Zelle zu betrachten.

Aus mancherlei Gründen wird es nicht leicht sein, alle Uebergänge der Zellen- und Kerngenese aus der Reihe der Protozoen abzutrennen. Sollte dies aber doch gelingen — und die Möglichkeit muss gegenüber den Fortschritten, welche die Kernlehre in dem letzten Jahrzehnt genommen hat, zugegeben werden — dann dürften die Metamoneren wohl zahlreicher sich erweisen, als es heute den Anschein hat; sie werden dann wahrscheinlich eine umfangreiche Gruppe von Formerscheinungen bilden, von denen wir manche belehrenden Aufschlüsse zu erwarten haben. Bei vielen Protozoen sind wir schon heute in der Lage, sie mit Bestimmtheit den Metamoneren zuweisen zu können; es wird jedoch nützlicher sein, später mit einem mehr ausgiebigen Material diese Frage zu behandeln; für jetzt muss es uns genügen, die Grundzüge einer Zellengenese angedeutet zu haben.

Auf diese Weise haben wir wenigstens schon ein Gerüst für den weiteren Ausbau, wenn wir die Zusammensetzung des Protoplasmas aus Bioblasten erkennen und die äussere Formgestaltung desselben von jener primären Encystirung der Metamoren ableiten können.

Was ist der Bioblast? In denjenigen biologischen Fragen, welchen wir rathlos gegenüberstehen, pflegt es uns eine Zuflucht zu sein, dass schliesslich doch organisirte Dinge nicht anderen Regeln unterliegen können, als nicht organisirte. Es ist das eine Forderung unseres Verstandes, die wir nicht abweisen können, und die wir beibehalten müssen, so weit auch oft scheinbar der Zwischenraum ist, der diese beiden Welten von einander trennt. Nun finden wir aber, dass es in der anorganischen Welt ebenfalls eine morphologische Einheit giebt, das ist der Krystall. Sollte der Bioblast vielleicht auch ein Krystall sein? Es wäre eigentlich merkwürdig, wenn dem nicht so wäre, denn die Natur hat kein doppeltes Gesicht, und es giebt nur ein Gesetz, das Alles beherrscht, das Lebende und das Todte.

Den Begriff des organisirten Krystalles kennt man bereits, und man hat ihn bereits vielfach discutirt; dass diese Discussion gerade an diejenigen Elemente angeknüpft hat, welche wir, wie die Dotterplättchen der Eier und ähnliche Gebilde, als Abkömmlinge der specifischen Zellengranula bezeichnen mussten, ist doch ein Umstand, der zu denken giebt.[1] Allerdings ist man hierin bereits zu weit gegangen, indem man in den Begriff des organisirten Krystalles auch jene aus manchen Eiweisslösungen sich abscheidenden künstlichen Krystalle hineinzog; der organisirte Krystall entsteht nicht durch Abscheidung, er entsteht nur durch Fortpflanzung schon vorhandener Individuen; auch seine Organisation wird vererbt, nicht acut erworben, uud wir haben schon früher bei einer anderen Gelegenheit in der Gegenüberstellung des geformten und gelösten Fermentes betont,[2] dass mit dem Uebergang eines organisirten Körpers in Lösung auch seine Organisation aufhört und verloren ist; wird das organisirte Element gelöst, so wird es auch zersetzt, die Abscheidung eines organisirten Elements aus einer Lösung ist daher sehr unwahrscheinlich.

Darum wird es auch schwierig sein, dem Inhalt der organisirten Krystalle chemisch näher zu kommen, denn die wichtigsten Aufschlüsse der Chemie lassen sich doch nur durch Auflösung der zu untersuchenden Substanzen erreichen. Mit dem geformten Element sich zu beschäftigen, ist daher nur der Morphologe befähigt. Wenn die morphologischen Reactionen auch nur zum Theil directe Schlüsse erlauben, so ist doch zu hoffen, dass wir mit der Zeit durch schärfere Präcision dieser

---

[1] Ob alle Dotterkrystalloide organisirt sind, wird bestritten; die Lehre von denselben bedarf jedoch einer gründlichen Revision, da insbesondere von Seiten der Chemiker hier die Begriffe der organisirten und nicht organisirten Substanz wenig auseinandergehalten werden.

[2] Vgl. meine Abhandlung: Studien über die Zelle. Leipzig, 1886.

Methoden auch zu einiger Einsicht über die Substanz des Bioblasten selbst gelangen werden. Der nicht organisirte Krystall gilt dem Chemiker als Muster der Reiheit und Einfachheit einer Substanz; der organisirte Krystall scheint in der Complicirtheit seiner Zusammensetzung sein eigentliches Wesen zu haben; ob es jemals gelingen wird, das Gesetz dieser Complicirtheit zu erkennen, das wissen wir nicht.

Man hat als wesentliche Unterschiede zwischen organisirten und nicht organisirten Krystallen besonders zwei Eigenschaften hervorgehoben; die organisirten Krystalle wachsen durch Intussusception, die nicht organisirten durch Apposition; die organisirten sind quellbar, die nicht organisirten lösbar. Diese Unterschiede mögen gewiss sehr bedeutungsvoll sein, wesentlicher aber noch erscheint jene verschiedene Art der Entstehung. Wir werden nach unseren bisherigen Erfahrungen von der organisirten Materie nur annehmen können, dass das Granulum nur durch Theilung schon vorhandener Individuen entsteht. Wie dann die frühere Urzeugung derselben zu denken ist, das wird uns wohl noch lange verborgen bleiben.

Wir haben bereits eine absteigende Reihe von Sätzen, die den Process der Entstehung lebender Formen ausdrücken sollen: Das omne vivum e vivo, omnis cellula e cellula, omnis nucleus e nucleo sind fast allgemein anerkannte Grundsätze der Biologie. Wenn wir diesen noch ein *omne granulum e granulo* hinzufügen, so schliessen wir nur den Kreis der Ideen, den diese Sätze enthalten.

Mit der Annahme aber eines überall vertretenen und überall wirksamen morphologischen Elementes stellt sich die Chemie der organisirten Substanzen in einen strikten Gegensatz zu der der nicht organisirten. Wenn dort die Regel Geltung haben mag, corpora non agunt nisi soluta, so heisst es hier: corpora non agunt nisi solida.[1] Diesen Chemismus zu verstehen, das muss allerdings der Zukunft vorbehalten bleiben.

Der Gedanke, dass nicht flüssige, sondern geformte Einheiten die Träger der Lebensverrichtungen sein müssen, ist nicht neu, sondern schon vielfach mehr oder weniger bewusst dis-

[1] Vergl. meine Abhandlung: Studien über die Zelle. Leipzig 1886.

cutirt. Wenn BRÜCKE von der molekularen Organisation des Protoplasmas spricht, die in ihrer Eigenart die Leistungen desselben bedingen soll, so kann hiermit ein flüssiger Zustand nicht gemeint sein, denn Flüssigkeiten haben keine Organisation. Die Micellen NAEGELI's, die Plastidule ELSBERG's und HAECKEL's, die physiologischen Einheiten SPENCER's, die Keimchen DARWIN's, welche sein neuester Interpretator H. DE VRIES[1] als Pangene bezeichnet, die Plasomen WIESNER's, die Idioblasten HERTWIG's, und wie alle jene unsichtbaren Elemente heissen mögen, gehen bereits in den Vorstellungen ihrer Autoren mehr oder weniger über Molekülgrösse hinaus, und gelten ihnen als Träger der Lebensprocesse. Alle diese hypothetischen stofflichen Einheiten bleiben aber noch unterhalb der Grenze des Sichtbaren, wie ihre Autoren es annehmen.

Die Bioblasten dagegen sind als morphologische Einheiten der lebenden Materie sichtbare Elemente; sie bilden als diese Einheiten die wahren Elementarorganismen der belebten Welt. Ihrem krystalloiden Charakter, wie wir ihn als vorhanden angenommen haben, widerspricht es nicht, dass sie vielleicht in manchen Fällen noch eine weitere morphologische Structur in sich entwickeln können, in ihrer einfachen Form dagegen werden wir Trennungen in ihnen nur auf Grund ihrer molekularen Organisation vornehmen können. —

---

[1] H. DE VRIES, Intracellulare Pangenesis. Jena 1889. Vergl. hier auch die Literatur über jene hypothetischen unsichtbaren Zellstructuren. Die Hypothese DARWIN's vom Transport seiner Keimchen im Organismus hat, obwohl sie von rein theoretischem Standpunkte aus geschaffen ist, ein hohes Interesse, und findet auch in neueren Auslassungen ihren Wiederklang. —

Erklärungen zu den Tafeln.

(Wo nicht besondere Angaben gemacht sind, ist die Vergrösserung auf etwa 700 linear gehalten, und die Färbung mit Säurefuchsin und nachfolgender Differenzirung durch Picrinsäure angewendet; die Zeichnungen sind von den Herren BROEDEL und KIRCHNER in langer treuer Thätigkeit ausgeführt worden.)

Tafel I. Pigmentzelle aus der Haut einer Salamanderlarve, ohne künstliche Färbung.

Tafel II, Fig. 1. Leber von Rana esculenta, Hungerbild, Fixirung mit dem Osmiumgemisch.

Fig. 2. Leber von Rana temporaria, Hungerbild, Fixirung mit dem Quecksilbergemisch und Ameisensäure. Vergr. c. 450.

Tafel II A, Fig. 1. Leber der Maus, Osmiumgemisch.

Fig. 2. Leber von Salamandra maculata, Quecksilbergemisch mit Ameisensäure.

Tafel III. Alle Figuren dieser Tafel stammen aus Leberschnitten von Rana esculenta, dieselben sind alle mit dem Osmiumgemisch fixirt.

Fig. 1—4 sind Schnitte von demselben Leberstückchen, nur nachträglich verschieden behandelt; sie entstammen einer maximalen Fettleber der Esculenta.

Fig. 1 zeigt die reine Osmiumfärbung des Präparates.

Fig. 2. Extraktion des Osmiumfettes, alles Uebrige diffus mit Säurefuchsin gefärbt, ohne Differenzirung mit Picrin.

Fig. 3. Das Osmiumfett nicht extrahirt, differenzirte Färbung mit Säurefuchsin — Picrinsäure.

Fig. 4. Das Osmiumfett extrahirt, das Uebrige differenzirt mit Säurefuchsin — Picrinsäure gefärbt.

Fig. 5. Ein etwas jüngeres Stadium der Fettleber von Rana esculenta. Die Granula sind hier noch nicht zu Fäden umgewandelt, die Fettkörner zeigen ein dunkelrothes Centrum.

Fig. 6. Ein regressives Stadium der Fettleber.

Tafel IV. Niere von Salamandra maculata, Fixirung mit dem Quecksilbergemisch und Ameisensäure.

Fig. 1. Medullare Schicht, die Granula zeigen eine Aneinanderreihung zu Fädchen.

Fig. 2. Corticalschicht, regellose Lagerung der Granula, Auflockerung der Intergranularsubstanz zum Lumen.

Tafel V, Fig. 1. Niere der Maus, Osmiumgemisch.

Fig. 2. Magenschleimhaut der Katze. Osmiumgemisch.

Tafel VI. Granula des Zellkernes. Modificirte Fixirung mit Osmium, Färbung mit Cyanin.

Fig. 1. Darmepithel von Triton taeniatus.

Fig. 2. Niere von Triton taeniatus.

Fig. 3 und 4. Blutkörperchen von Proteus anguineus, Vergr. c. 1000.

Tafel VII, Fig. 1. Pancreas der Maus, Osmiumgemisch.

Fig. 2. Schnitt durch ein Wurzelknöllchen von Coronilla glauca, Fixirung mit dem Quecksilbergemisch und Essigsäure. Die Abbildung zeigt die übereinstimmende Farbenreaction der hier vorhandenen Bacterien mit den Zellengranulis. Präparat von Dr. ZIMMERMAMN.

Tafel VIII. Pancreas der Maus. Beide Abbildungen entstammen demselben Organ.

Fig. 1. Fixirung mit dem Quecksilbergemisch und Essigsäure.

Fig. 2. Fixirung mit dem Quecksilbergemisch und Ameisensäure.

Tafel IX, Fig. 1. Längsschnitt durch den Muskel des erwachsenen Frosches. Quecksilbergemisch mit Ameisensäure.

Fig. 2 und 3. Aus dem Schwanze der Froschlarve, zwei Stadien der Muskelfaserbildung, gleiche Fixirung wie Fig. 1.

Tafel X, Fig. 1—3. Flügelmuskel von Dytiscus marginalis, Osmiumgemisch nach dem Kochen des Käfers angewendet.

Fig. 1. Längsschnitt. Die vereinzelten hellen Centra in den Granulis sind durch ein Versehen des Lithographen erzeugt und von mir zu spät bemerkt worden.

Fig. 2. Querschnitt durch eine Muskelfaser, Extraction des Osmiumfettes.

Fig. 3. Querschnitt durch eine Muskelfaser, reine Osmiumfärbung.

Tafel XI, Fig. 1. Magenschleimhaut von Rana esculenta, Quecksilbergemisch mit Ameisensäure.

Fig. 2. Nervenzelle aus dem Spinalganglion des Frosches. Osmiumgemisch.

Fig. 3. a, b, c, Purkinje'sche Zellen aus dem Kleinhirn der Katze. Osmiumgemisch.

Tafel XII, Fig. 1. Zottendurchschnitt durch den Katzendarm, Osmiumgemisch.

Fig. 2. Schleimhaut des Froschdarmes, Quecksilbergemisch mit Ameisensäure.

Tafel XIII, Fig. 1. Körnerschicht aus dem Kleinhirn der Katze, Querschnitt, Osmiumgemisch.

Fig. 2. Rindenschicht aus dem Kleinhirn der Katze, Querschnitt, Osmiumgemisch.

Tafel XIV, Fig. 1. Querschnitt durch die Hirnwand eines Katzenembryo, Osmiumgemisch.

Fig. 2. Querschnitt durch das Medullarrohr desselben Katzenembryo an der Stelle der vorderen Wurzel.

Tafel XV, Fig. 1. Anale Talgdrüse des Meerschweinchens, reine Osmiumfärbung. Vergr. c. 450. Einschluss in Paraffinum liquidum.

Fig. 2. Inguinale Talgdrüse des Kaninchens, reine Osmiumfärbung Vergr. c. 450. Einschluss in Paraffinum liquidum.

Wie alle Zeichnungen, so sind auch diese bei offenem Condensor ausgeführt worden.

Tafel XVI, Fig. 1. Querschnitt durch die Rinde der Nebenniere des Hundes, reine Osmiumfärbung. Vergr. c. 450.

Fig. 2. Fettbildungsgewebe aus der Nierenkapsel des neugeborenen Kätzchens nach den ersten Milchfütterungen, KÖLLIKER'sche Zellen. Copie nach Dr. METZNER.

Tafel XVII, Fig. 1. Anale Talgdrüse des Meerschweinchens, dasselbe Präparat wie Fig. 1, Taf. XV, nur schwache Vergrösserung.

Fig. 2. Milchdrüse eines hochträchtigen Meerschweinchens, Osmiumgemisch.

Tafel XVIII, Fig. 1. Längsschnitt durch ein Harnkanälchen des Hundes, $1^1/_2$ Stunden nach Unterbindung der Uretheren, Osmiumgemisch.

Fig. 2 und 3. Längs- und Querschnitt durch ein Urnierenkanälchen des 13tägigen Hühnerembryo, Osmiumgemisch.

Fig. 4a und b. Glandula Harderi des Kaninchens, kleine weisse Abtheilung, Osmiumgemisch.

Tafel XIX, Fig. 1. Glandula Harderi des Meerschweinchens, Osmiumgemisch.

Fig. 2. Glandula Harderi des Hamsters, Osmiumgemisch.

Fig. 3. Glandula Harderi des Kaninchens, grössere röthliche Abtheilung, Osmiumgemisch.

Fig. 4. Bürzeldrüse der Taube, Osmiumgemisch.

Fig. 5. Bürzeldrüse der Ente, Osmiumgemisch.

Tafel XX und XXI. Bauchdrüse von Triton taeniatus, Osmiumgemisch. Vier verschiedene Stadien der Secretion.

Tafel XXII. Augendrüse der Ringelnatter, Osmiumgemisch.

Fig. 1. Ohne Differenzirung mit Picrinsäure. Ausführungsgang gefüllt mit den Secretkörnern der Drüsenzellen.

Fig. 2. Nach Behandlung mit Picrinsäure, aber ohne Differenzirung des intakten Protoplasmas.

Tafel XXIII, Fig. 1. Augendrüse der Ringelnatter, Osmiumgemisch und Fuchsin-Picrinfärbung. Differenzirung des intakten Protoplasmas. Ausführungsgang gefüllt mit den Secretkörnern der Drüsenzellen.

Fig. 2. Hauptausführungsgang der glandula labialis superior posterior der Ringelnatter. Der Gang gefüllt mit den Secretkörnern der Drüsenzellen.

Tafel XXIV, XXV, XXVI. Parotis der Katze, Osmiumgemisch.

Tafel, XXIV, Fig. 1. Ruhebild.

Fig. 2. Eine Stunde nach Pilocarpininjection.

Tafel XXV, Fig. 1. 2 Stunden Pilocarpininjection.

Fig. 2. 3 Stunden nach Pilocarpininjection.

Tafel XXVI, Fig. 1. 9 Stunden nach Pilocarpininjection.

Fig. 2. 36 Stunden nach Pilocarpininjection.

Tafel XXVII, Fig. 1. Parotis der Katze, Osmiumgemisch, 2 Stunden nach Pilocarpininjection und Unterbindung des Ductus Stenonianus.

Fig. 2. Eileiterdrüse des Frosches, kurz vor der Laichung.

Tafel XXVIII. Submaxillaris der Katze, Osmiumgemisch.

Fig. 1. Ruhebild.

Fig. 2. 2 Stunden nach Pilocarpininjection.

Tafel XXIX. Submaxillaris der Katze, Osmiumgemisch.
Fig. 1. 1 Stunde nach Pilocarpininjection.
Fig. 2. 3 Stunden nach Pilocarpininjection.

Tafel XXX. Pancreas der Katze, Osmiumgemisch.
Fig. 1. 3 Stunden nach Pilocarpininjection.
Fig. 2. Ruhebild.

Tafel XXXI. Bilder der Fettresorption im Darmepithel des Frosches; Copie nach Dr. Krehl. Reine Osmiumfärbung.

Tafel XXXII, Fig. 1. Niere Salamander, Fixirung mit Molybdaensaurem Ammoniak, Färbung mit Haematoxylin.
Fig. 2. Rückenmark einer Salamanderlarve, gleiche Behandlung wie in Fig. 1.
Fig. 3. Niere Salamander, Fixirung mit Molybdaen, Färbung mit Carbolfuchsin und Metylgrün.

Tafel XXXIII. Kerntheilungen aus dem Kleinhirn von Salamanderembryonen von 8 mm Länge. Vergr. 1000. Fixirung mit Osmium und Goldchlorid, Färbung mit Cyonin.

Tafel XXXIV. Schema der Zellstructuren.

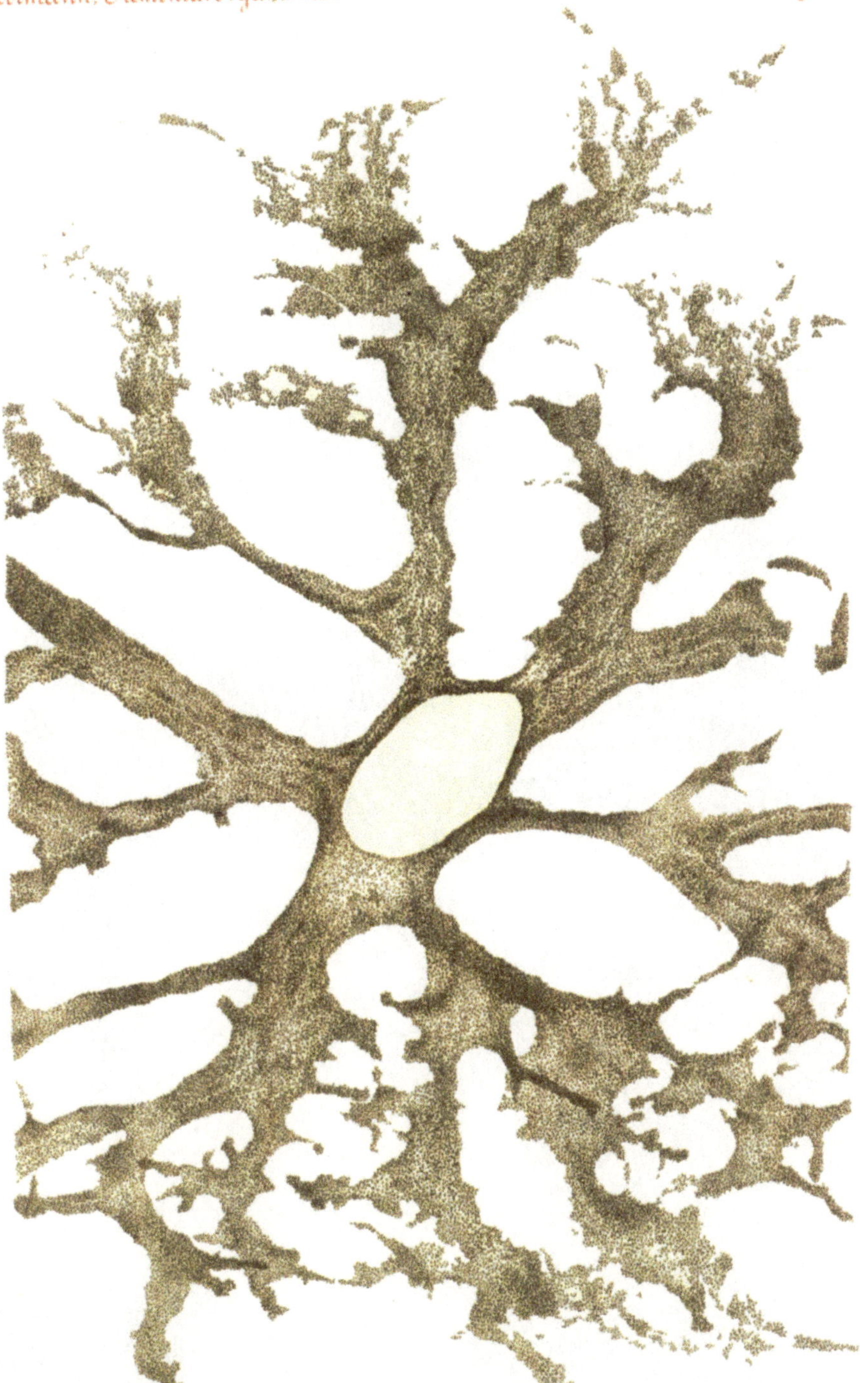

Verlag Veit & Comp. Leipzig

Fig. 1.

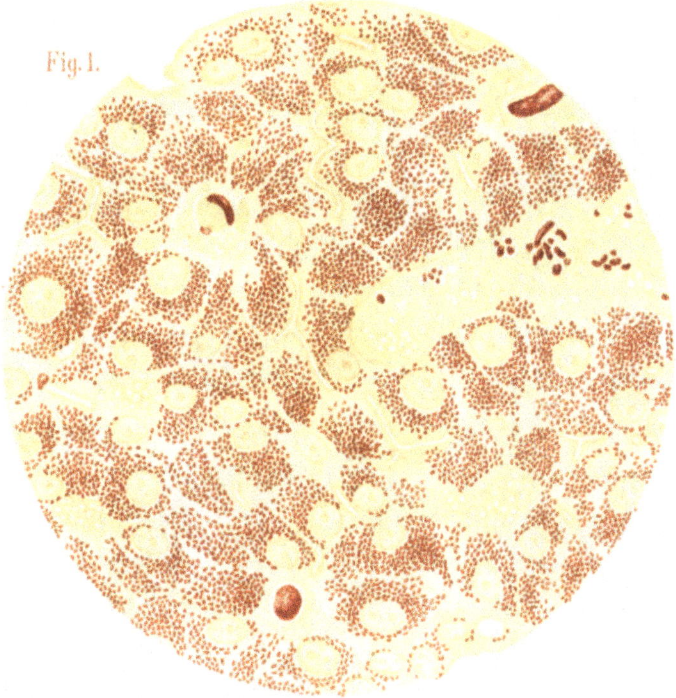

Fig. 2.

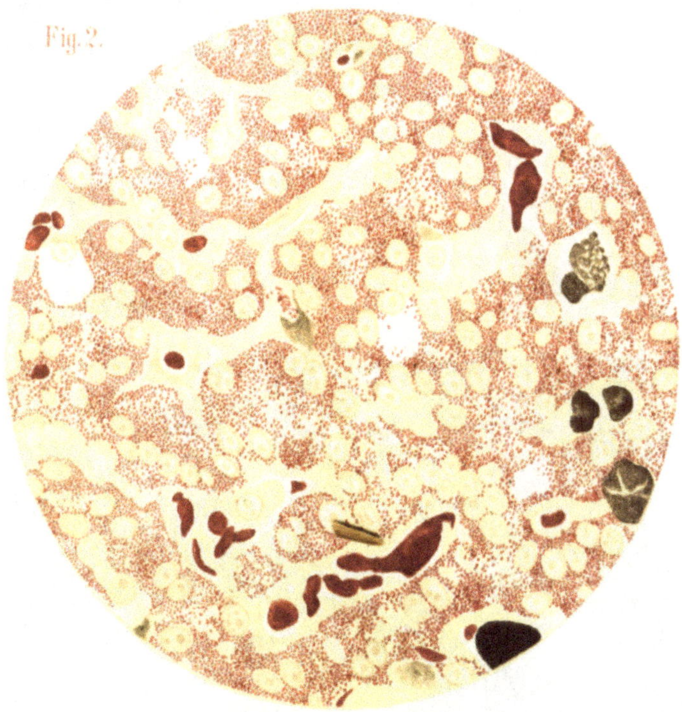

Verlag **Veit & Comp.** Leipzig. Lith. Anst. v. E. A. Funke, Leipzig.

Fig. 1.

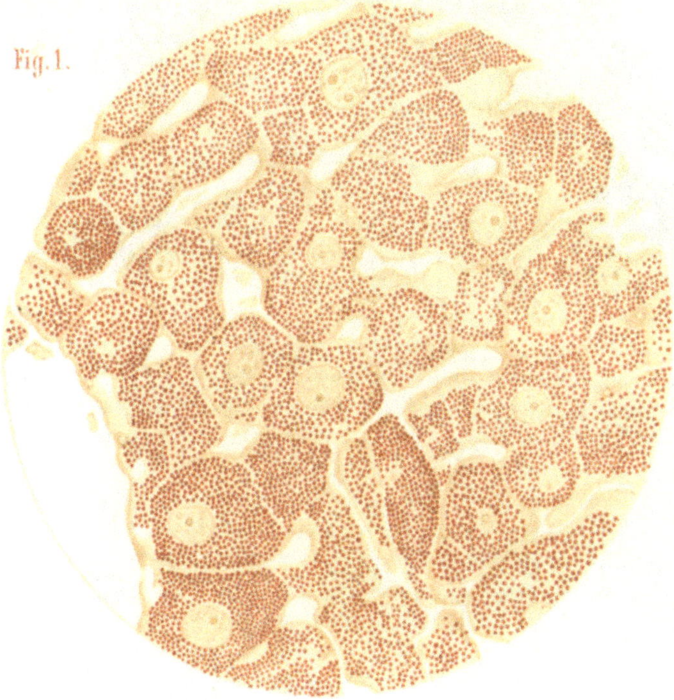

Fig. 2.

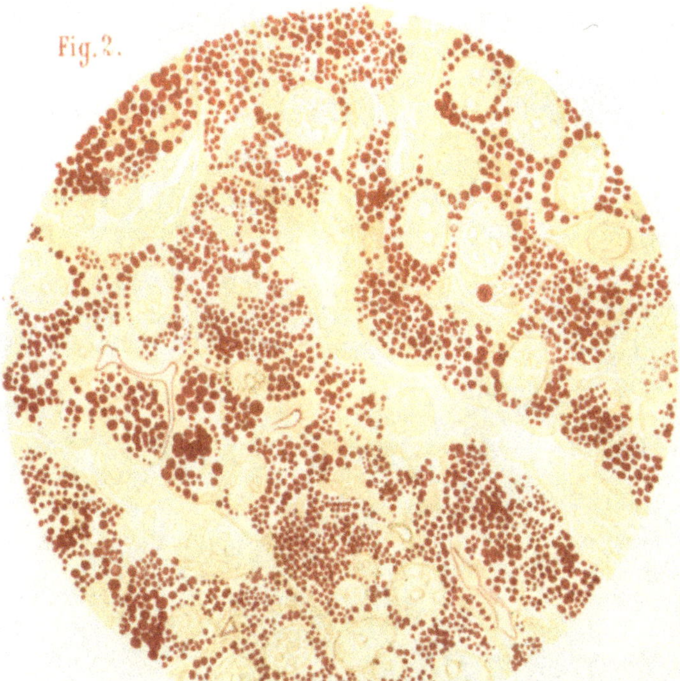

Verlag Veit & Comp. Leipzig. Lith. Anst. v. E. A. Funke, Leipzig.

Fig. 1.

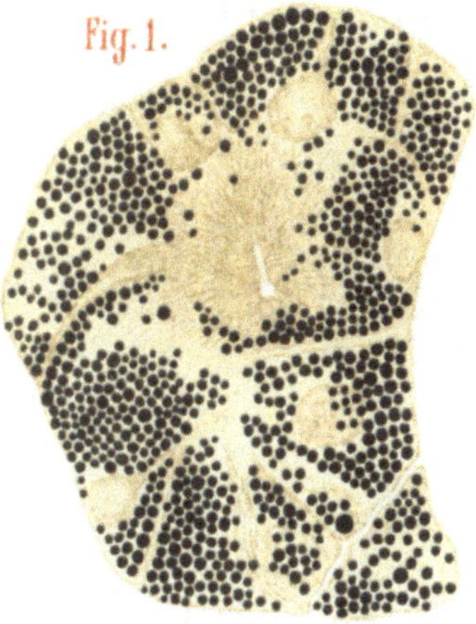

Fig. 2.

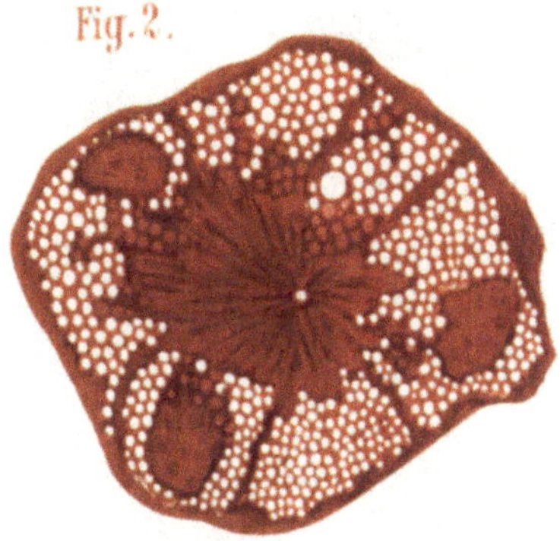

Fig. 3.

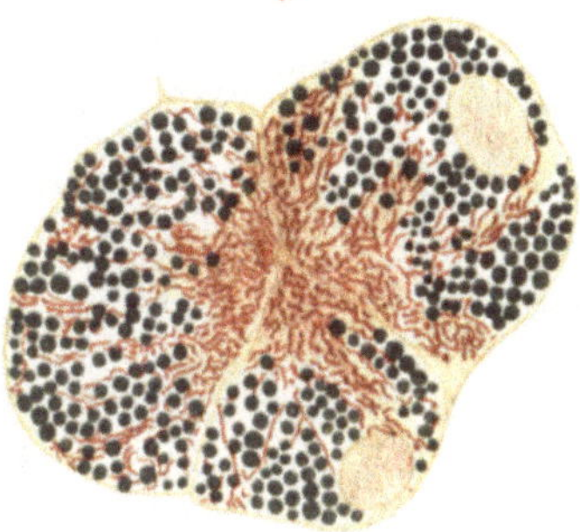

Fig. 4.

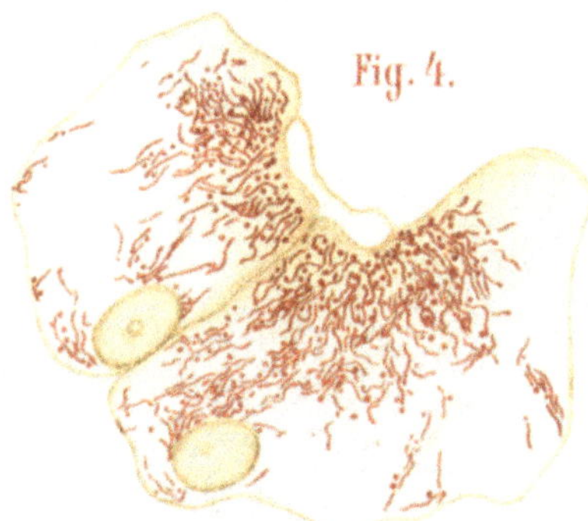

Fig. 5.

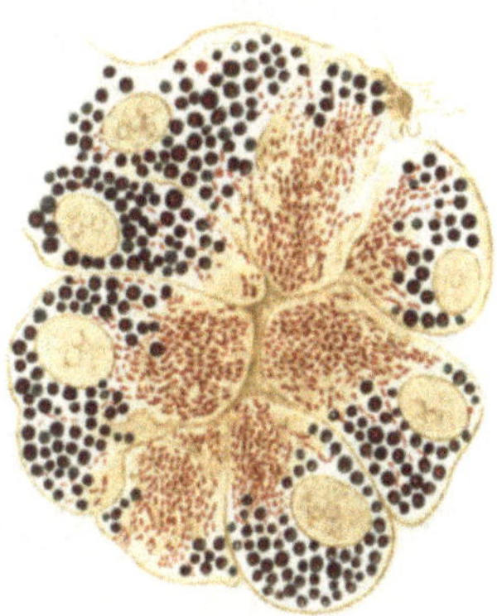

Fig. 6.

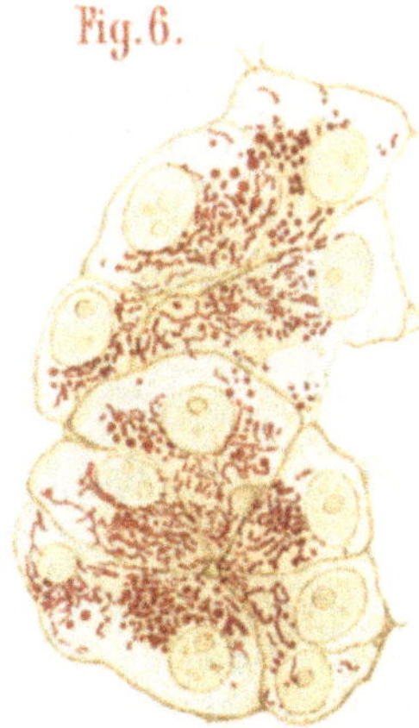

Verlag Veit & Comp. Leipzig. Lith. Anst. v. E. A. Funke, Leipzig

Fig. 1.

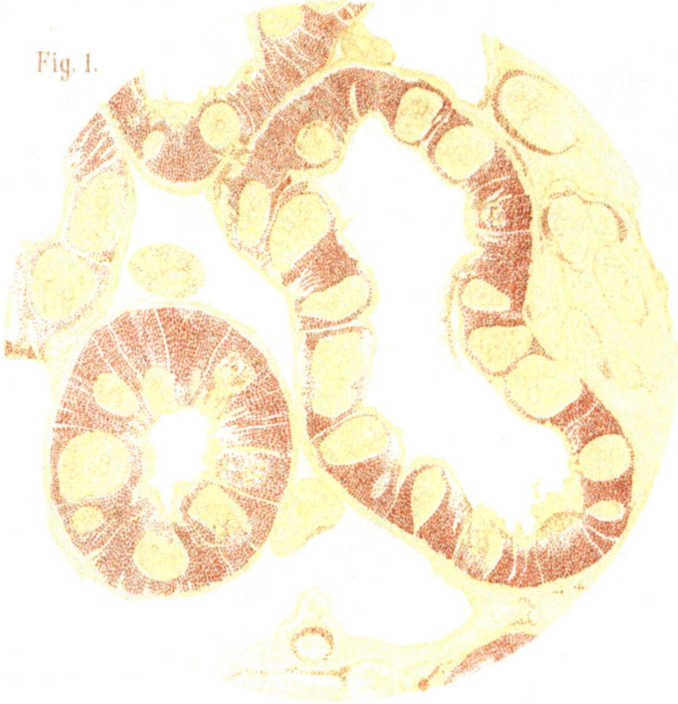

Fig. 2.

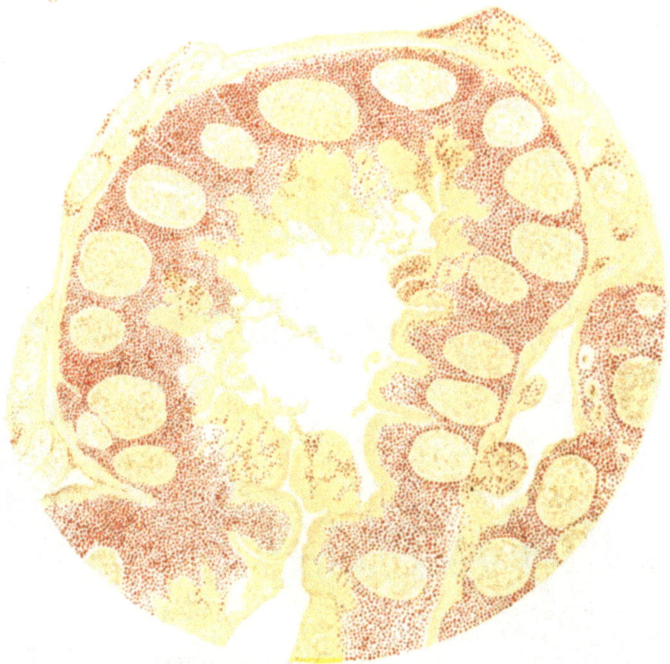

Verlag **Veit & Comp.** Leipzig. Lith. Anst. v. E. A. Funke, Leipzig.

Fig. 1

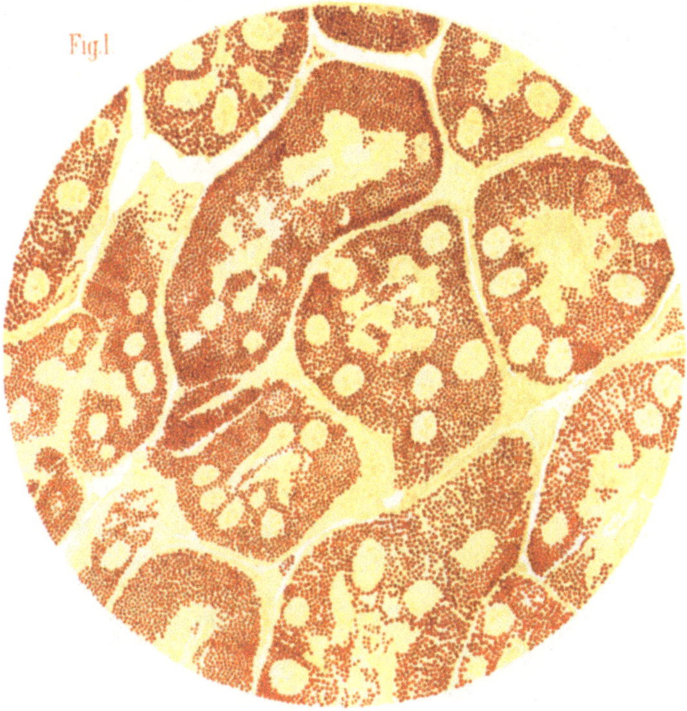

Fig. 2

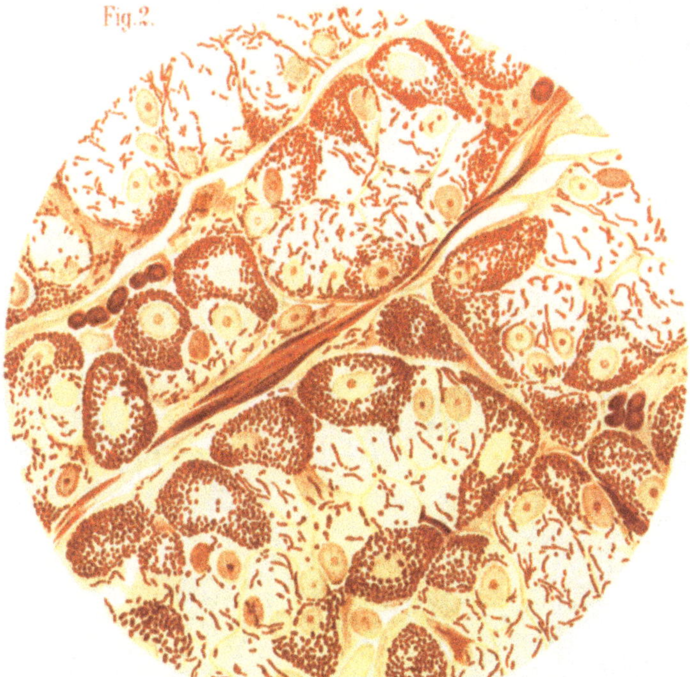

Verlag Veit & Comp. Leipzig. Lith. Anst. v. E. A. Funke, Leipzig.

Fig. 1.

Fig. 3.

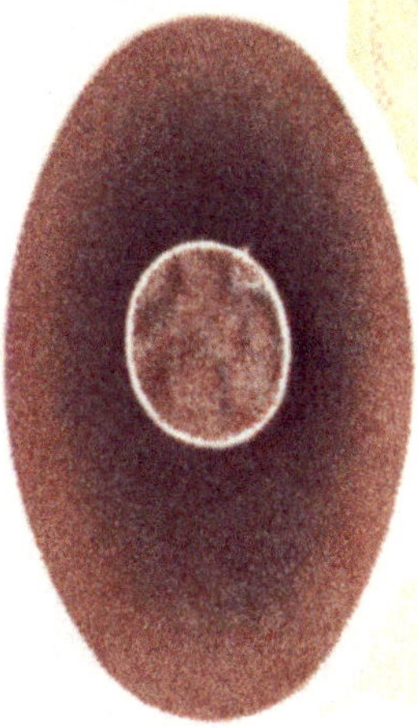

Fig. 4.

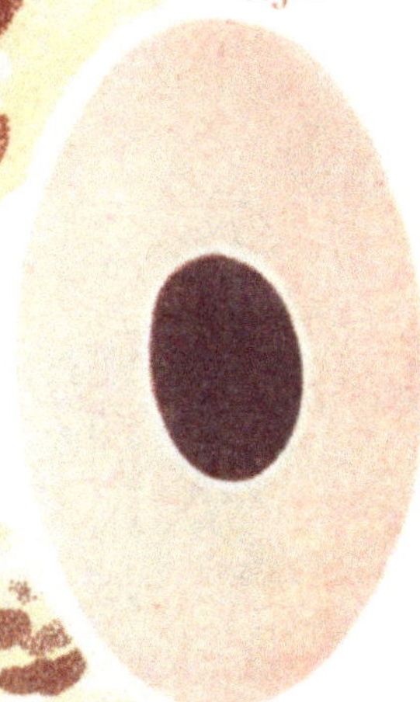

Fig. 2.

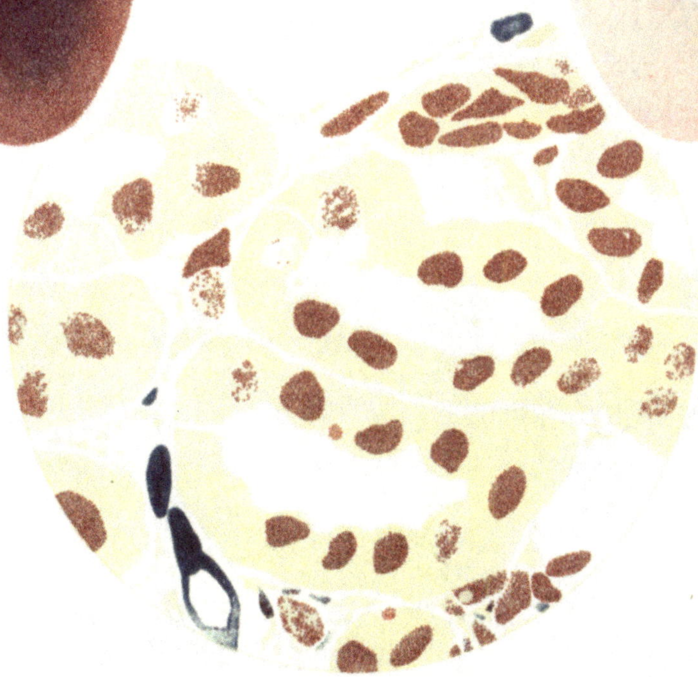

Verlag Veit & Comp. Leipzig. Lith. Anst. v. E. A. Funke, Leipzig.

Fig. 1.

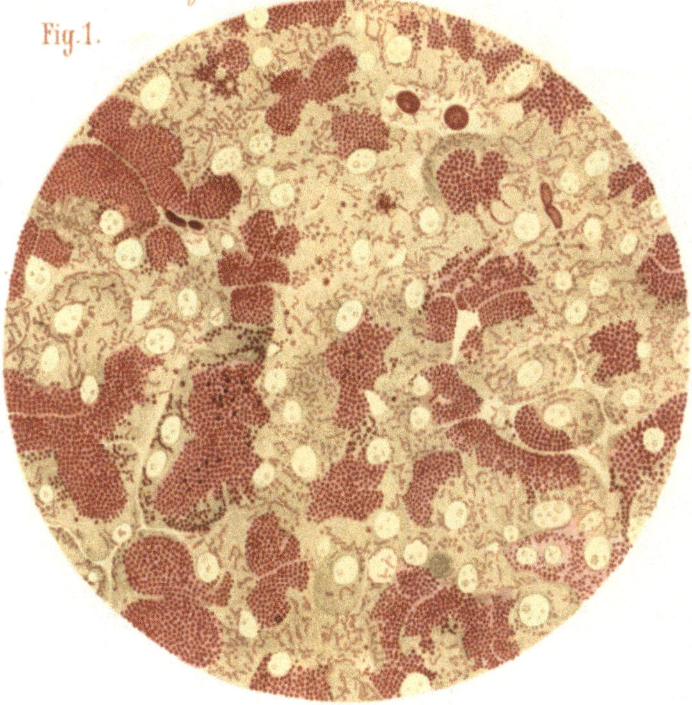

Fig. 2.

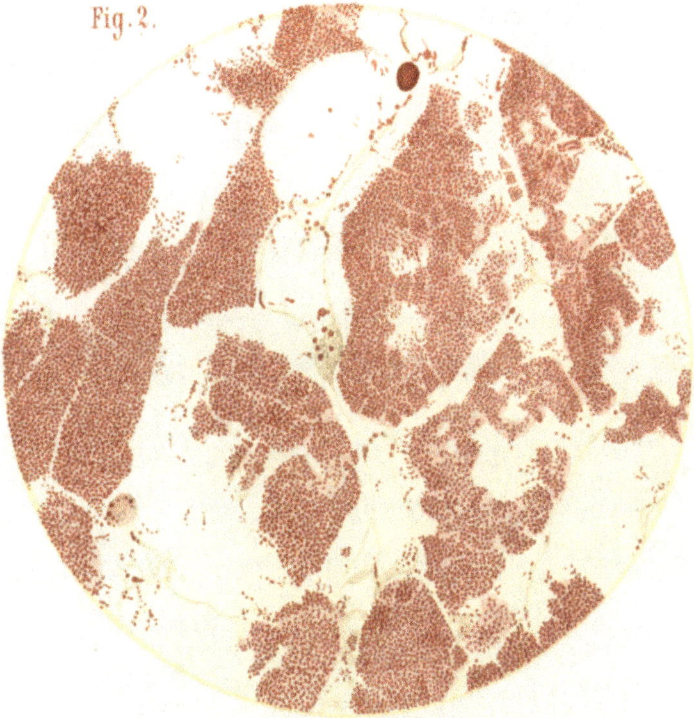

Verlag Veit & Comp. Leipzig Lith. Anst. v. E. A. Funke, Leipzig

Fig. 1.

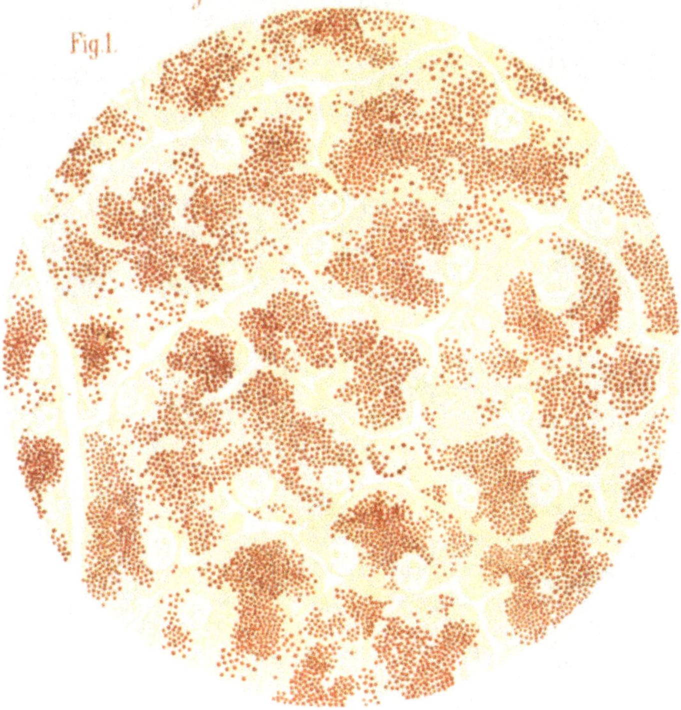

Fig. 2.

Verlag Veit & Comp. Leipzig. Lith. Anst. v. E. A. Funke, Leipzig.

Fig. 1.

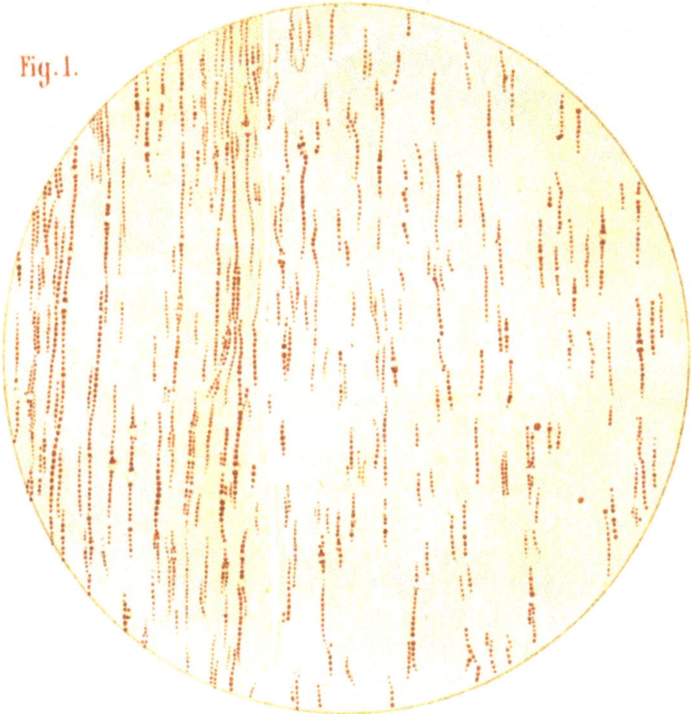

Fig. 2.

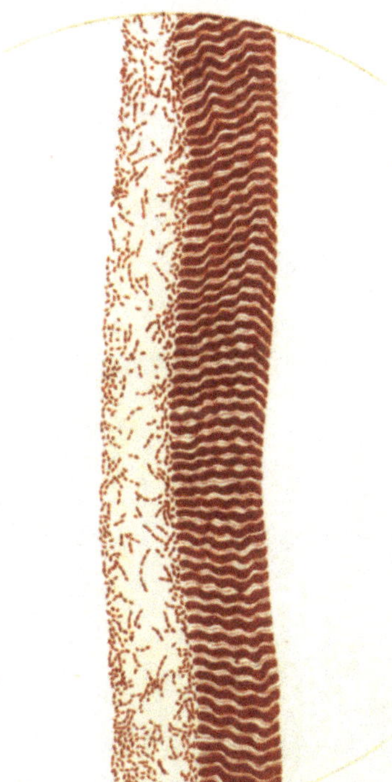

Fig. 3.

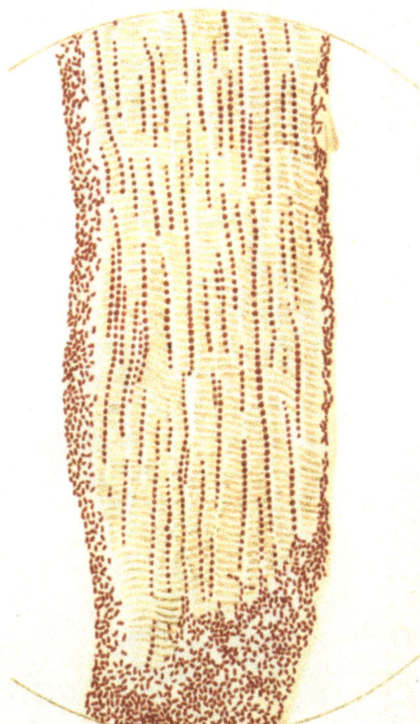

Verlag Veit & Comp. Leipzig.

Lith. Anst. v. E. A. Funke, Leipzig.

Fig. 1.

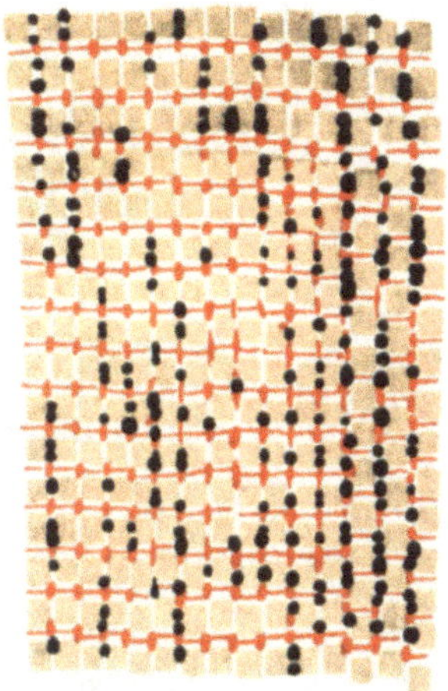

Fig. 2.

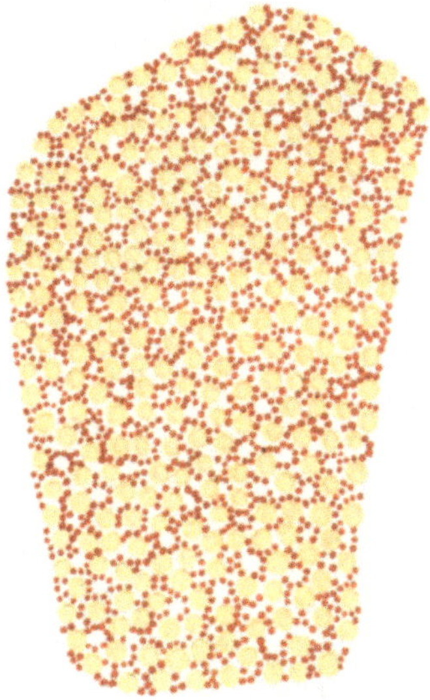

Fig. 3.

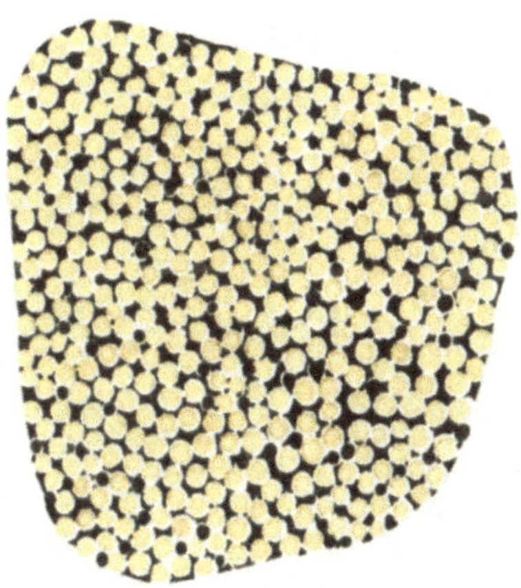

Fig. 4.

Verlag Veit & Comp. Leipzig. Lith. Anst. v. E. A. Funke, Leipzig.

Fig. 1.

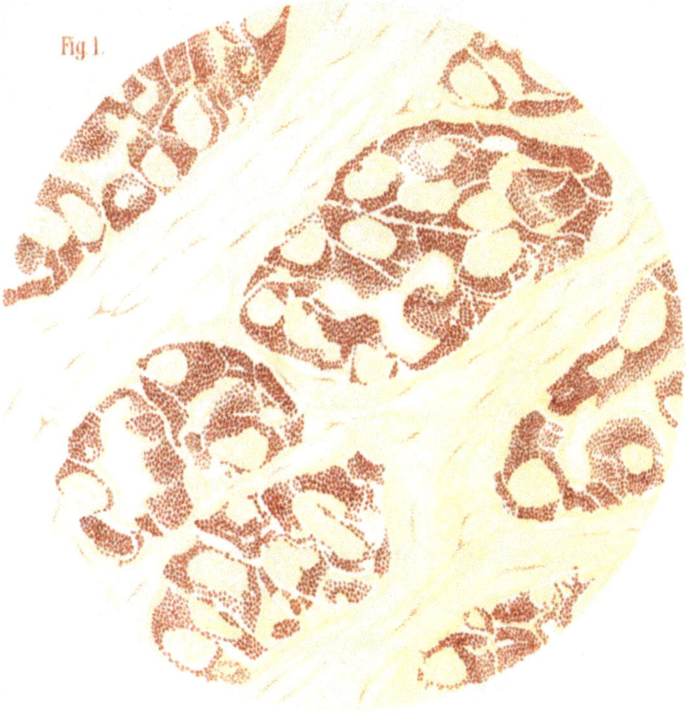

Fig. 2.

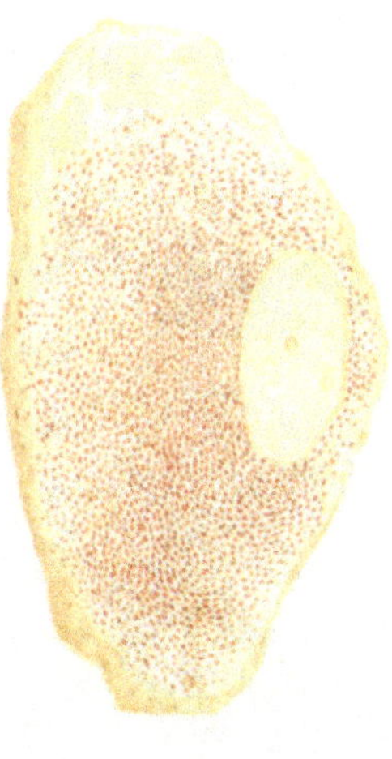

Fig. 3.

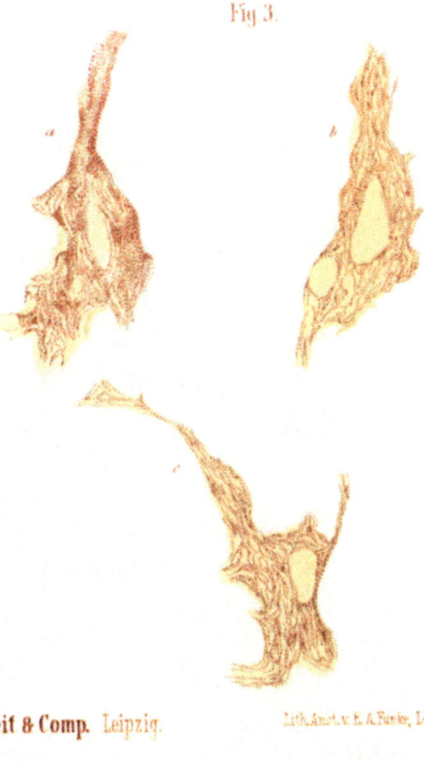

Verlag Veit & Comp. Leipzig.

Lith. Anst. v. E. A. Funke, Leipzig.

Fig. 1.

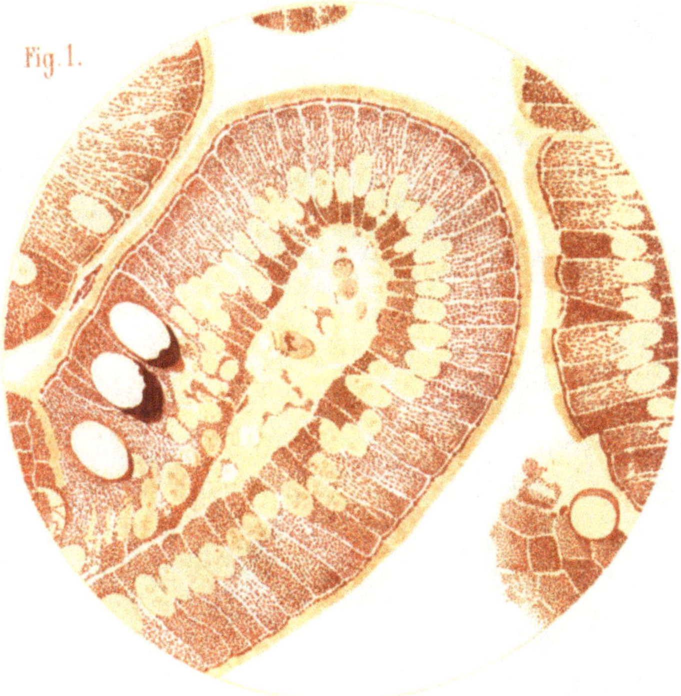

Fig. 2.

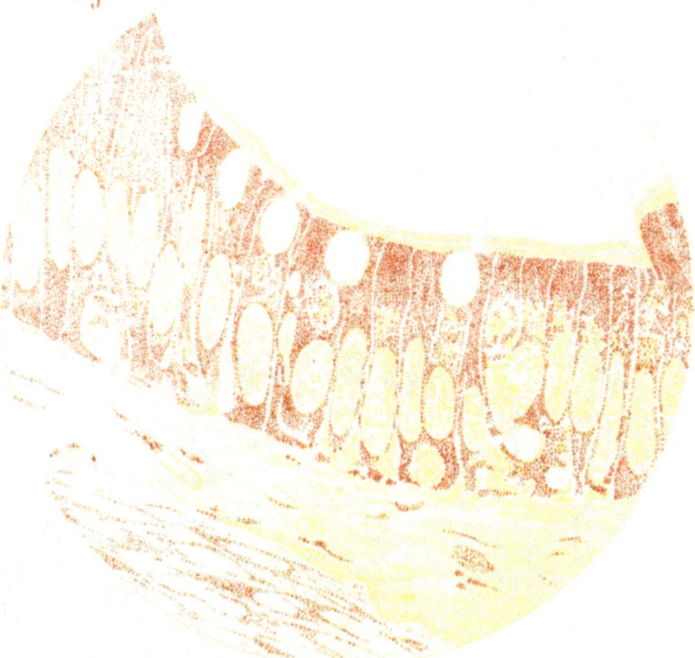

Verlag Veit & Comp. Leipzig. Lith. Anst. v. E. A. Funke, Leipzig.

Fig. 1

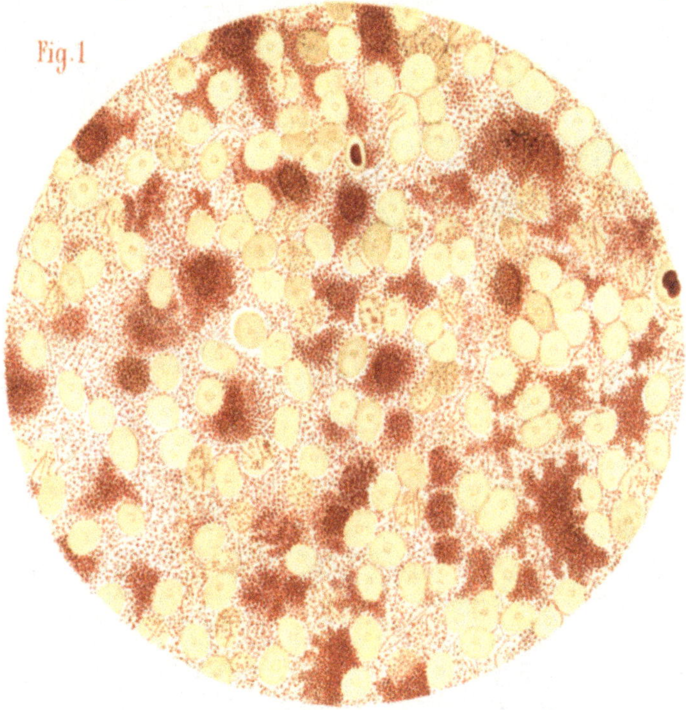

Fig. 2.

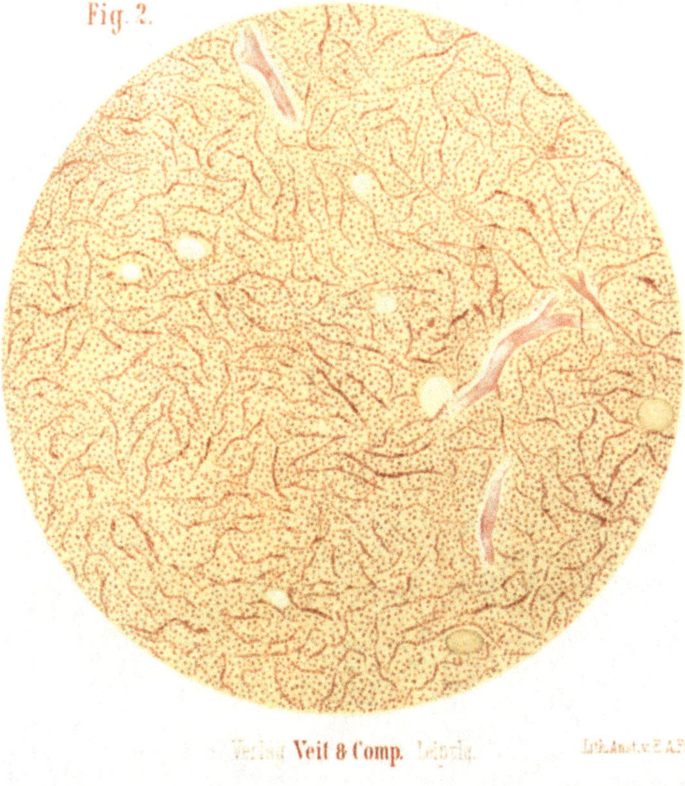

Verlag Veit & Comp. Leipzig. Lith. Anst. v. E. A. Funke, Leipzig.

Fig. 1.

Fig. 2.

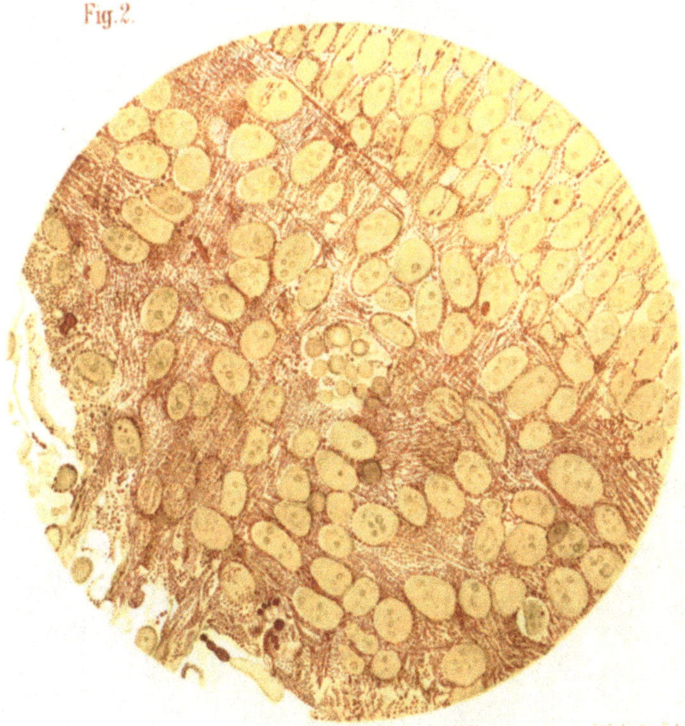

Verlag Veit & Comp. Leipzig.

Lith. Anst. v. E. A. Funke, Leipzig.

Fig. 1.

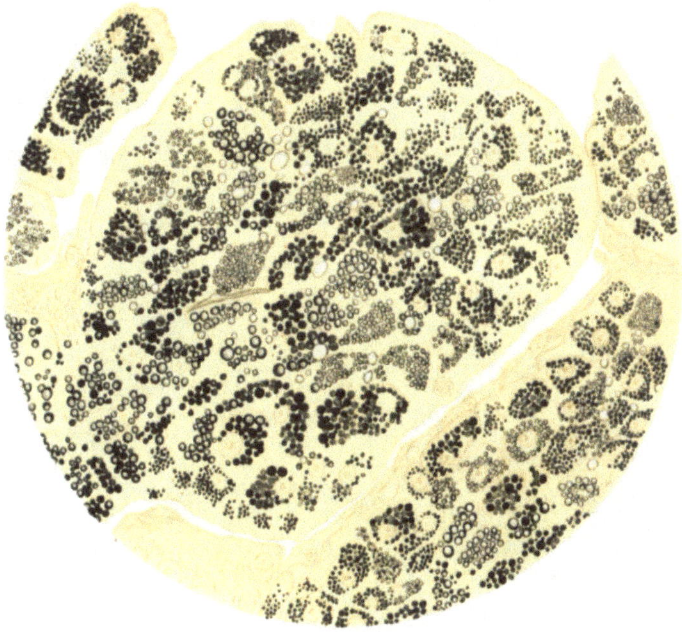

Fig. 2.

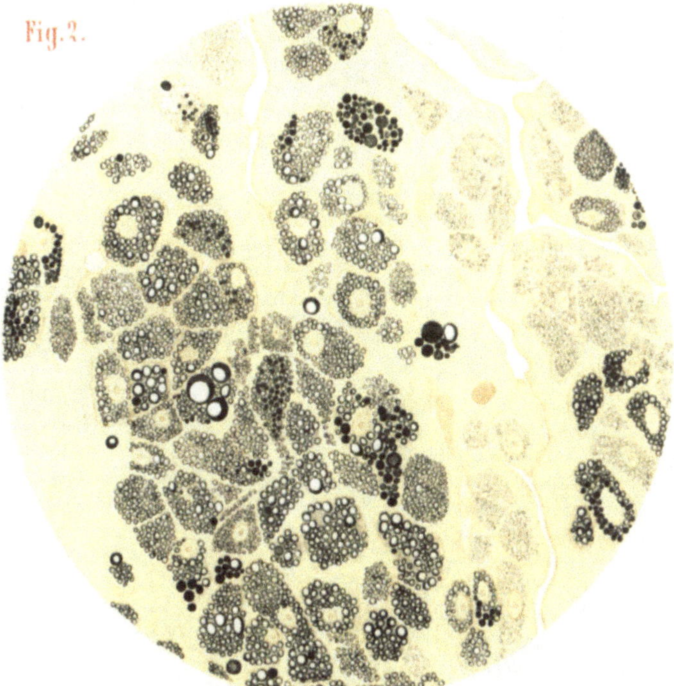

Verlag Veit & Comp. Leipzig. Lith. Anst. v. E. A. Funke, Leipzig.

Fig. 1.

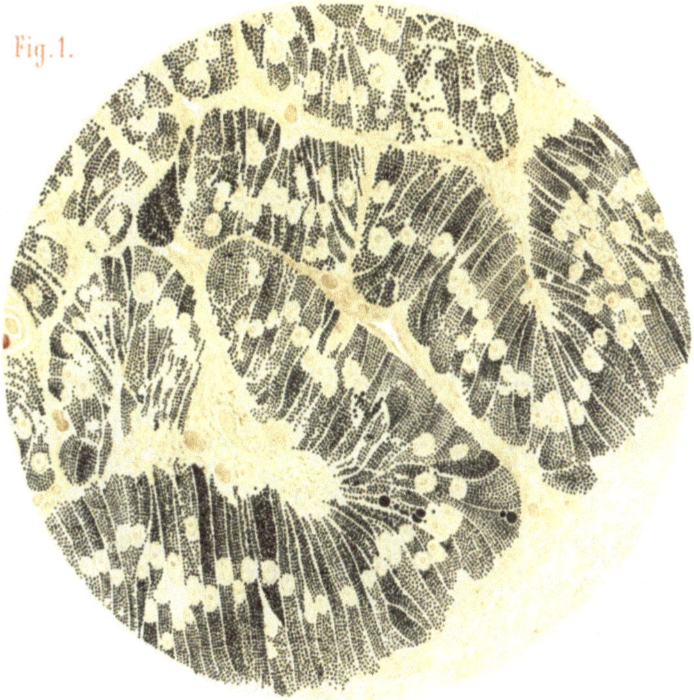

Fig. 2.

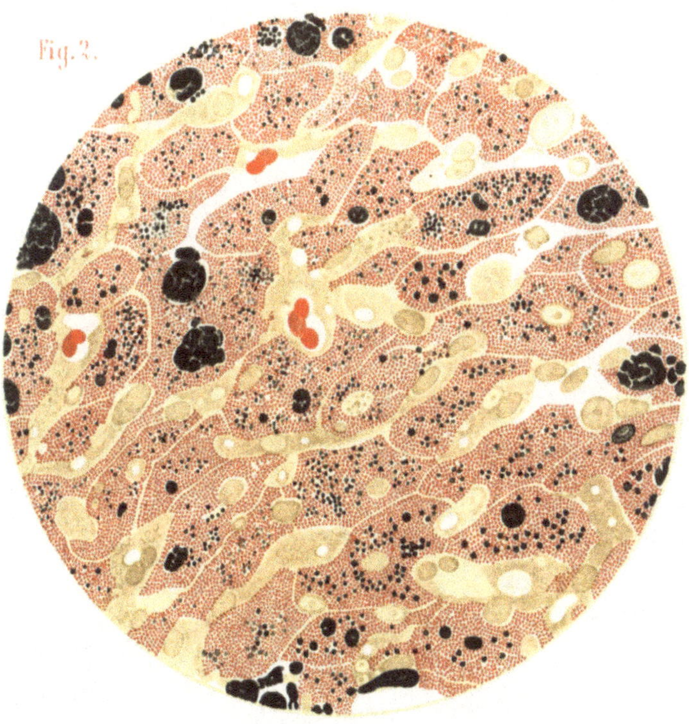

Verlag Veit & Comp. Leipzig Lith. Anst. v. E. A. Funke, Leipzig

Fig. 1.

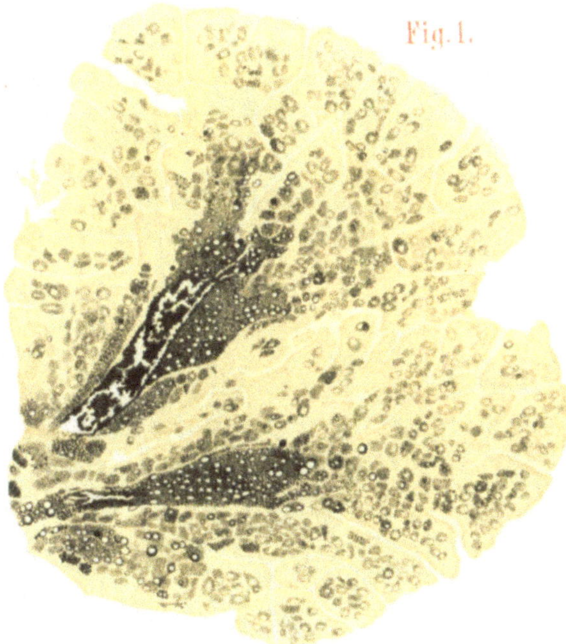

Fig. 2.

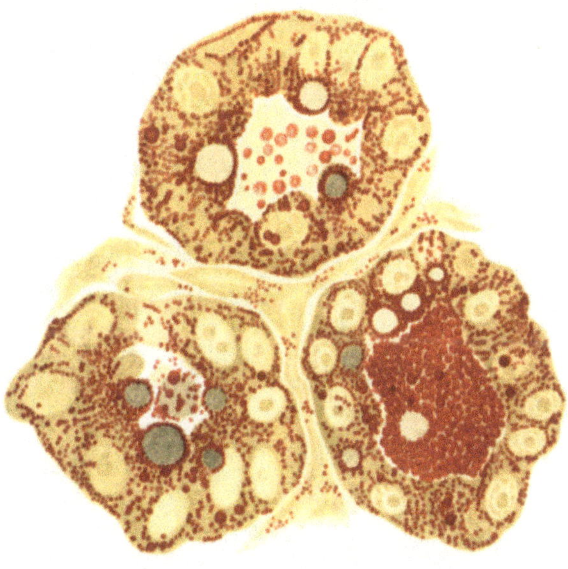

Verlag **Veit & Comp.** Leipzig. Lith. Anst. v. E. A. Funke, Leipzig.

Fig. 4a.

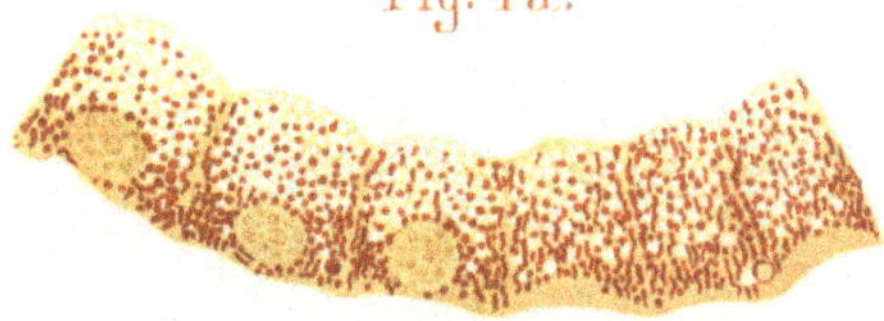

Fig. 1.

Fig. 4b.

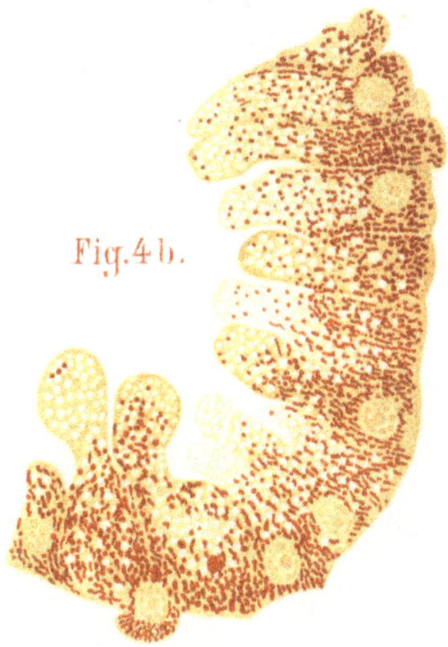

Fig. 3.

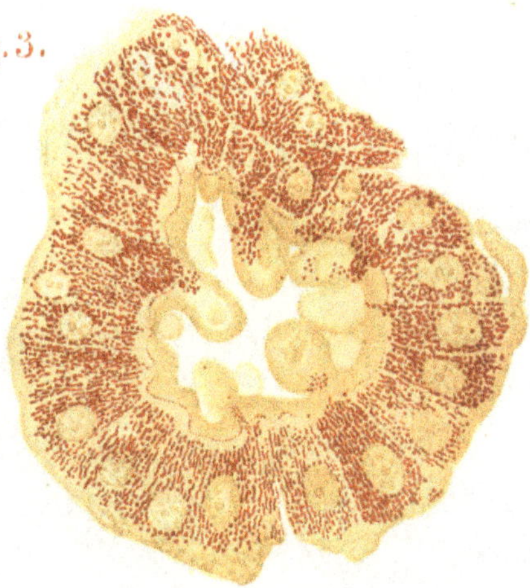

Fig. 2.

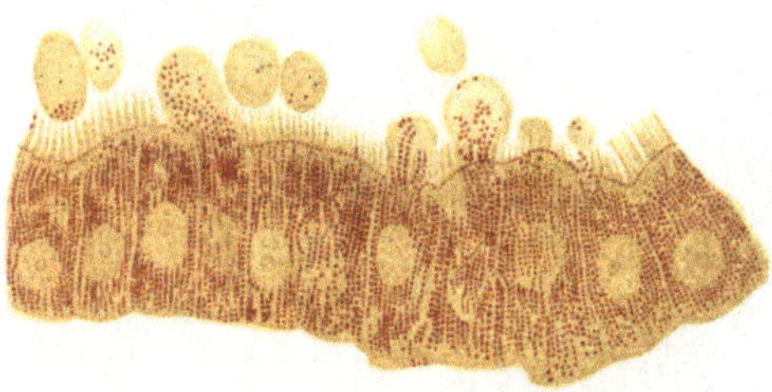

Verlag **Veit & Comp.** Leipzig. Lith. Anst. v. E. A. Funke, Leipzig.

Fig. 1.

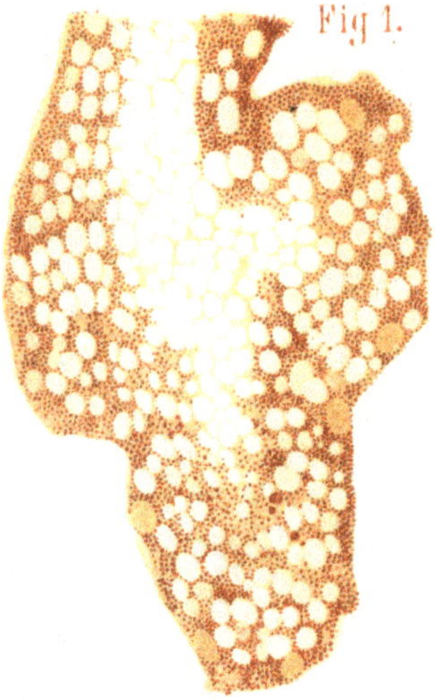

Fig. 2.

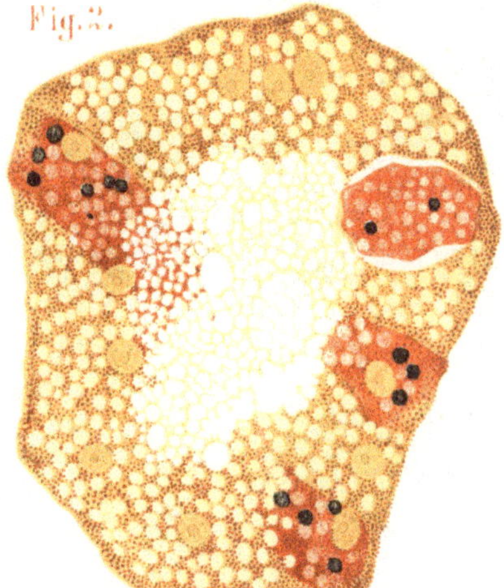

Fig. 4.

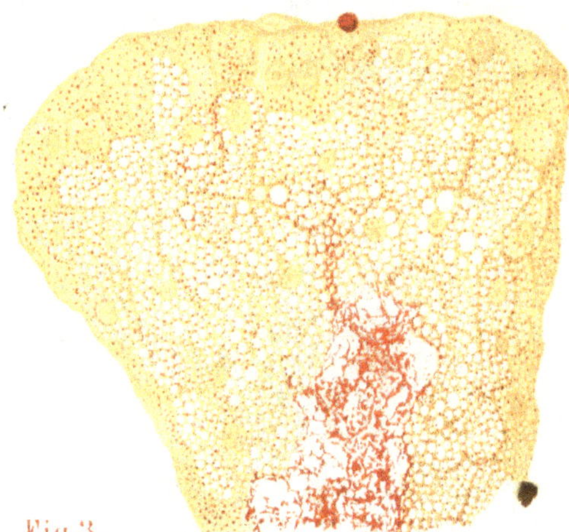

Fig. 3.

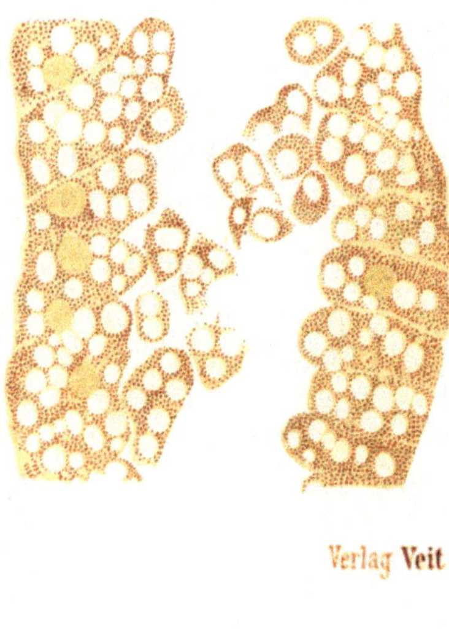

Fig. 5.

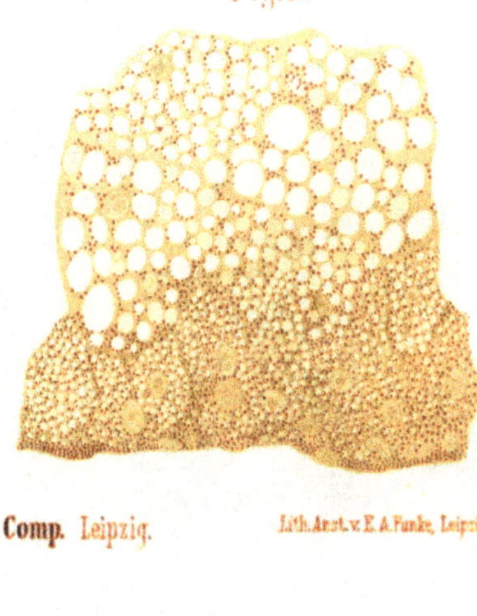

Verlag Veit & Comp. Leipzig. Lith. Anst. v. E. A. Funke, Leipzig

Fig. 1.

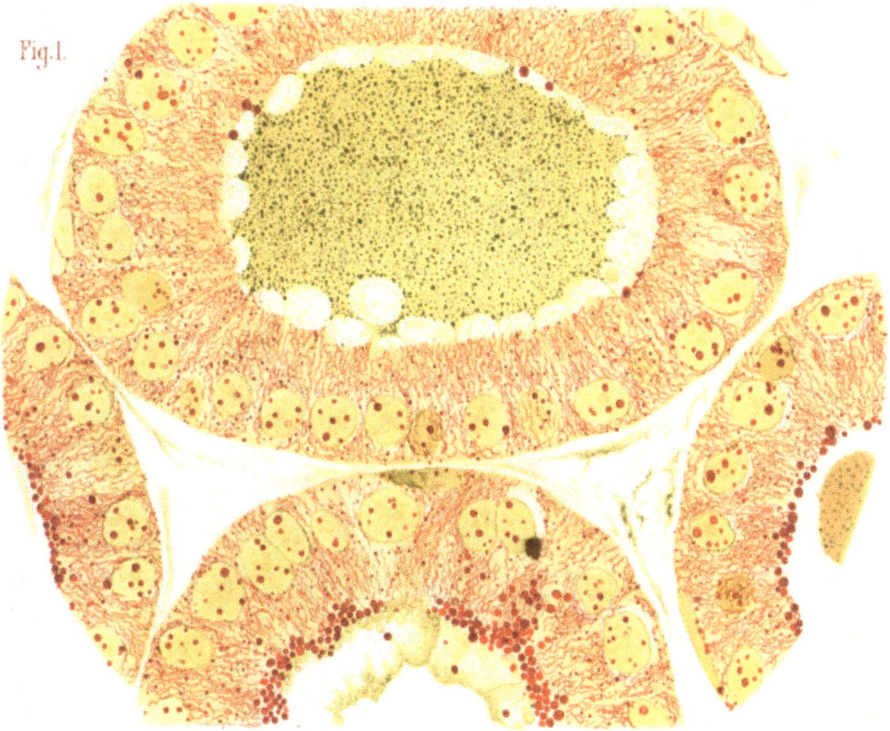

Fig. 2.

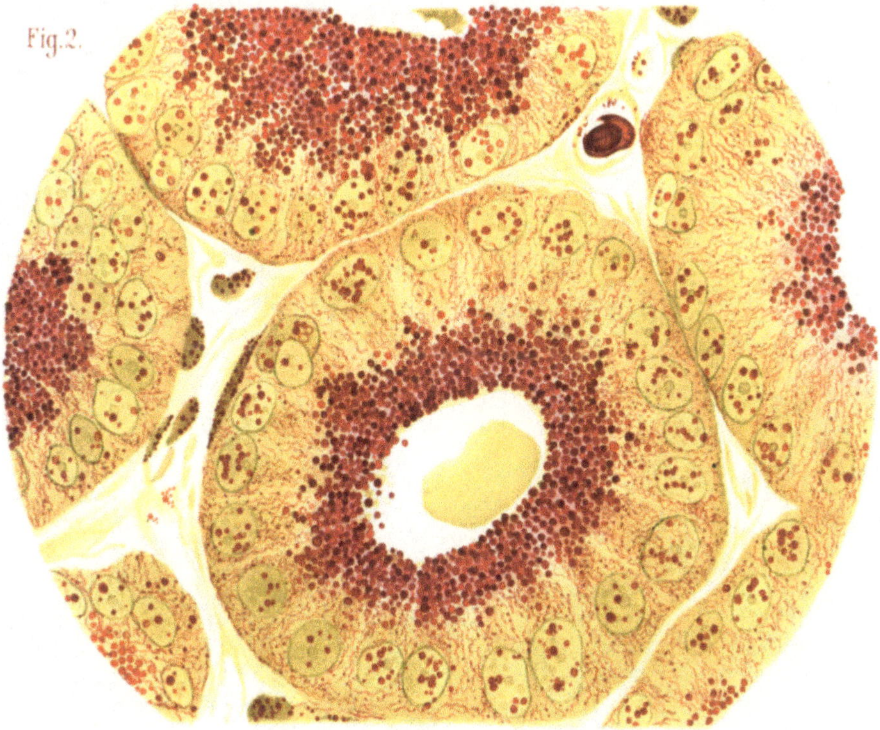

Verlag Veit & Comp. Leipzig

Lith. Anst. v. E. A. Funke, Leipzig.

Fig. 1.

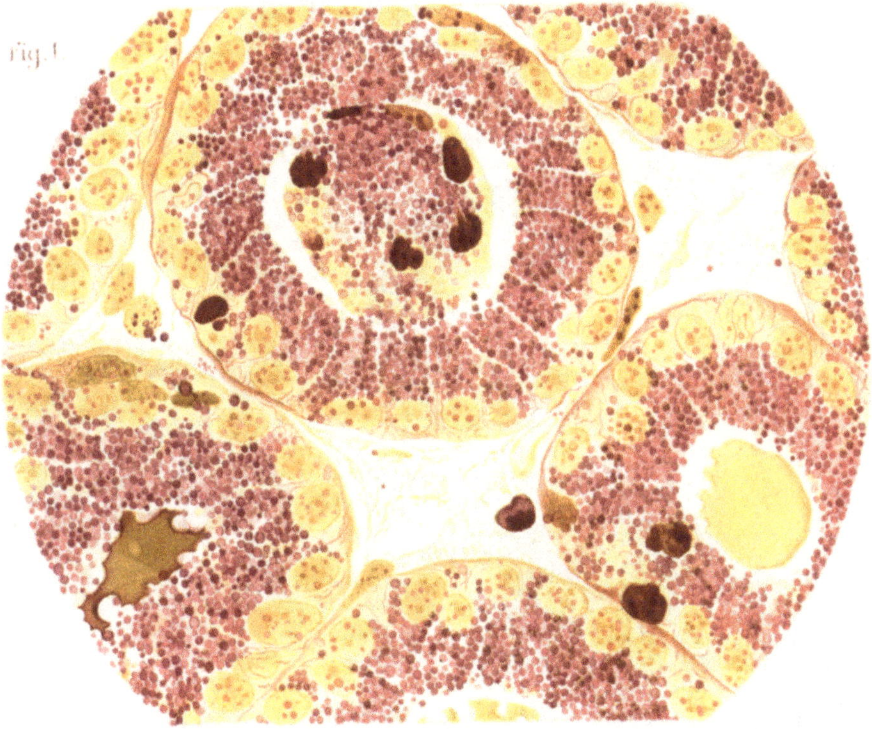

Fig. 2.

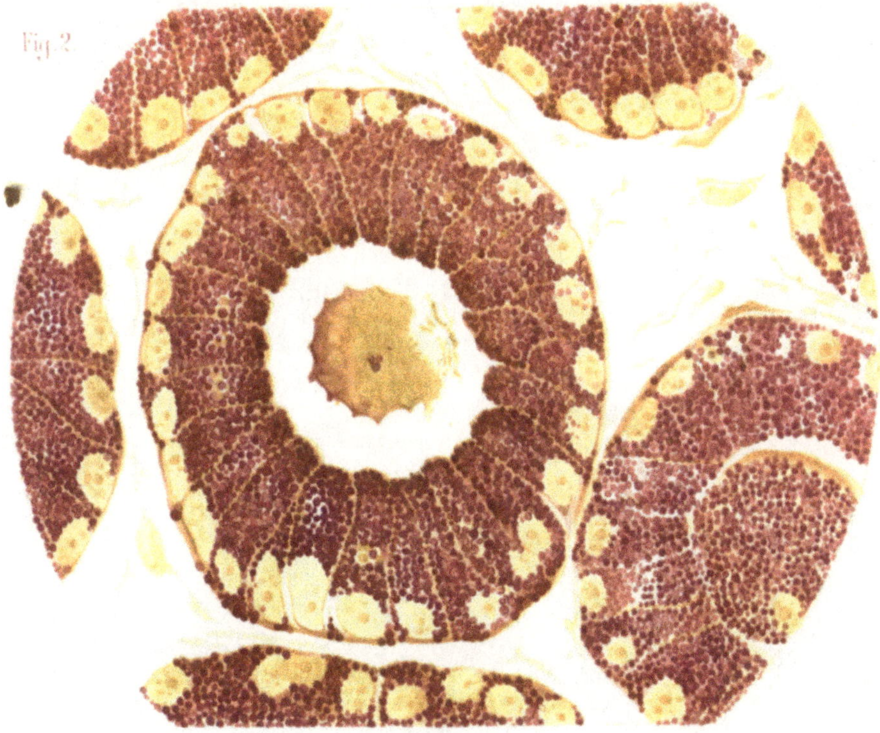

Verlag Veit & Comp. Leipzig Lith. Anst. v. E. A. Funke, Leipzig.

Fig. 1.

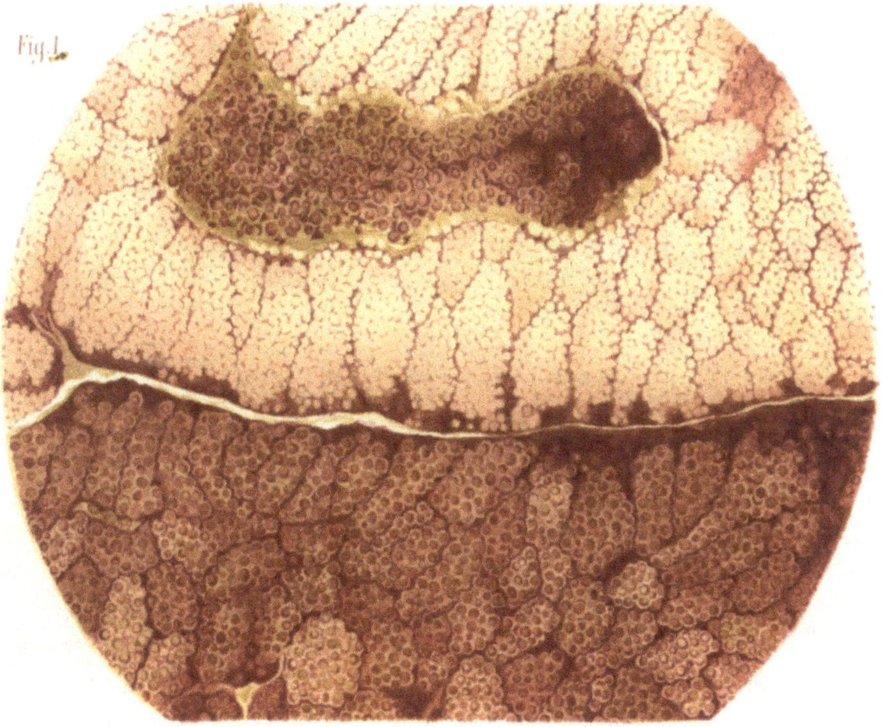

Fig. 2.

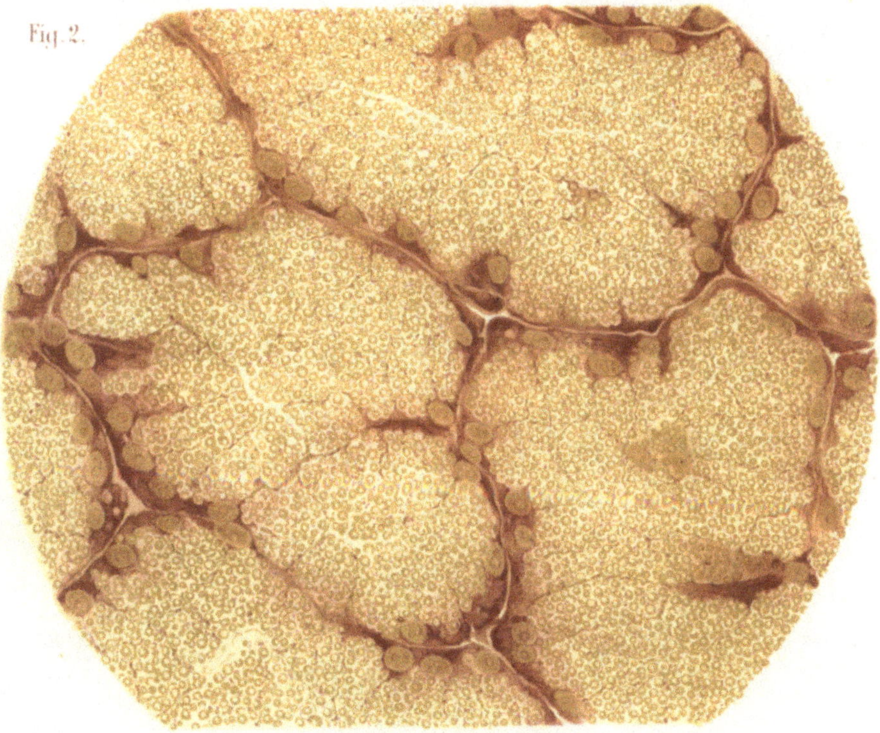

Verlag Veit & Comp. Leipzig

Lith. Anst. v. E. A. Funke, Leipzig.

Fig. 1.

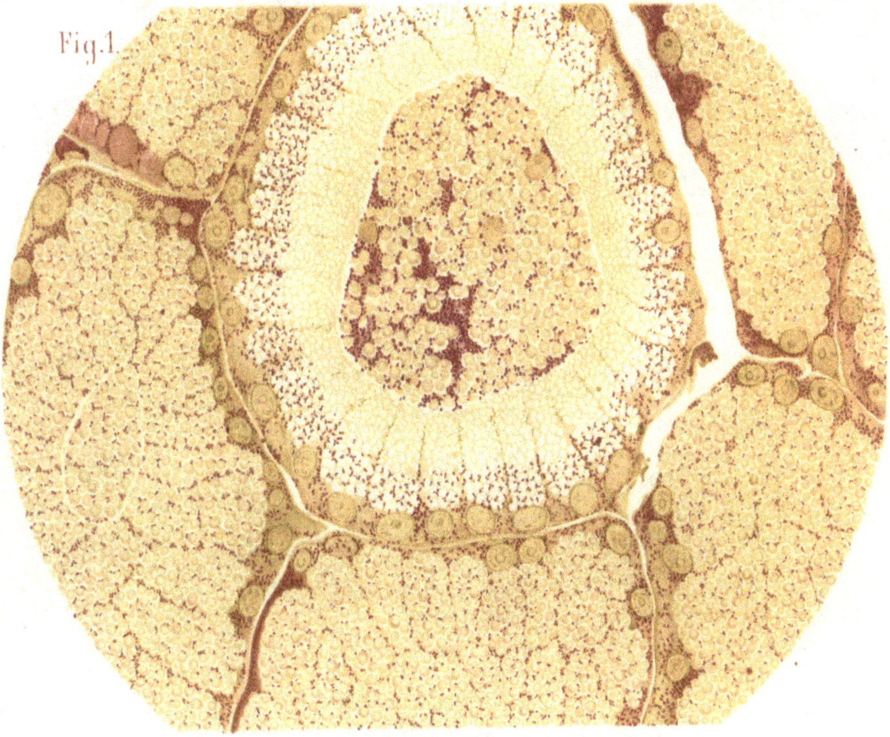

Fig. 2.

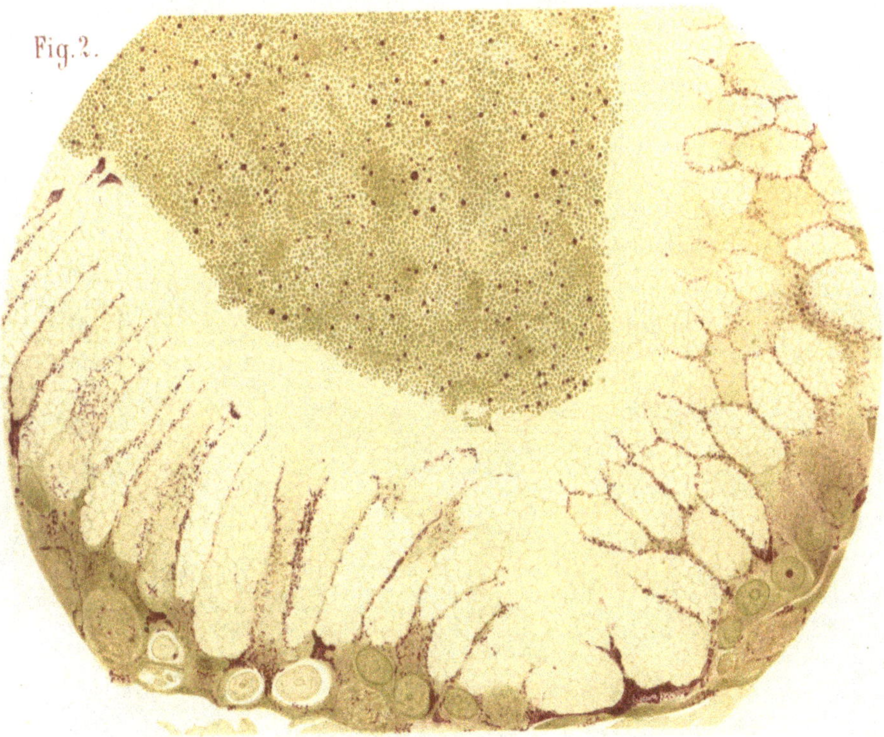

Verlag Veit & Comp. Leipzig

Lith. Anst. v. E. A. Funke, Leipzig.

Fig. 1.

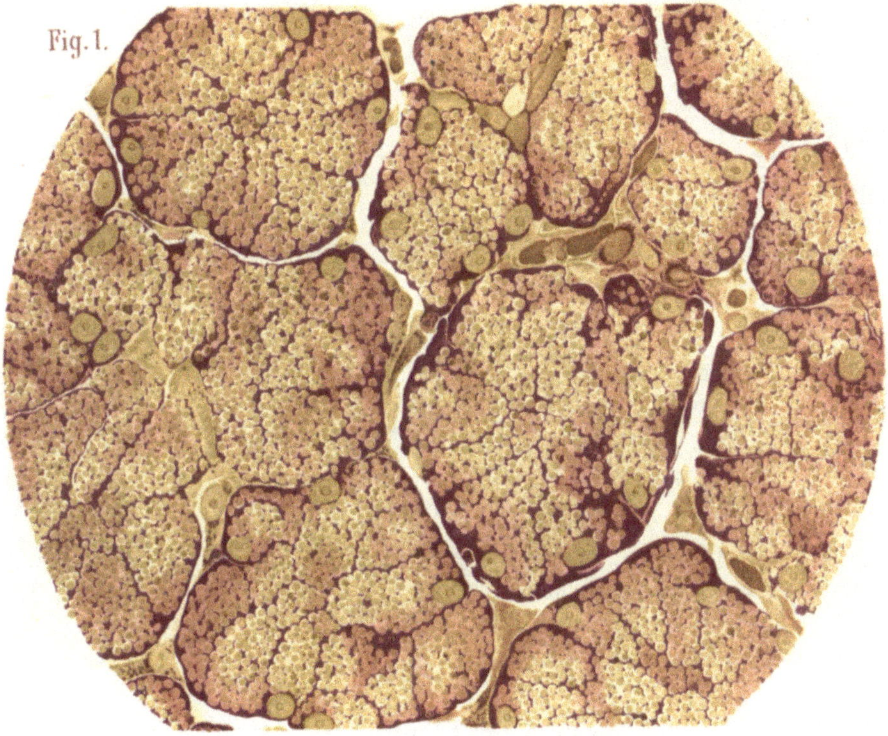

Fig. 2.

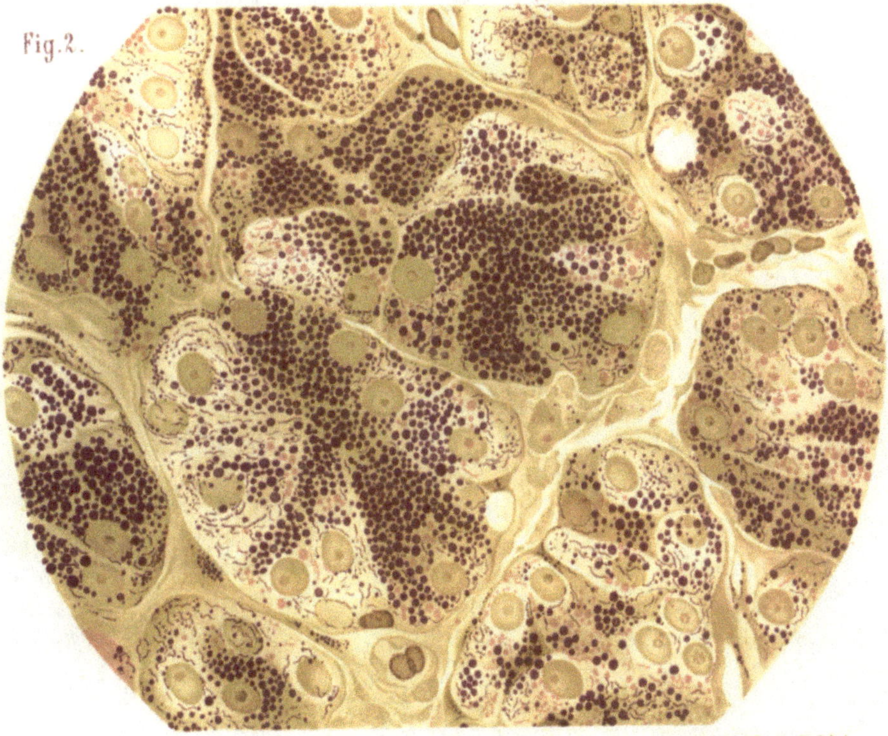

Verlag Veit & Comp. Leipzig. Lith. Anst. v. E. A. Funke, Leipzig.

Fig. 1.

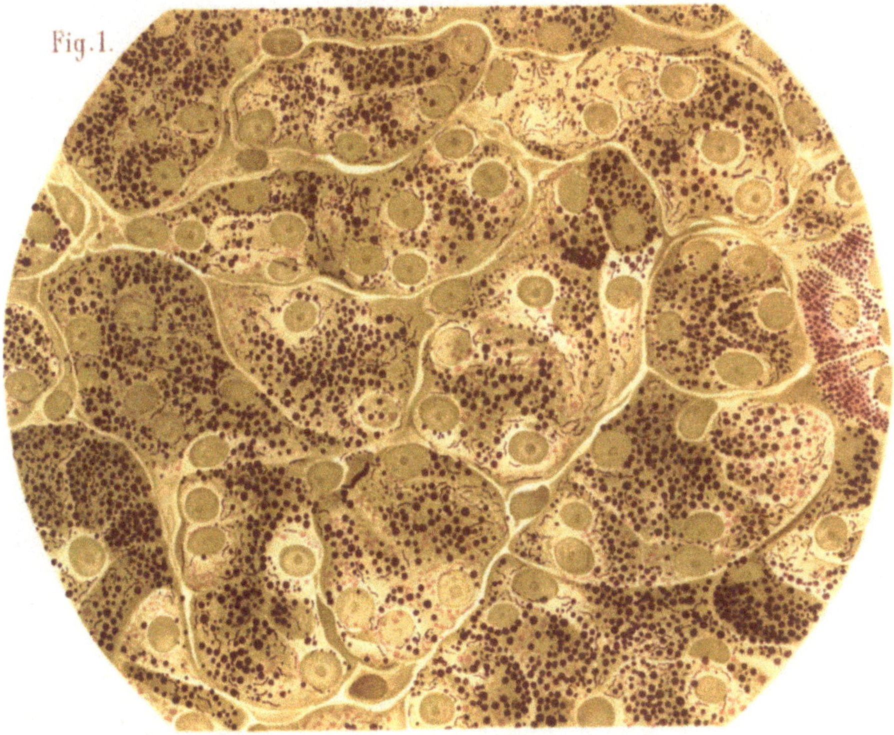

Fig. 2.

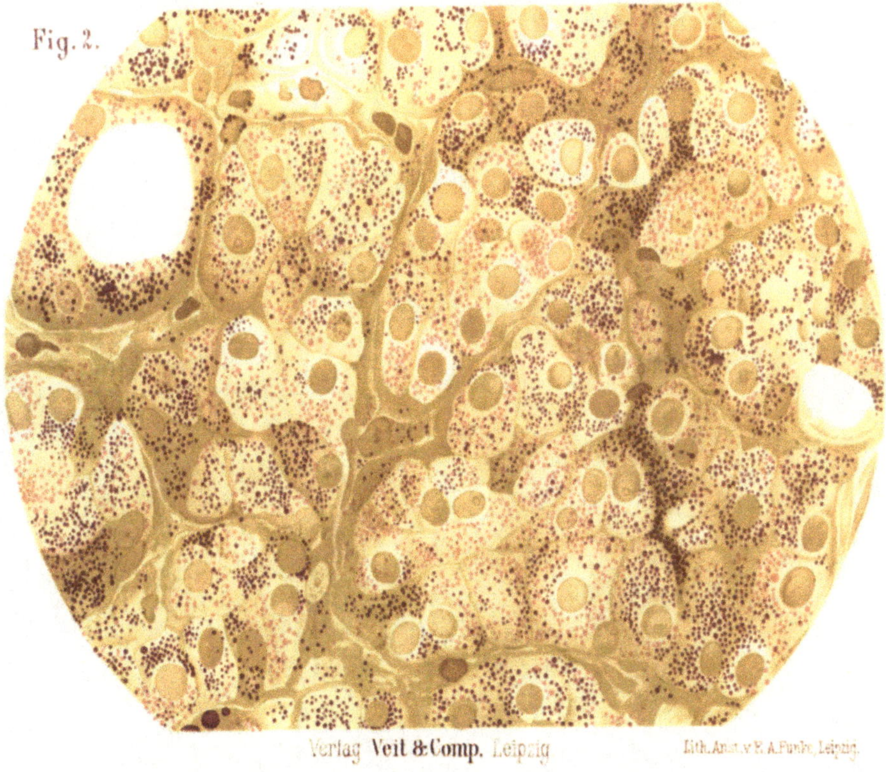

Verlag Veit & Comp. Leipzig
Lith. Anst. v. E. A. Funke, Leipzig.

Fig. 1.

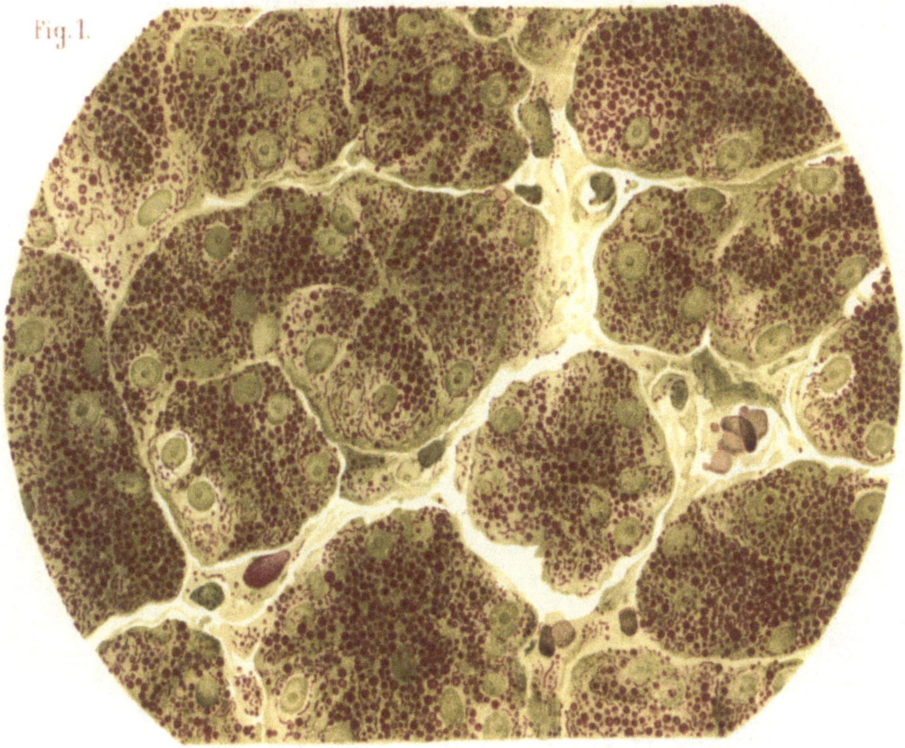

Fig. 2.

Verlag Veit & Comp. Leipzig. Lith. Anst. v. E. A. Funke, Leipzig.

Fig. 1.

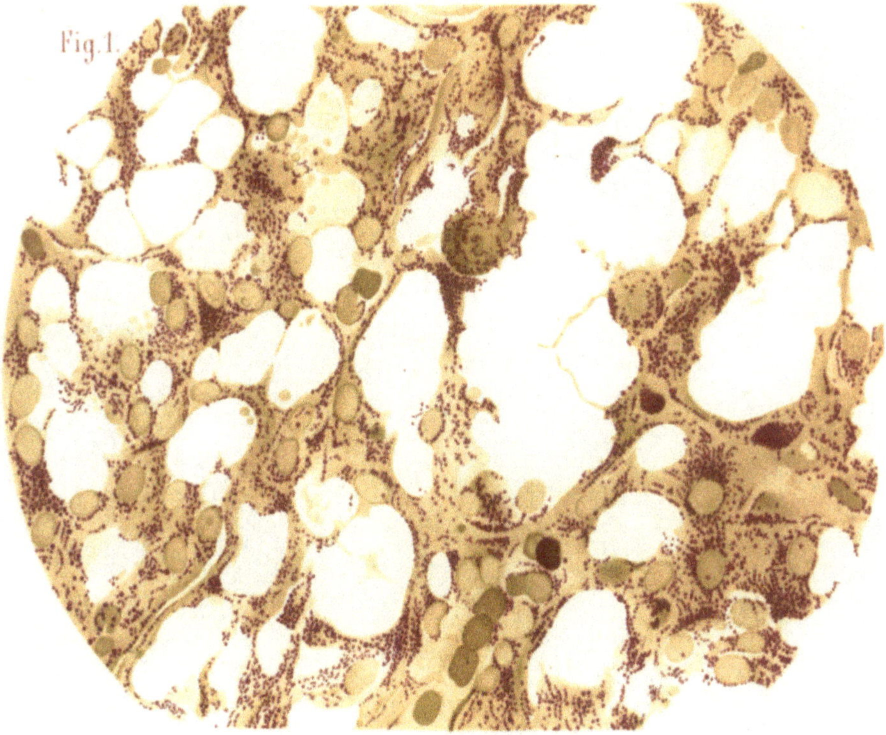

Fig. 2.

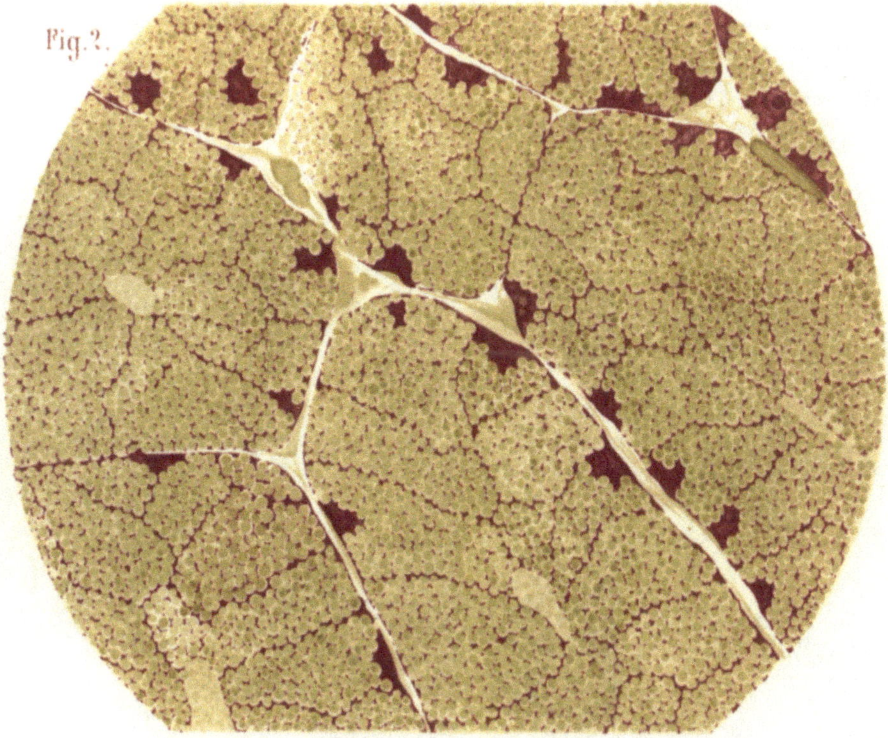

Verlag Veit & Comp. Leipzig Lith. Anst. v. E. A. Funke, Leipzig.

Fig. 1.

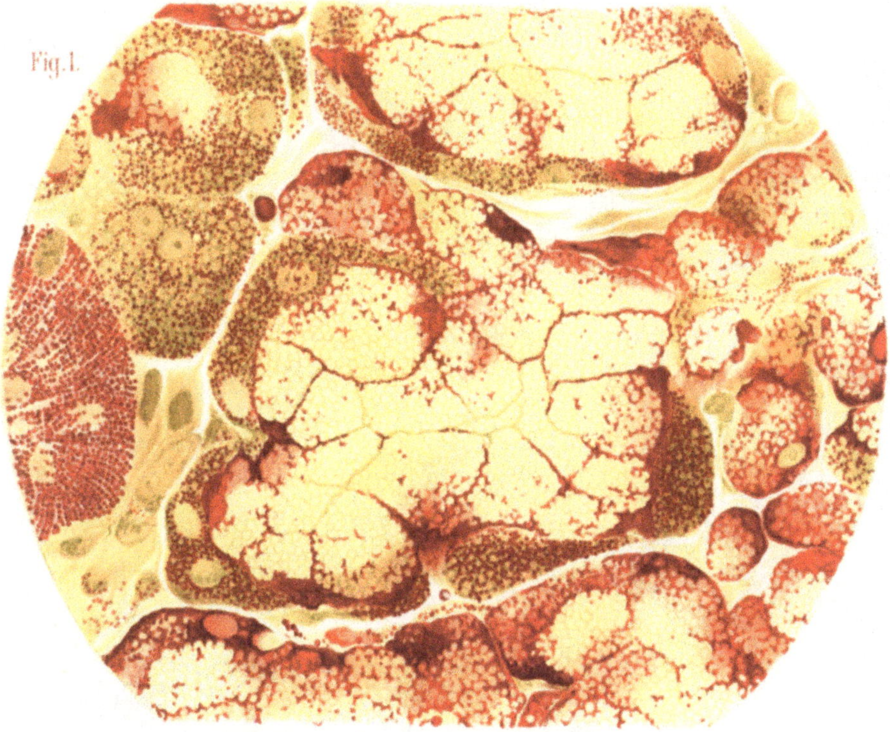

Fig. 2.

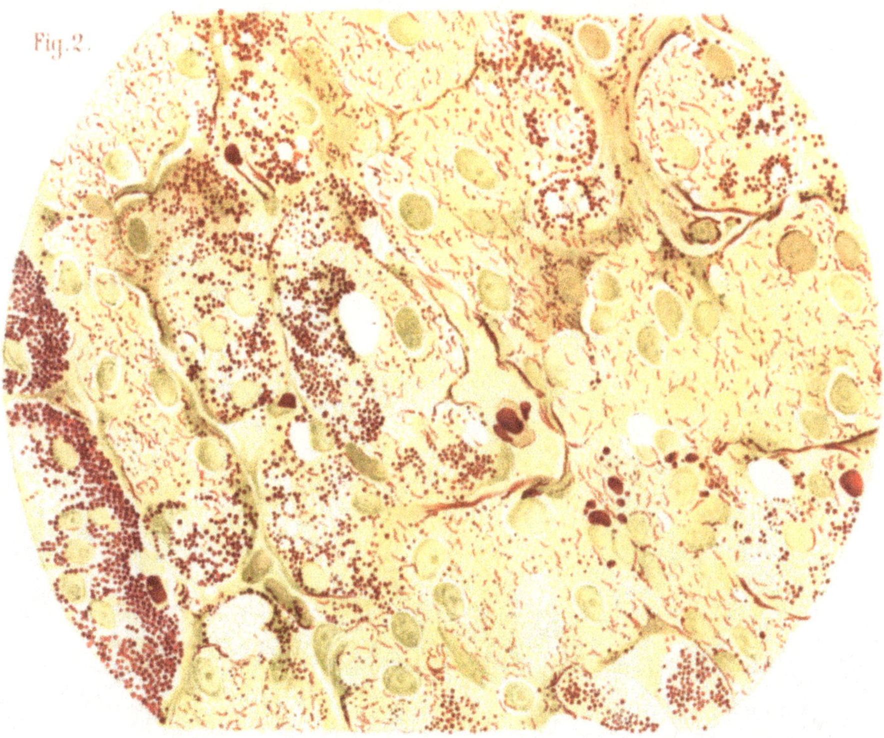

Verlag Veit & Comp. Leipzig.

Lith. Anst. v. E. A. Funke, Leipzig.

Fig. 1.

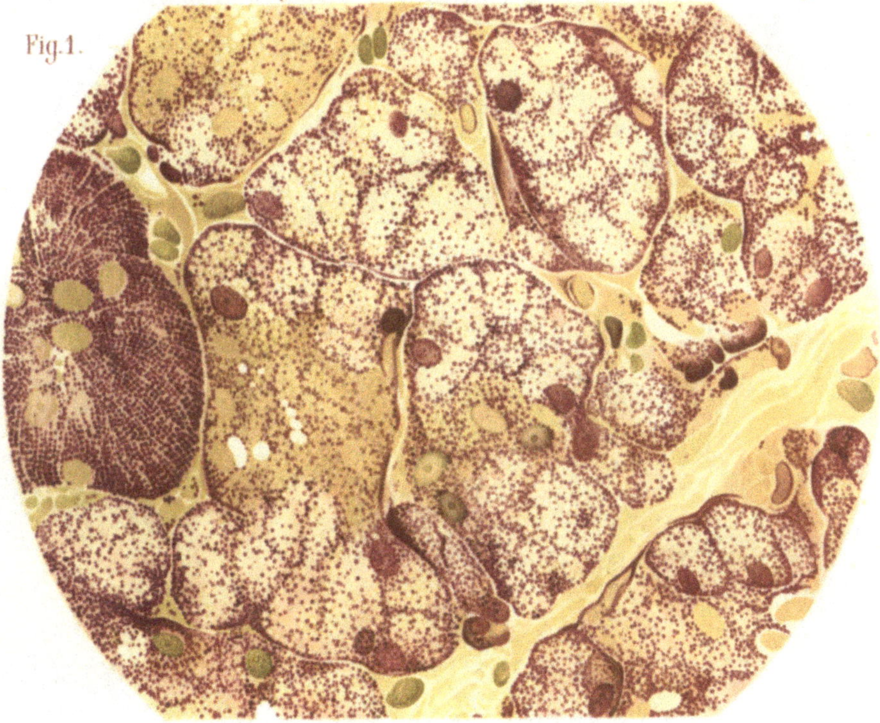

Fig. 2.

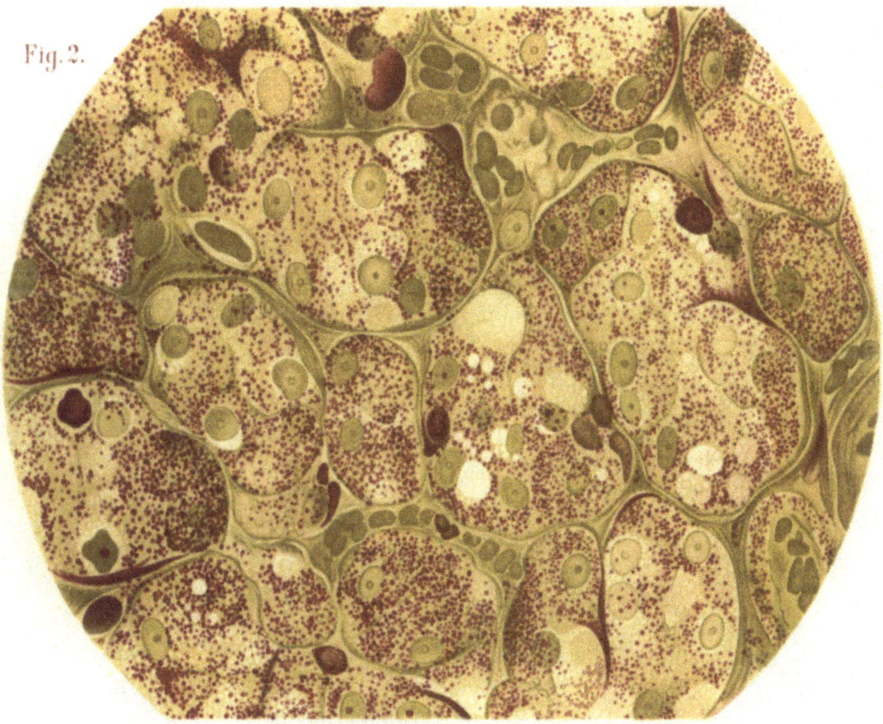

Verlag Veit & Comp. Leipzig. Lith. Anst. v. F. A. Funke, Leipzig.

Fig. 1.

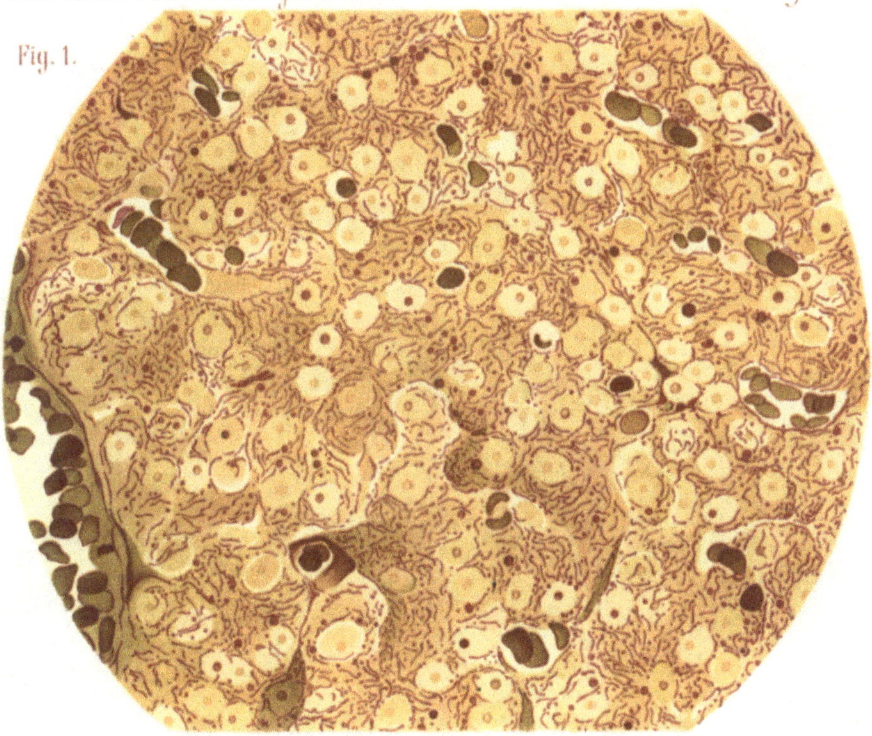

Fig. 2.

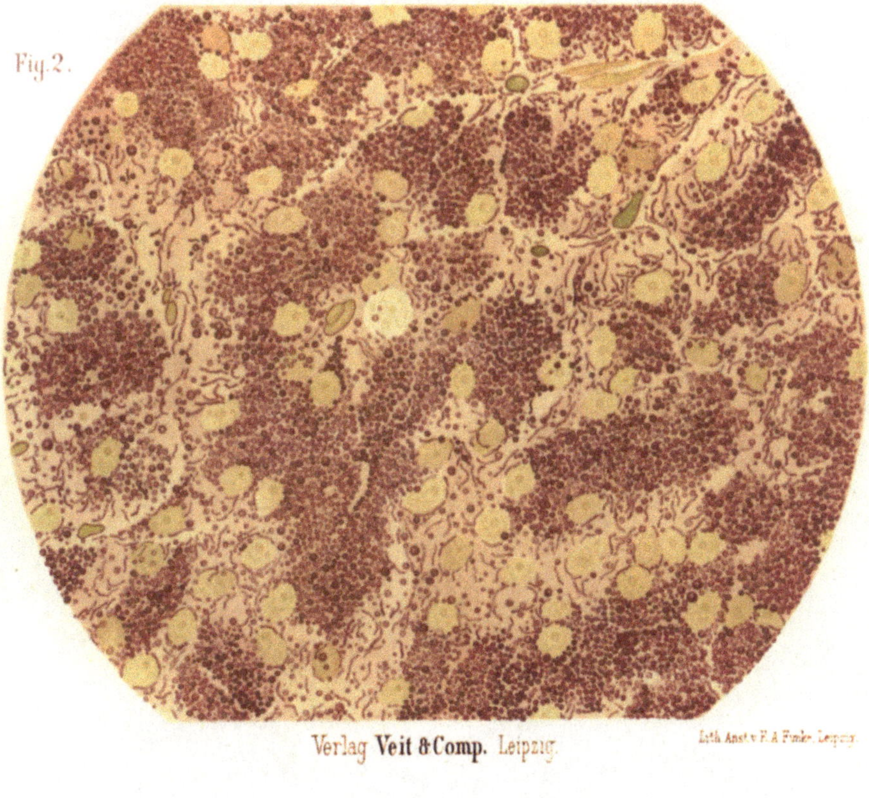

Verlag Veit & Comp. Leipzig.

Lith. Anst. v. F. A. Funke, Leipzig.

Fig. 1.

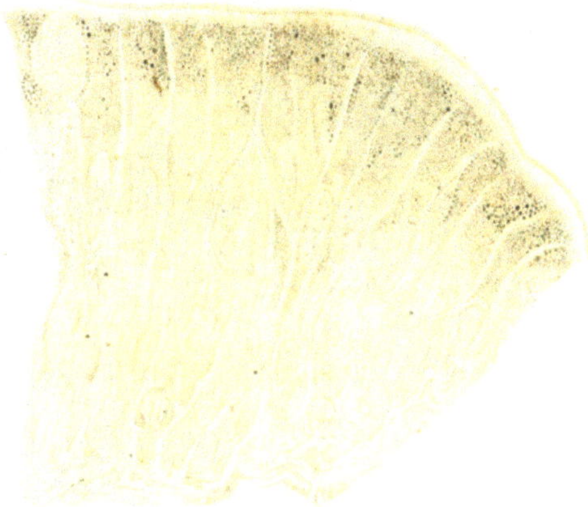

Fig. 2.

Fig. 3.

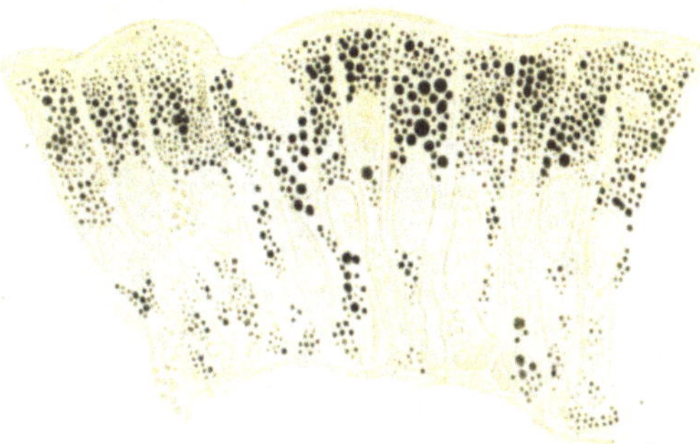

Fig. 5.

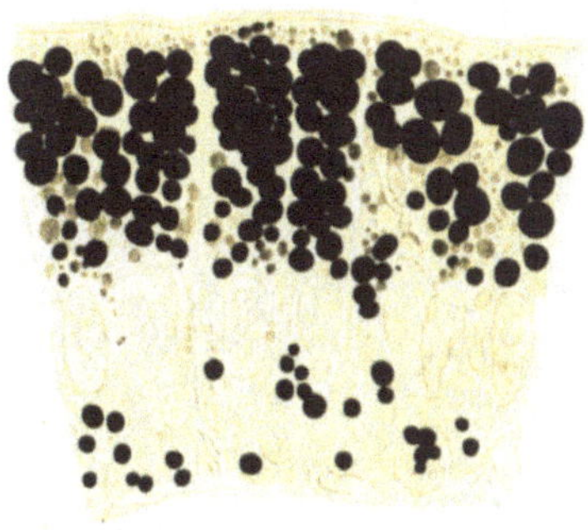

Fig. 6.

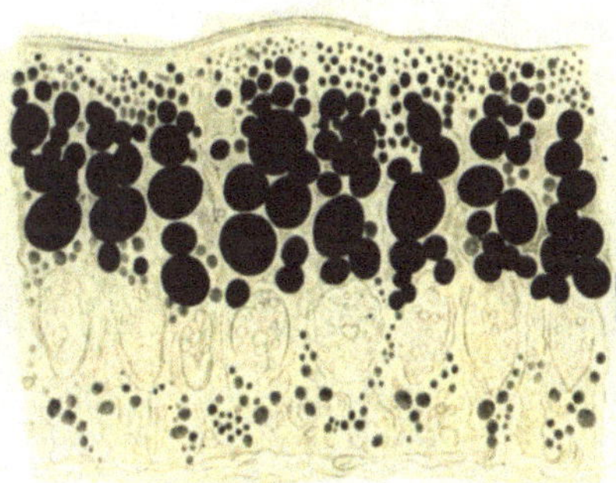

Fig. 7.

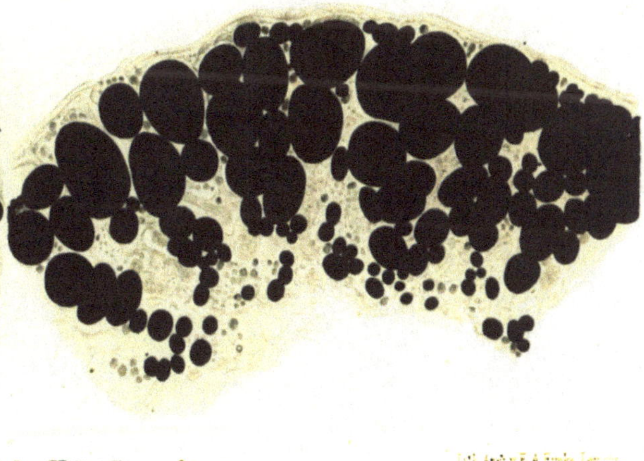

Verlag Veit & Comp. Leipzig. Lith. Anst. v. E. A. Funke Leipzig.

Fig. 1.

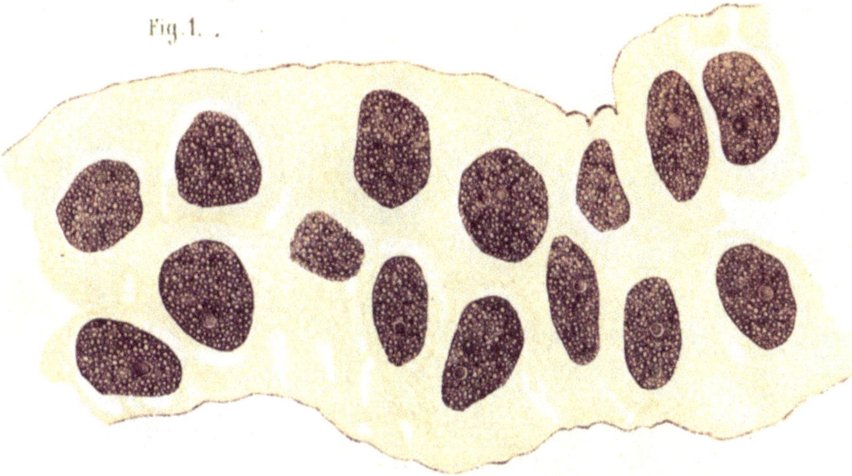

Fig. 2.

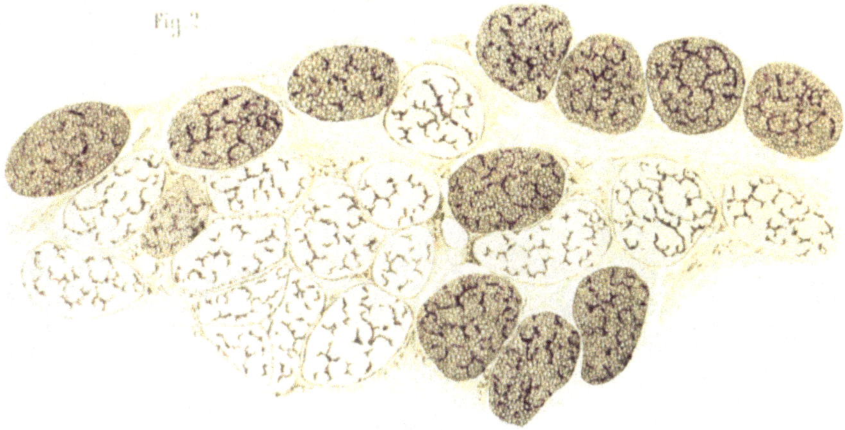

Fig. 3.

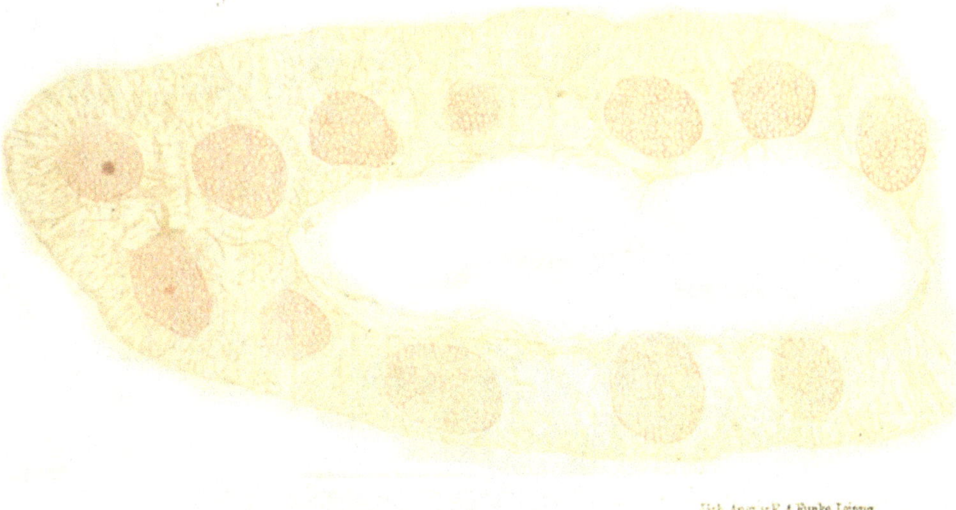

Verlag Veit & Comp. Leipzig

Lith. Anst. v. E. A. Funke, Leipzig.

Fig. 1.

Fig. 2.

Fig. 3.

Fig. 4.

Fig. 5.

Fig. 6.

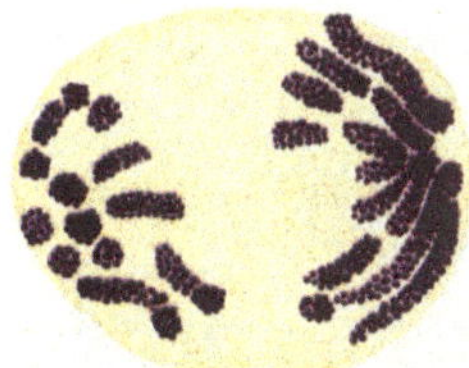

Fig. 7.

Fig. 8.

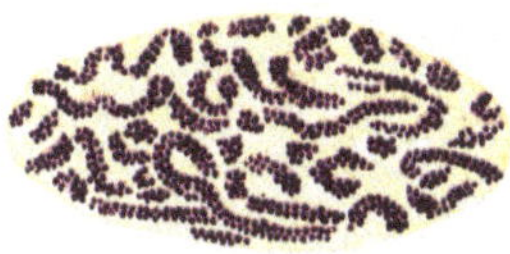

Fig. 9.

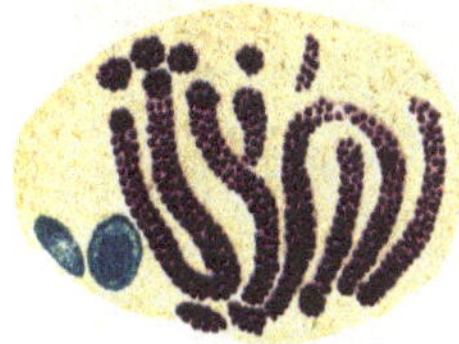

Fig. 10.

Fig. 11.

Fig. 12.

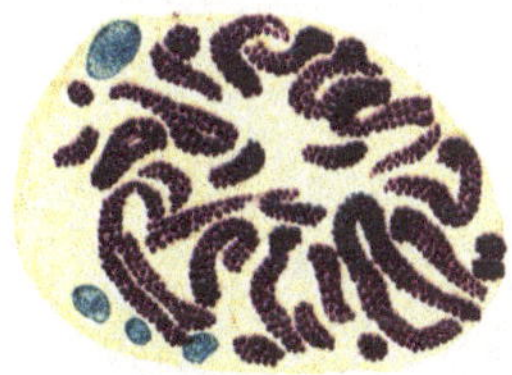

Fig. 13.

Fig. 14.

Fig. 15.

Verlag Veit & Comp. Leipzig. Lith. Anst. v. E. A. Funke, Leipzig.

Fig. 1.

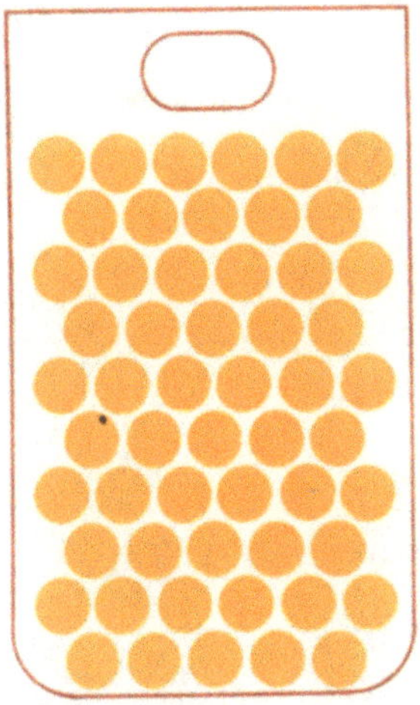

Fig. 2.

Fig. 3.

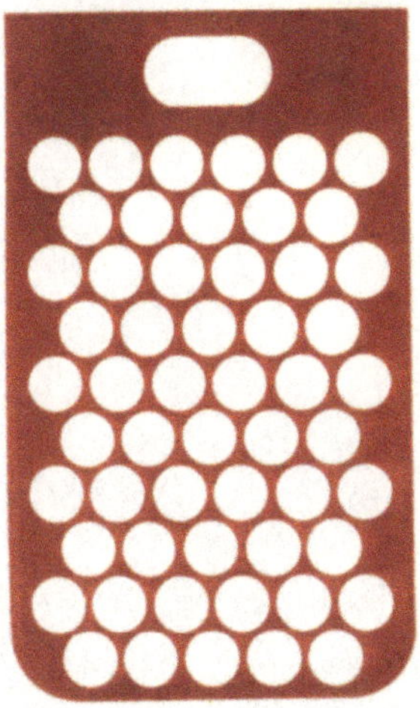

Fig. 4.

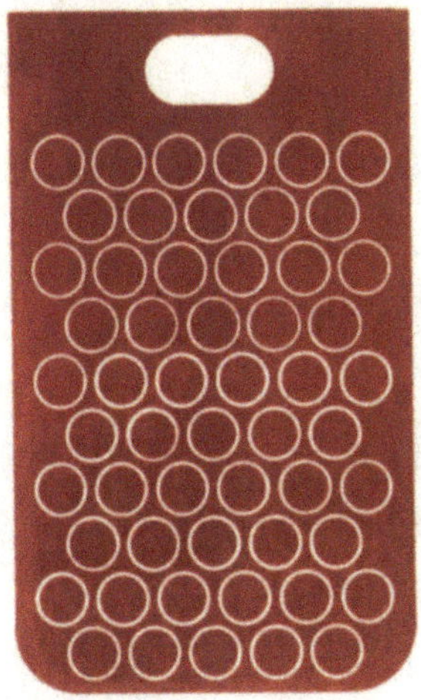

Fig. 5.

Fig. 6.

Verlag Veit & Comp. Leipzig. Lith. Anst. v. E. A. Funke, Leipzig.